普通高等教育农业农村部“十三五”规划教材
普 通 高 等 教 育 农 业 部 “十 二 五” 规 划 教 材
全 国 高 等 农 林 院 校 “十 二 五” 规 划 教 材

蔬菜栽培学总论 第三版

喻景权　王秀峰　主编

U0428485

中国农业出版社
北　京

第 三 版 编 者

主　编　喻景权　王秀峰

编　者　（按姓名笔画排序）

王秀峰（山东农业大学）

朱月林（南京农业大学）

李天来（沈阳农业大学）

吴凤芝（东北农业大学）

周艳虹（浙江大学）

高丽红（中国农业大学）

喻景权（浙江大学）

审　稿　李式军（南京农业大学）

第 一 版 编 者

主　编　李曙轩（浙江农业大学）

副主编　郑光华（东北农学院）

参　编　蒋先明（山东农学院）

　　　　李式军（江苏农学院）

第 二 版 编 者

主　编　李曙轩（浙江农业大学）

副主编　李盛萱（东北农学院）

参　编　李式军（南京农业大学）

　　　　陆子豪（北京农业大学）

　　　　蒋先明（山东农业大学）

第三版前言

民以食为天，人们的日常饮食离不开蔬菜。蔬菜栽培尤其是设施蔬菜栽培在保障国民健康、推动乡村振兴中意义重大，党的二十大报告指出“向设施农业要食物”。

《蔬菜栽培学总论》第二版于1987年出版以来，我国蔬菜科技取得了巨大的进步，产业得到了快速发展，新的科学理论及生产技术也不断涌现。第三版在第二版的基础上进行了较大幅度的修订，增加了反映近年我国蔬菜栽培发展的新内容，并将思政有机地融入专业内容中，加强了本书的系统性、科学性、先进性及育人性。教材中的彩色图片以二维码的形式呈现，教材还配套建设了教学课件、在线MOOC等数字资源，以供读者自主学习。

本教材编写分工如下：绪论由喻景权编写，第一章由朱月林编写，第二章由喻景权和周艳虹编写，第三章由高丽红和吴凤芝编写，第四章由王秀峰和吴凤芝编写，第五章由李天来和吴凤芝编写。最后由喻景权和王秀峰统稿。南京农业大学李式军教授对本书进行了悉心审阅，并对各章节提出了建设性的修改意见。

本教材在编写中吸收了许多专家和学者的教学和科研成果，限于篇幅原因不能在参考文献中一一列举，在此表示歉意。同时，由于编写人员专业背景、栽培品种、蔬菜产区气候和产业差异等原因，书中一定存在一些错误和不足之处，也恳请读者予以批评指正，以便下次修订。

喻景权　王秀峰

2013年10月

（2024年6月重印更新）

第一版前言

为了适应目前我国高等农业院校对蔬菜栽培学教学上的需要，由有关农业院校蔬菜专业教师集体编写了《蔬菜栽培学总论》，与《蔬菜栽培学各论》（北方本及南方本)、《蔬菜保护地栽培学》相配合，组成一套《蔬菜栽培学》教材。

《蔬菜栽培学总论》的绪论和第一章由浙江农业大学李曙轩编写；第二章种子及育苗部分由山东农学院蒋先明编写，其余部分由东北农学院郑光华编写；第三章由江苏农学院李式军编写。

本书在编写过程中，由山东农学院、河北农业大学、北京农业大学、中国农业科学院蔬菜研究所等单位参加了审稿会议，其他许多院校对于初稿也提供了不少修改意见。由于时间紧迫，水平有限，书中缺点和错误在所难免，望读者多提宝贵意见。

1978年12月

第二版前言

《蔬菜栽培学总论》是全国高等农业院校《蔬菜栽培学》教材的一部分，是《蔬菜栽培学各论》（南方本、北方本）及《蔬菜保护地栽培学》的基础部分。自1979年11月的第一版发行以来，已5年多了，曾在全国农业院校作为蔬菜栽培学的教材试用，起了它应有的作用。

但蔬菜科学与蔬菜生产的发展很快，新的科学理论及生产技术不断出现。为了适应我国蔬菜科学知识的更新及生产技术的发展，我们遵照农业部对农业教育的指示，对第一版的内容作了较全面的修订。增补了国内外近年来发展的有关理论与技术，删除了烦琐、重复及不适当的内容，进一步加强本书的系统性、科学性及先进性，作为第二版出版。

《蔬菜栽培学总论》（第二版）的绪论和第一章由李曙轩编写，第二章由蒋先明、陆子豪、李盛萱编写，第三章由李式军编写。

在修订过程中，曾在华南农业大学及河北农业大学开过修订审稿会议，吸收了全国有关院校提出的宝贵意见。对于上述兄弟单位的合作与支持，谨在此表示诚挚的谢意。由于我们见闻有限，收集资料不够广泛，不足之处，敬请读者批评指正。

1984年12月

目　录

第三版前言
第一版前言
第二版前言

绪论 …… 1
一、蔬菜与蔬菜栽培学 …… 1
二、蔬菜生产的意义与作用 …… 3
三、蔬菜的营养价值 …… 4
四、世界蔬菜产业发展 …… 7
五、我国蔬菜生产现状与展望 …… 8
复习思考题 …… 9
第一章　蔬菜作物的分类与起源 …… 10
第一节　蔬菜作物的分类 …… 10
一、植物学分类 …… 10
二、产品器官分类 …… 18
三、农业生物学分类 …… 19
第二节　蔬菜作物的起源与分布 …… 21
一、蔬菜作物的起源 …… 21
二、蔬菜作物的演化 …… 22
三、我国蔬菜栽培历史 …… 26
四、我国蔬菜生产区域划分 …… 27
复习思考题 …… 30
第二章　蔬菜作物的生长发育与生态环境 …… 31
第一节　蔬菜作物的生长发育及其生长相关 …… 31
一、蔬菜作物的生长与发育 …… 31
二、蔬菜作物的生长发育过程 …… 32
三、蔬菜作物生长相关性 …… 35
第二节　蔬菜作物生长与环境条件 …… 36
一、温度对蔬菜作物生长的影响 …… 36
二、光照对蔬菜作物生长的影响 …… 39
三、养分对蔬菜作物生长的影响 …… 40
四、水分对蔬菜作物生长的影响 …… 42
五、气体对蔬菜作物生长的影响 …… 43
六、生物因子对蔬菜作物生长的影响 …… 44
七、蔬菜作物的逆境危害及抗逆性 …… 45
第三节　蔬菜作物发育与环境条件 …… 48

一、植物发育理论 …… 48
二、蔬菜作物花芽分化与光周期 …… 50
三、蔬菜作物花芽分化与春化作用 …… 53
四、蔬菜作物花芽分化与赤霉素 …… 55
五、蔬菜作物花芽分化与营养条件 …… 55
六、蔬菜作物的性别分化 …… 56
七、蔬菜作物花芽分化与抽薹 …… 56
第四节　蔬菜产品器官的形成 …… 57
一、根菜类 …… 57
二、茎菜类 …… 57
三、叶菜类 …… 58
四、花菜类 …… 59
五、果菜类 …… 59
复习思考题 …… 60
第三章　蔬菜的产量与品质形成 …… 61
第一节　蔬菜产量形成 …… 61
一、蔬菜产量形成的特性 …… 61
二、光能利用与产量形成 …… 63
三、蔬菜增产潜力及提高产量的途径 …… 64
第二节　蔬菜品质形成 …… 70
一、蔬菜品质的构成要素 …… 70
二、蔬菜品质与环境 …… 74
三、蔬菜品质与采收 …… 79
第三节　蔬菜产品安全与质量标准 …… 80
一、蔬菜产品安全 …… 80
二、蔬菜生产过程中的质量控制 …… 84
三、蔬菜产品质量标准 …… 87
复习思考题 …… 89
第四章　蔬菜生产技术基础 …… 90
第一节　蔬菜作物管理 …… 90
一、蔬菜种子与播种 …… 90
二、蔬菜育苗 …… 100
三、蔬菜植株调整 …… 114
四、蔬菜化学调控 …… 116
第二节　蔬菜土肥水管理 …… 119
一、蔬菜土壤管理 …… 119
二、蔬菜养分管理 …… 123
三、蔬菜水分管理 …… 126
第三节　蔬菜病虫害综合防治 …… 129
一、植物检疫 …… 130
二、农业防治 …… 131
三、生物防治 …… 133

四、物理防治 …… 134
五、化学防治 …… 135
复习思考题 …… 139
第五章　蔬菜栽培制度与区域布局 …… 140
第一节　蔬菜栽培制度 …… 140
一、建立科学蔬菜栽培制度的原则 …… 140
二、我国蔬菜栽培制度 …… 141
第二节　蔬菜栽培方式 …… 146
一、蔬菜栽培方式的确定依据 …… 147
二、蔬菜栽培方式 …… 148
三、连作障碍成因与对策 …… 159
第三节　蔬菜产业优势区域布局 …… 162
一、露地蔬菜重点优势区域布局 …… 163
二、设施蔬菜重点区域布局 …… 166
复习思考题 …… 170
实验指导 …… 171
实验一　蔬菜作物的分类与识别 …… 171
实验二　蔬菜种子形态识别、种子品质与发芽 …… 172
实验三　果菜类蔬菜花芽分化的观察 …… 174
实验四　植物中维生素C的测定 …… 176
实验五　植物体内硝态氮含量的测定 …… 178
实验六　蔬菜抗逆性指标检测 …… 179
附表 …… 183
附表1　各种蔬菜每100g食用部分所含营养成分 …… 183
附表2　蔬菜正常生长状态下收获期植株养分吸收水平（基于干重）及土壤pH …… 190
附表3　植物生长调节剂在蔬菜生产中的应用 …… 191

常用专业术语中英文对照 …… 192
主要参考文献 …… 197

绪　论

一、蔬菜与蔬菜栽培学

（一）蔬菜

蔬菜是指具有幼嫩多汁产品器官、可供佐食或调味食用的所有植物。民以食为天，在人们日常生活中，蔬菜是必不可少的副食品，蔬菜产业也是现代农业的重要组成部分。实现安全优质多样化蔬菜的周年稳定供应，不仅关系到人民身体健康和生活质量，也关系到我国现代农业和农村经济的发展。蔬菜产业在农业增效、农民增收、增加社会就业和平衡农产品国际贸易等方面发挥着越来越重要的作用。

（二）蔬菜栽培

栽培植物（作物）依栽培方式、集约化程度及作用用途等分为农作物和园艺作物。前者如粮食作物、工业原料作物、饲料或绿肥作物等，后者指蔬菜、果树、花卉、茶树等需要集约栽培管理的作物。园艺作物中蔬菜从种子处理开始至产品收获的整个生产过程称蔬菜栽培。

1. 蔬菜栽培的特点　和其他作物比较，蔬菜栽培具有显著的特点：

（1）要求周年生产、周年供应　由于人们要求天天吃到新鲜蔬菜，而鲜菜又不耐贮藏，因此必须通过不同蔬菜种类组合搭配与同种蔬菜不同生态类型品种有机组合搭配，建立周年生产、周年供应的商品性生产体制，以满足人们日益增长的需求。实现蔬菜周年稳定的生产与供应，必须露地栽培和设施栽培相结合。改革开放30多年来，我国设施栽培面积和比重得到迅速上升，为解决我国蔬菜周年供应这一长期存在的难题，作出了突出贡献。

（2）种类品种的多样化　全世界作为蔬菜利用的植物资源约860种，我国普查有298种，经常供应的有70～80种，每种蔬菜又经自然选择和人工选育，形成了大量的不同生态类型品种。

（3）育苗　育苗是蔬菜集约栽培的一个显著特点，培育壮苗是蔬菜栽培的关键技术，我国自古以来就有“苗好半收成”的说法。

（4）集约型生产　从植物进化观点看，许多蔬菜产品器官都属于畸形肥大的变态器官，从播种到采收需要精耕细作和科学管理才能获得优质高产的产品，而且采收后的清理、分级、包装和贮运都要在很短时间内完成，否则会影响其产品品质和销售，这就要求投入更多的劳力、资金和科学技术。由于某些操作如整蔓打杈、黄瓜和毛豆等的采收，一时还难以实现机械化操作，费工费力，其经营规模也就受到限制。

（5）采后处理　各种蔬菜采收后都要及时进行清理、预冷、分级、包装、贮运等采后处理操作，不同种类蔬菜都有不同的处理方法和质量标准，是保持良好的产品质量、货架寿命，最大限度地减少产品的腐败损失不可缺少的环节。

2. 蔬菜栽培的方式　自从人类在大约1万年前脱离渔猎采食的原始社会而进入农耕时

代以来，就开始了包括蔬菜在内的野生植物人工栽培，这可从我国西安半坡村遗址考古发掘出的约6 000年前的蔬菜种子得到印证。最初的蔬菜驯化栽培都是小规模的自给性的家庭菜园，随着社会经济的发展，都市化、工业化加速，对蔬菜品种、数量、质量和周年供应的需求急增，栽培区域与面积快速扩大，栽培方式也日益分化。

（1）露地栽培　商品性蔬菜栽培起始于城市近郊适地适作的露地栽培，即根据各种蔬菜的生长发育特性安排在最适宜的季节栽培，其供应期必然出现季节性淡旺季。例如，我国人口聚居的黄河流域，露地蔬菜生产以春季的果菜、秋季的根叶菜两大季为主，从而形成了两大生产与供应旺季；而寒冷的冬季和炎热的夏季，因气候不适宜蔬菜生长，则形成两大缺菜季节即春淡和秋淡。东北与蒙新高原则夏半年是旺季，冬半年是漫长缺菜季节，所以仅露地栽培不能满足蔬菜周年供应的需求。

（2）设施栽培　所谓设施栽培是指在不适于露地蔬菜生产的季节或地域，利用温室、大棚、遮阳网、避雨棚等保护设施来克服不利环境条件和灾害性气候的影响，实现蔬菜周年稳定的生产与供应。设施生产已成为我国农业现代化的重大标志，特别是20世纪80年代东北地区创造了低碳节能型塑料日光温室，实现了在当地冬季－20℃条件下不加温生产出喜温蔬菜黄瓜，从而日光温室迅速在北方地区普及推广，基本上解决了几千年来一直存在于北方人民生活中的“冬春吃菜靠一秋”、冬季长期缺菜的难题。设施栽培中，不仅地上部环境条件能进行调控，而且地下部环境也能调控的无土栽培已在我国西北地区的戈壁滩荒漠上大规模推广应用，满足了大量石油工业和从军人员的蔬菜供应。设施栽培完全打破了蔬菜生产中的时空限制。

（3）加工与出口蔬菜栽培　我国传统蔬菜加工有腌制、酱制、干制等，现代化加工蔬菜有速冻蔬菜、蔬菜汁、蔬菜酱等，而且都有适地适作的规模化栽培的专业加工蔬菜生产基地。例如，新疆具有特别适宜高番茄红素加工番茄栽培的气候环境，现已成为国内外最著名和最大的番茄酱的加工出口基地。还有分布全国、特别是东部沿海地区的专业出口蔬菜栽培基地，如大蒜、石刁柏（芦笋）、生姜、大葱、洋葱、青花菜、牛蒡、毛豆等。自加入WTO以来，我国已成为世界蔬菜出口量最大的国家之一。

（4）种苗生产　种苗生产是指以采种和育苗为目的的蔬菜栽培。随着以选育优质、高产、抗病虫害品种为目标的品种改良以及高科技育苗技术的发展，专门以采种或工厂化育苗、种苗生产为目的的专业采种或育苗生产日益发展，我国甘肃、海南和内蒙古等地都是著名的蔬菜杂种一代制种与采种栽培基地。

（5）家庭自给性蔬菜栽培　一方面，我国农村农民利用自留地进行家庭自给性蔬菜栽培，这种栽培方式仍将持续；另一方面，随着我国经济高速增长、城市化进程的加速、都市圈的不断扩大与都市环境污染的存在，城市居民利用闲暇假日，于宅旁园地、阳台屋顶，或到农村租赁小块菜园进行家庭自给性蔬菜生产，这种非营利性的、具有回归自然、愉悦身心、增进健康的社会生态功能的活动，也已日益发展。

值得一提的是，都市郊区蔬菜栽培基地与优势产业带远距离运送蔬菜栽培基地相结合，是解决我国蔬菜周年生产与稳定供应的基础。新中国成立以来，为保证大中城市及工矿区居民副食品供应，我国长期实行“大城市郊区的农业生产应以生产蔬菜为中心”和“就地生产，就地供应”的方针政策，使城市郊区蔬菜生产得到高速发展。随着近年经济快速增长，都市圈扩大，过去为城市蔬菜供应作出历史性贡献的郊区蔬菜基地几乎荡然无存。在广大农区蔬菜迅速发展基础上形成了华南、云南、四川盆地等南方冬淡季南菜北运商品菜栽培基地，环渤海河北、山东等地著名特产秋冬大白菜等秋冬商品菜栽培基地，黄淮海地区的设施早春商品菜栽培基地，以及河北坝上与内蒙古高原、甘肃河西走廊和分布于南方山区海拔超千米的高山地带等夏凉地区的夏秋淡季商品菜栽培基地，基本形成了大市场、大生产、大流通的蔬菜产销机制，对调节平衡全国蔬菜供应起到了重大作用，但远距离运输蔬菜，并不能完全替代以就近生产与供应为目标的都市郊区蔬菜栽培基地，如人们每天必不可少的黄绿色速生叶菜等不耐贮藏运输的花色品种，不论国外国内仍以市郊生产为主。因此，城市郊区必须发挥城市资金足、设施好、科技力量强和营销力量充足等优势，在发展一些不耐运输蔬菜和应急性蔬菜生产的同时，走安全、优质的高端蔬菜生产之路。

（三）现代蔬菜科学（蔬菜学）

蔬菜学是一门综合性的应用科学，内容涵盖种质资源与起源演化、遗传育种、生长发育与生理生态特性、露地及设施栽培与管理、病虫草害防治、产品品质与采收以及采后处理、贮藏运输与营销等。由于科技进步，蔬菜学发展出许多独立学科分支，如蔬菜栽培学、遗传育种学、设施栽培学、贮藏加工学、病虫防治学等。蔬菜栽培学是研究蔬菜生长发育规律及其对外界环境条件的要求和相应的栽培管理技术，借以获得安全、优质、高产产品的一门科学。植物学、植物生理学、生物化学、遗传育种学等是其理论基础，还需具备土壤学、农业化学、农业气象学、植物病理学、昆虫学、农业工程及农业经济学等的基础知识。

二、蔬菜生产的意义与作用

1. 保证全民健康，提高人民生活质量 “宁可三日无荤，不可一日无菜。”蔬菜不仅能为人们提供一定的糖类、蛋白质和脂肪等营养成分，更是维持人体健康所必不可少的维生素、矿物质、膳食纤维、酶类和具有医疗保健功能食物的来源。蔬菜和水果一样，是健康饮食中的一个不可替代的组成部分，每天一定的黄绿色蔬菜食用量能提高免疫功能和预防某些重要的疾病。据世界卫生组织（WHO）/联合国粮食及农业组织（FAO）的估计，目前，全世界有近千万人因为蔬菜食用量不足而发生夜盲症、坏血病及一些“富贵病”等疾病。

越来越多的证据表明，蔬菜和水果摄取量会影响一些疾病的发生。WHO/FAO 推荐每人每天必须摄取至少 400g 蔬菜（不包括马铃薯和其他淀粉类蔬菜）以预防心脏病、癌症、糖尿病、肥胖和一些营养元素缺乏症。随着 21 世纪绿色环保、低碳经济的理念和目标的提出，国内外逐渐兴起蔬菜食疗（药膳）、园艺疗法等养生公益园艺新产业，蔬菜园艺的社会与生态功能得到了进一步发挥。WHO 也正在开展相关活动来促进蔬菜的消费。

2. 促进农村经济发展与农民增收 我国人多地少，发展集约型农业具有十分重要的意义。从 20 世纪 80 年代以来，我国的蔬菜产业得到了高速发展，目前蔬菜已是种植业中仅次于粮食的第二大农作物。我国蔬菜播种面积在 1952—1981 年每年基本保持 330 万 hm^2，80 年代年均增长近 10%，90 年代年均增长约 15%。进入 21 世纪，蔬菜种植面积以年均约 5% 的速度增长，2009 年全国的蔬菜播种面积1 820万 hm^2，总产量 6.02 亿 t，较 1980 年 0.81 亿 t、1990 年 1.95 亿 t、2002 年 5.29 亿 t 分别增加了 643.2%、208.7%和 13.8%。蔬菜产值保持在60 000元/hm^2 以上，相当于林业和大田作物的 5～8 倍，其中设施栽培产值可达到450 000～1 200 000元/hm^2，是露地栽培的几倍甚至几十倍。据农业部测算，2008 年蔬菜和瓜类产值达到10 730.03亿元，占种植业总产值的 38.1%；蔬菜和瓜类净产值8 529.83亿元，对全国农民人均纯收入的贡献额为1 182.48元，占 24.84%。山东寿光通过大力发展设施农业，从 1990 年到 2008 年，农民的年人均纯收入由 911 元提高到7 654元，年均增长 374.6 元，基于蔬菜产业的相对高收益性，全国各地在农业种植结构调整中，积极鼓励发展蔬菜产业，特别是设施蔬菜生产。

3. 促进城乡居民就业，维护社会稳定 蔬菜是典型的劳动密集型产业，为城乡居民提供了大量就业岗位。据测算，大多露地栽培每1 000m^2 需要劳动力 1～2 人，而设施栽培每 1 000m^2需要劳动力 2～3 人，目前蔬菜种植为全国农村解决了9 000多万人就业；蔬菜贮藏、加工、运输、销售，为城乡居民解决了8 000多万人就业，二者相加，目前从事蔬菜产业的相关人员达到 1.7 亿人。发展蔬菜生产对我国缓解就业压力意义特别重大。

4. 出口创汇，平衡农产品国际贸易 我国自 2001 年 11 月加入 WTO 以来，根据地域、资源和比较经济效益的优势，劳动密集型的蔬菜产业成了我国农产品出口的主导产业。我国蔬菜出口量 1990 年为 207.7 万 t、1995 年为 300.8 万 t，2000 年出口量为 415.3 万 t、出口额 20 亿美元左右，加入 WTO 后的 2002 年增至 605 万 t，此后一直成为世界蔬菜出口量最大的国家，2005 年出口量又增至 697.72 万 t、出口额 45.59 亿美元，2007 年出口量 817.3 万 t、出口额 62.1 亿美元，2009 年在我国农产品贸易逆差达到 129.6 亿美元的情况下，出口蔬菜 802.7 万 t、出口额 67.7 亿美元，贸易顺差 66.7 亿美元。这充分表明，我国蔬菜产业不仅在国际市场竞争中一直保持强势，而且在平衡我国农产品国际贸易中的地位和作用十分突出。

5. 为其他产业提供原材料，带动相关产业发展 蔬菜可用于鲜销和加工，一些蔬菜产品还是许多食品工业和保健产品的重要原料。全国番茄酱产量达到 200 万 t，其中新疆已经成为世界著名也是最大的番茄酱生产基地，2009 年加工番茄种植面积达到 10.53 万 hm^2，收购番茄原料 744 万 t，番茄酱产量达到 101.46 万 t。番茄、大蒜、生姜、石刁柏等蔬菜富含番茄红素、大蒜素、姜油、芦丁等功能性物质，国内有多家企业从事番茄红素、大蒜素及姜油等产品的研发与生产。

蔬菜生产需要大量的农药、化肥等农业生产资料，在设施生产中还要消耗大量的钢材、农膜、遮阳网、防虫网等材料。蔬菜生产需要大量的农膜，目前我国农膜产量已居世界首位，拥有农膜生产企业近千家，年生产能力达 200 万 t 以上，其中年生产能力 1 万 t 以上的企业有 60 余家，大型骨干企业有 30 余家。

蔬菜产业有力带动了产前种苗业、产后加工业以及配套农资和流动服务业的发展，对我国国民经济增长和劳动就业率提升发挥了重大作用，有些地区把蔬菜产业当作发展农业和农村经济的支柱产业。

三、蔬菜的营养价值

蔬菜在人体营养上有着极其重要的意义。人类的食物可分为动物性食物和植物性食物。动物性食物包括肉类、乳类和蛋品等，它们是人体蛋白质和脂肪的主要来源；植物性食物包括粮食、水果和蔬菜等。粮食是人体热能的主要来源，而蔬菜是维生素、矿物质、膳食纤维、芳香油、酶类和许多具保健功能的植物化学成分的主要来源。从现代营养学的观点，这些食物必须合理搭配，才能保证人体正常生理代谢功能的有序进行，所以蔬菜被认为是人体健康必不可缺的副食品。我国国民的饮食结构同日本具有一定的相似性。根据日本 1998 年的调查，其国民摄取的营养物质中，3.6%的热能、5.1%的蛋白质、0.6%的脂肪、5.7%的糖类、18.9%的钙、18.8%的铁和52.9%的维生素C是通过蔬菜摄取的。因此，蔬菜在为人们提供维生素、矿物质等方面的作用尤为重要。

1. 维生素的来源　维生素（vitamin）是生物为维持正常的生理代谢功能而需从食物中全部或部分获得的一类微量有机物质，在人体生长、代谢、发育过程中发挥着重要的作用。蔬菜含有对人体极为重要的各种维生素，如果缺乏这些维生素，就会引起各种疾病。作为主食的米、面，虽含有维生素 B_1（硫胺素）、维生素 B_2（核黄素）和维生素PP（尼克酸或烟酸），但其中缺乏维生素A和维生素C（抗坏血酸）。蔬菜中含有丰富的胡萝卜素（维生素A原）和维生素C。胡萝卜素经消化后能转化为维生素A。叶酸是一种广泛存在于绿色蔬菜中的B族维生素，缺乏叶酸可引起巨幼红细胞性贫血以及白细胞减少症。叶酸对孕妇尤其重要，如在怀孕早期缺乏叶酸，可导致胎儿神经管发育缺陷，从而增加脊柱裂、无脑儿的发生率。

人体所需要的许多维生素主要依靠蔬菜供给。人体对各种维生素的需要量各不相同，其中需要量最多的是维生素C，需要量最少的是维生素E。一般人每天需要获得约3mg维生素A，50～100mg维生素C，约2mg维生素 B_1，约2mg维生素 B_2，15～25mg维生素PP，就能满足身体的需要。其中维生素C在人体内的贮存有一定限度，倘若过多，则由尿排出，因此维生素C就成为每天不可缺少的养分。富含维生素的蔬菜种类有：

维生素A（>100IU/100g）：胡萝卜、菠菜、结球莴苣、番茄、豌豆、石刁柏、青花菜、草莓等。

维生素 B_6（>0.1mg/100g）：菜豆、花椰菜、菠菜、青花菜、豌豆、胡萝卜等。

维生素 B_1：金针菜、苜蓿、香椿、芫荽、藕、马铃薯等。

维生素 B_2：菠菜、白菜、石刁柏、芥菜、蕹菜、苜蓿、金针菜等。

维生素C（>10mg/100g）：青花菜、红甜椒、辣椒、草莓、绿甜椒、白菜、莴苣、甜瓜、番茄等。

胡萝卜素：韭菜、胡萝卜、菠菜、白菜、甘蓝、苋菜、蕹菜、芥菜等。

2. 热能的来源　每种蔬菜都含有多少不等的热能性的糖类及淀粉。马铃薯、芋、山药、荸荠、慈姑、藕等含有很多淀粉，可以代替粮食；西瓜、甜瓜、南瓜含有10%～20%的糖；菜豆、毛豆、豇豆中含有很多蛋白质，如菜豆含蛋白质5%～7%，毛豆3%～6%，而脂肪含量很少。

3. 矿物质的来源　人体组织中有20多种矿物质，它们是构成人体组织、调节生理功能和维持人体健康的重要物质。蔬菜中的主要矿物质有钙、铁及磷等，如菠菜、芹菜、甘蓝、白菜及胡萝卜等含有很多铁盐，而洋葱、丝瓜、茄子等含有较多磷，绿叶蔬菜中含有丰富的钙，而海带、紫菜等还含有很多碘。富含矿物质的代表性蔬菜种类有：

钾：菜豆、扁豆、菠菜、胡萝卜、大蒜、大豆、青花菜、花椰菜、紫苏等。

钙：紫苏、豇豆、芫荽、白菜、豌豆、青花菜、胡萝卜等。

4. 酸碱平衡　在人体的胃中，由于食用肉类和米、面等食物消化后产生酸性反应，可由蔬菜或水果消化水解后中和。因为矿物质为调节体液反应的主要物质，有些矿物质为酸性反应，而有的为碱性反应。如磷及硫可以形成硫酸及磷酸，而钙、镁及钾等是形成盐基的主要元素，可以中和这些酸。蔬菜在人们的食物中的特点正是作为一种盐基性食物，所以蔬菜中的矿物质对于维持人体内酸碱平衡起着重要作用。如当血液盐基稍多时，人体就能更好地利用蛋白质食物。因此，为维持人体的正常健康，蔬菜是必不可少的。

5. 纤维素来源 蔬菜叶部和茎部都含有纤维素，纤维素进入人体后虽不能被消化为营养物质，但能降低血液中的胆固醇，减少心脏病的发生，使肠胃中的食物疏松，增加与消化液的接触面，不断刺激大肠蠕动，从而可以起到促进消化、预防便秘和结肠憩室病的作用。作为健康的食物构成，一般成人每天需要20g以上的膳食纤维。膳食纤维可分为水溶性纤维和不溶性纤维，前者主要为果胶等，后者主要包括纤维素、半纤维素和木质素等。近年来，一些膳食纤维产品已经实现产业化并投入市场。

6. 保健功能 近年来，通过园艺学、化学、食品学和医学的跨学科研究，人们发现许多蔬菜中含有的植物化学成分虽然不是人体生长发育的必需成分，但对预防各种各样的疾病具有一定的效果。因此，美国、日本和欧洲等国家和地区正在开展大量研究来探明蔬菜和水果中的植物化学成分的生理功能。

（1）维生素 有关维生素的功能除前面介绍的外，最近的研究主要集中在其抗氧化功能上。各种维生素相互协同作用，形成了人体内的抗氧化系统，具有预防心血管病、脑血管病等功能。

（2）胡萝卜素 胡萝卜素包括β胡萝卜素和叶黄素等多种物质。黄绿色蔬菜中富含胡萝卜素。β胡萝卜素是维生素A的前体，对人体具有多种有益功能。番茄中的番茄红素、辣椒中的辣椒素均有较强的抗氧化能力。叶菜中的叶黄素对人的视网膜具有光保护作用。

（3）多酚类化合物 多酚类化合物是多酚有机酸、花青素、类黄酮等物质的总称。酚类化合物具有较强的抗氧化能力，能预防多种疾病。类黄酮在蔬菜中一般以糖结合态形式存在，在人体内受酶和微生物的作用分解而吸收。青花菜中的类黄酮对癌症预防具有较好的效果。许多蔬菜具有较强的抗氧化效果，这在一定程度上与其含有较多的类黄酮物质有关。绿原酸虽然不易被人体吸收，但能防止肠道表面的氧化从而减少肠道癌症的发生。

（4）含硫化合物 十字花科蔬菜中含有多种多样的芥子油苷化合物。研究发现，异硫氰酸盐类（isothiocyanate，ITC）化合物具有诱导人体内的解毒酶谷胱甘肽转硫酶（glutatione S-transferase，GST）等的活性和增加合成量的作用，GST等被公认为能有效清除致癌的有害化学物质。Talalay等（1994）研究表明，青花菜等蔬菜中含有这类化合物中一种叫萝卜硫素（sulforaphane，SF）的化学成分，它诱导GST活性表达的功能特别强，并能杀死导致胃溃疡和胃癌的幽门螺杆菌而发挥抗癌作用。葱蒜类蔬菜中富含具有香气的含硫化合物，这些化合物不仅具有杀菌作用，还有抗氧化、抗癌和防止血栓作用。辣椒素则具有调节肾上腺素（adrenaline，AD）分泌和减少体细胞脂肪积累的作用。

目前，有关蔬菜的保健功能大多集中在抗氧化和抗病菌等方面，研究发现，许多蔬菜由于其富含具有抗突变作用的叶绿素、干扰素诱生剂、硫化合物、β谷固醇、淀粉酶、番茄红素、β胡萝卜素、B族维生素、维生素C、维生素D、纤维素、大蒜素、多元酸人参萜三醇、多种微量元素和多糖类物质，合理食用蔬菜具有抗癌和防癌作用。维生素C不仅是一种营养物质，也是一种参与调节植物体内抗胁迫逆境的生理活性物质。应该指出的是，各种蔬菜中的营养物质含量和种类受环境影响，许多研究发现，在一些逆境条件下，维生素含量显著提高。例如，在叶用莴苣的生长后期进行强光胁迫处理时，植株体内活性氧产生速率显著增加，植株内抗氧化活性增强、维生素与类胡萝卜素等含量也随之上升。因此，在栽培中可以根据这种机制来选择性地采用水分、温度等胁迫来提高这些生理活性成分的含量和蔬菜的营养价值。

四、世界蔬菜产业发展

园艺产业特别是蔬菜产业在世界农业中具有重要的地位。全球蔬菜生产近年来发展迅速，特别是在1980年以后无论是总产量还是收获面积都有了大幅度提高。2008年全世界新鲜蔬菜产量（不含马铃薯）达到了8亿t，生产量的4%用于出口。在各蔬菜种类中，马铃薯是最大宗的蔬菜种类，其次是番茄、甘蓝和黄瓜等。全球蔬菜生产主要分布在亚洲、欧洲和非洲，其中亚洲是全世界最主要的生产地区，占全世界总产量的85%以上。从国家来看，中国、印度、美国、意大利和西班牙是全世界最主要的蔬菜生产国，特别是中国近几年一直是世界第一生产大国。

进入1980年以后，世界各地的蔬菜贸易量不断增长，格局也日益变化。20世纪80年代以前，世界蔬菜贸易主要以欧洲为中心，80年代以后，聚集着主要发达国家的欧洲在世界蔬菜贸易中的主导地位开始逐步瓦解，而以新兴发展中国家为主的亚洲其地位得到大步提升，世界蔬菜贸易逐步演变为欧洲、北美洲、亚洲三洲鼎立的新局面。

1. 北美洲 美国和加拿大等北美国家的蔬菜产区一直是最具发展活力的地区。这些国家土地资源丰富，交通运输条件优越，资金雄厚。在这些地区，单位农场（主）的生产规模逐步扩大，不同蔬菜主要通过适地适作的原则发展生产。如加利福尼亚州是美国主要蔬菜特别是番茄的产地，生产呈现出规模化、机械化和区域化的特点，使得劳动效益得到大幅度提高。在美国，由于主要蔬菜的生产集中在几个州，因此，冷链运输和物流业高度发达，设施栽培面积相对较小。

2. 非洲 非洲的园艺产业历史悠久，但由于产业基础差、资金缺乏、技术不发达以及管理不到位等原因，蔬菜生产发展速度还远不能满足人们的需求。目前普遍存在缺乏优异抗逆蔬菜品种、有效控制病虫害的农药品种和环境污染等问题，使得单位面积产量远低于发达国家。近年来，国际社会采取了多项运动来促进非洲国家的蔬菜生产，鼓励非洲妇女开展蔬菜生产，从而提高她们的收益。

3. 亚洲 亚洲是全世界最大的蔬菜产区。除中国外，印度、日本、越南和韩国等国的蔬菜产业在各国农业经济中具有重要的地位。印度人口多，蔬菜需求量大，但由于蔬菜生产技术相对较为落后，特别是农民缺少足够的优质种苗导致区域病虫害等防控难度大，同时季节性的缺水也在一定程度上影响了印度蔬菜产业的发展。日本是亚洲蔬菜生产大国，也是蔬菜生产强国，蔬菜品种布局合理，栽培技术尤为先进，蔬菜设施栽培和优势区域结合有效地满足了人们对蔬菜的需求。但是，由于经营规模小和劳动成本高的问题，近年来日本蔬菜生产逐步减少，进口蔬菜的比例逐年提高。

4. 欧洲 尽管欧洲国家蔬菜生产量只占全世界总量的10%左右，但欧洲一直是全世界园艺业最发达的地区，其中主要蔬菜产区在西班牙、法国、荷兰和东欧。荷兰是一个小国，但却是一个农业大国，更是园艺产业强国，2002年蔬菜总产量16万t，其中50%左右出口。荷兰土地资源有限，近30年来设施园艺发展非常迅速，成为全世界设施园艺最发达的地区。温室普遍采用大型玻璃温室，配以耐低温弱光品种、岩棉栽培技术、二氧化碳施肥技术和计算机控制技术，使得番茄和黄瓜的产量达到了80kg/m^2以上。许多东欧国家加入欧盟后由于缺乏资金、经营规模小和基础设施差等原因，生产效益较低下，竞争力相对较差，出现了一时的萎缩，但近年来由于劳动力等优势，生产逐步回升。西班牙是一个蔬菜产业大国，也是欧洲蔬菜供应的一个主要生产区域，近年来，基于其区位优势、劳动力和生产成本优势，蔬菜产业得到了较快的发展，并正朝设施栽培方向发展。

五、我国蔬菜生产现状与展望

（一）我国蔬菜产业的发展与现状

我国地域辽阔，气候类型多样，种质资源丰富，蔬菜栽培历史悠久。但长期以来，受封建社会小农经济的限制、交通运输和科技落后的影响，我国蔬菜生产在相当长的时期内发展缓慢。直到新中国成立后，国家对蔬菜生产极其重视，蔬菜生产由自给自足的个体小农经济走向集体所有制，商品蔬菜得到了迅速的发展。特别是在20世纪80年代以后，蔬菜产销体制实施了由计划经济统购包销转变为放开搞活的市场经济体制，加上国家对农业产业结构的调整，蔬菜产业得到飞速发展，成效显著。主要表现为：

1. 蔬菜播种面积和产量持续增加　2008年我国蔬菜播种面积和产量分别达到了近2.4万 hm^2 和近4.57亿t，占全世界的43%和49%，均居世界第一。其中山东、河南、河北、江苏、四川、湖南、湖北、广东、广西、安徽是我国蔬菜生产主要省份。

2. 蔬菜周年均衡供应能力逐年提高，花色品种更为丰富，扭转了蔬菜长期短缺特别是北方冬春缺菜的难题　新中国成立初期，我国年人均蔬菜供应量仅为50kg，1980年达到了84kg，2012年已超过500kg。同时通过采取设施栽培、区划生产和长距离运输等措施，不仅数量得以增加，同时花色品种更为丰富，上市蔬菜品种保持在30个以上，蔬菜供应淡季菜价也逐步下降，形成了大生产、大市场、大流通的格局。特别是20世纪80年代北方地区研发推广了节能日光温室，从根本上扭转了北方几千年来冬春季节长期短缺新鲜蔬菜影响生活与健康的局面。

3. 蔬菜生产区域布局更趋合理，生产方式得以提高　蔬菜生产区域布局由原来的“城市近郊为主，远郊为辅”逐步发展为今天的优势产业带区域为主。各地积极发挥其气候、人力、交通和市场的优势，通过全国范围的市场大流通发展优势蔬菜产业，在全国层面形成了几大内销蔬菜重点区域。同时，蔬菜生产方式也发生了很大的变革，形成了露地栽培、高山栽培、设施栽培等不同生产方式。目前，全国蔬菜播种面积中，设施蔬菜约占22%，产量占37%，产值则占63%。设施蔬菜产值由露地蔬菜的2.7元/m^2 提高到14.99元/m^2。

4. 蔬菜质量逐步提高，蔬菜出口持续增加　随着人民生活水平的提高，对蔬菜的质量要求也日益提高。随着蔬菜品种的更新、栽培技术的完善和植保技术的进步，蔬菜的农药残留问题也日益减少，2009年全国检测结果表明，蔬菜农药残留合格率达到了98%，比2001年提高了30个百分点以上。我国蔬菜质量的提高也赢得了世界各地对我国蔬菜的青睐，使得我国成为世界上一个重要的蔬菜出口国家。通过东南沿海出口蔬菜重点区域、东北沿边出口蔬菜重点区域和西北内陆出口蔬菜重点区域三大出口蔬菜基地的建设，极大地促进了我国出口蔬菜的发展，2009年蔬菜出口在严峻的国际金融危机的形势下还保持了良好的态势。

5. 蔬菜科技水平日益提高，并发挥了显著的社会经济效益　随着国家对科技投入的增加，我国引进和自主创新形成了一大批科研成果，如通过自交不亲和系、雄性不育系等育成了一大批具有抗逆、优质、高产等性状的蔬菜杂交一代新品种，研发了适合北方的低碳型日光温室和适合南方的屋顶开放型塑料大棚，推广应用了包括工厂化育苗、非耕地无土栽培技术、二氧化碳施肥技术、温室作物生物防治技术和肥水一体化施肥技术等，极大地推动了我国蔬菜产业的发展。

（二）我国蔬菜产业发展中存在的问题与对策

我国的蔬菜产业得到了飞快的发展，但主要是量的扩展，而在质上同发达国家存在很大的差距。主要表现在：主要蔬菜单位面积产量不高；原产蔬菜种质资源挖掘利用不够；自主创新蔬菜新品种的技术水平相比发达国家差距很大；劳动生产率低下，蔬菜生产规模化、专业化、机械化和智能化水平亟待提升；基于生理生态基础研究的因地因作物制宜的标准化精准化栽培管理技术有待科学制订与实施，过量施用化肥农药带来的环境污染与蔬菜产品质量的安全性问题较为突出，蔬菜产品质量综合监控管理体制建设滞后，连作障碍和病虫害问题成为制约设施蔬菜可持续生产的瓶颈；蔬菜产品采后处理技术落后，蔬菜科技投入不足，科技推广体系有待完善。

随着全球经济一体化和我国经济结构的变革，我国蔬菜产业也面临着新的机遇与挑战。今后我国蔬菜产业发展有待从以下几个方面进行：

①改变发展方式，提高单产和质量，减少肥料和农药投入，发展环境友好型蔬菜安全生产模式。

②加强蔬菜产业基础设施与避险基金投入，强化产业信息系统建设，提高抵御灾害与市场变化风险的能力。

③发展专业化、集约化、规模化、机械化、自动化和智能化生产，提高经营规模和劳动效率，强化科技成果的普及与推广体制建设。

④研发与推广应用蔬菜露地栽培、设施栽培、高山栽培技术，都市郊区和全国优势产业带产区远距离调运蔬菜区等不同蔬菜生产模式配套，优化北方日光温室长季节栽培技术和南方塑料大棚保温栽培、避雨栽培、遮阳网和防虫网栽培技术，实现标准化规范化栽培。

⑤基于基因组学分析和分子育种方法选育一批抗病、优质、低能耗和高养分利用率的具自主知识产权的新品种并得到大面积的推广。

⑥提高设施结构资材轻量化、省工省力化、环境控制智能化水平，发展低碳设施农业，推广应用生物防治与病虫草害综合防治技术、肥水一体化精准施肥灌溉技术、二氧化碳施肥技术等。

⑦提高蔬菜采后处理与冷链流通技术，发展产品溯源技术，保障产品质量与安全。

复习思考题

1. 蔬菜生产有何特点？
2. 蔬菜产业在我国国民经济和生活中的作用如何？
3. 分析我国蔬菜生产同发达国家相比的优势、劣势和存在的问题。
4. 蔬菜在人类健康中的重要性如何？
5. 分析近年来我国蔬菜产业和科技所取得的进步。

第一章 蔬菜作物的分类与起源

蔬菜作物的范围很广，种类很多。除了一、二年生草本植物外，还有多年生草本植物和木本植物（如金针菜、石刁柏、竹笋、香椿等），以及真菌和藻类植物（如蘑菇、香菇、紫菜、海带等）。我国幅员辽阔，气候资源丰富，是世界栽培植物的起源中心之一。据不完全统计，我国栽培的蔬菜种类（包括种、亚种及变种）有近300种，分别属于50个科。栽培蔬菜是由野生植物经过长期的自然选择和人工选择演化而来的，在长期的驯化栽培过程中，由于基因重组和基因突变等原因，在形态特征、生理生态特性等方面会发生一系列变化，从而形成了丰富多彩的蔬菜类型和品种。

第一节 蔬菜作物的分类

蔬菜作物的分类方法主要有三种，即植物学分类、食用器官分类和农业生物学分类。

一、植物学分类

植物学分类属于自然分类系统的范畴，其理论基础是达尔文的进化论和自然选择学说。传统的植物分类借助于形态学、解剖学的证据，按照植物间亲缘关系的远近和进化过程进行分类。植物分类的等级为界、门、纲、目、科、属、种，其中种为基本单位，种以下还可分亚种、变种和品种等。

我国的蔬菜植物约有50个科，其中绝大多数属于种子植物，既有双子叶植物，又有单子叶植物。双子叶植物中，以十字花科、豆科、茄科、葫芦科、伞形科、菊科为主；单子叶植物中，以百合科、禾本科为主。

（一）真菌门

1. 异隔担子菌纲 Heterobasidiomycetes

（1）银耳科 Tremallaceae

银耳 *Tremella fuciformis* Berk.

（2）木耳科 Auriculariaceae

黑木耳 *Auricularia auricula*（L. ex Hook.）Underw.

2. 层菌纲 Hymenomycetes

（1）光柄菇科 Pluteaceae

草菇 *Volvariella volvacea*（Bull. ex Fr.）Sing.

（2）侧耳科 Pleurotaceae

①香菇 *Lentinus edodes*（Berk.）Sing.

②平菇 *Pleurotus ostreatus*（Jacq. ex Fr.）Quel.

（3）蘑菇科 Agaricaceae

①蘑菇	*Agaricus campestris* L.
②双孢蘑菇	*Agaricus bisporus* （Lange） Sing.
③大肥菇	*Agaricus bitorquis* （Quel. ） Sacc.
（4） 猴头菌科	Hericiaceae
猴头菇	*Hericium erinaceus*(Bull. ex Fr.)Pers.
（二） 地衣植物门	
薄囊蕨纲	Leptosporangiopside
凤尾蕨科	Pteridaceae
蕨菜	*Pteridium aguilinum* （L. ） Kuhn. var. *latiusculum* （Desv. ） Underw.
（三） 种子植物门	
1. 双子叶植物纲	Dicotyledoneae
（1） 藜科	Chenopodiaceae
①菠菜	*Spinacia oleracea* L.
刺籽菠菜	var. *spinosa* Moench
圆籽菠菜	var. *inermis* Peterm
②叶用甜菜	*Beta vulgaris* var. *cicla* L.
③根用甜菜（红菜头）	*Beta vulgaris* var. *rapacea* Koch.
④榆钱菠菜	*Atriplex hortensis* L.
（2） 番杏科	Ficoidaceae
番杏	*Tetragonia expansa* Murray
（3） 落葵科	Basellaceae
①红花落葵	*Basella rubra* L.
②白花落葵	*Basella alba* L.
（4） 苋科	Amaranthaceae
苋菜	*Amaranthus mangostanus* L.
（5） 豆科	Leguminosae
①菜豆	*Phaseolus vulgaris* L.
矮生菜豆	var. *humilis* Alef.
②红花菜豆	*Phaseolus coccineus* L. （syn. *Ph. multiflorus* Willd. ）
白花菜豆	var. *albus* Alef.
③莱豆	*Phaseolus lunatus* L.
矮生大莱豆	*Ph. limensis* var. *limenanus* Bailey
矮生小莱豆	*Ph. lunatus* var. *lunoanus* Bailey
④普通豇豆（矮豇豆）	*Vigna unguiculata* Walp. ssp. *sinensis* Endl.
⑤长豇豆	*Vigna unguiculata* Walp. ssp. *sesquipedalis* （L. ） Verdc.
⑥蚕豆	*Vicia faba* L.

⑦菜用大豆（毛豆）	*Glycine max* Merr.
⑧豌豆	*Pisum sativum* L.
粮用豌豆（紫花豌豆）	var. *aruense* Poir.
菜用豌豆	var. *hortense* Poir.
软荚豌豆	var. *macrocarpon* Ser.
⑨刀豆	*Canavalia gladiata* DC.
⑩矮刀豆	*Canavalia ensiformis* DC.
⑪藜豆	*Stizolobium capitatum* Kuntze.
⑫四棱豆	*Psophocarpus tetragonolobus* DC.
⑬扁豆	*Dolichos lablab* L.
⑭豆薯	*Pachyrhizus erosus*（L.）Urban.
⑮葛	*Pueraria hirsuta* Schnid.
⑯苜蓿（金花菜）	*Medicago hispida* Gaertn.
（6）锦葵科	Malvaceae
①黄秋葵	*Hibiscus esculentus* L.
②冬寒菜	*Malva verticillata* L.
（7）十字花科	Cruciferae
①芸薹	*Brassica campestris* L.
白菜（小白菜）	ssp. *chinensis*（L.）Makino
普通白菜（油菜）	var. *communis* Tsen et Lee
乌塌菜	var. *rosularis* Tsen et Lee
菜薹（菜心）	var. *utilis* Tsen et Lee
紫菜薹	var. *purpurea* Bailey
薹菜	var. *tai-tsai* Hort.
分蘖菜	var. *multiceps* Max.
大白菜	ssp. *pekinensis*（Lour）Olsson
散叶大白菜	var. *dissoluta* Li
半结球大白菜	var. *infacta* Li
花心大白菜	var. *laxa* Tsen et Lee
结球大白菜	var. *cephalata* Tsen et Lee
芜菁	ssp. *rapifera* Matzg.（syn. *B. rapa* L.）
②芥菜	*Brassica juncea* Coss.
根用芥菜（大头菜）	var. *megarrhiza* Tsen et Lee（syn. var. *napiformis* P all et Bols.）
茎用芥菜（榨菜）	var. *tsatsai* Mao（syn. var. *tumida* Tsen et Lee）
笋子芥	var. *crassicaulis* Chen et Yang
茎瘤芥	var. *tumida* Tsen et Lee
芽用芥菜（抱子芥）	var. *gemmifera* Lin et Lee
叶用芥菜	

花叶芥　var. *multisecta* Bailey
白花芥　var. *leacanthus* Chen et Yang
长柄芥　var. *longepetiolata* Yang et Chen
凤尾芥　var. *linearifolia* Sun
叶瘤芥　var. *strumata* Tsen et Lee
宽柄芥　var. *latipa* Li
卷心芥　var. *involutus* Yang et Chen
分蘖芥（雪里蕻）　var. *multiceps* Tsen et Lee
大叶芥　var. *rugosa* Bailey
小叶芥　var. *foliosa* Bailey
结球芥　var. *capitata* Hort. ex Li
籽用芥菜　var. *gracilis* Tsen et Lee (syn. var. *scelerata* Li)
薹用芥菜　var. *utilis* Li (syn. var. *scaposus* Li)
③甘蓝　*Brassica oleracea* L.
结球甘蓝　var. *capitata* L.
羽衣甘蓝　var. *acephala* DC.
抱子甘蓝　var. *germmifera* Zenk.
花椰菜　var. *botrytis* L.
青花菜　var. *italica* Planch.
球茎甘蓝（苤蓝）　var. *caulorapa* DC.
皱叶甘蓝　var. *bullata* DC.
赤球甘蓝　var. *rubra* DC.
④芥蓝　*Brassica alboglabra* Bailey
⑤芜菁甘蓝　*Brassica napobrassica* Mill.
⑥白芥　*B. carinata* L.
⑦黑芥　*B. nigra* L.
⑧萝卜　*Raphanus sativus* Bailey
中国萝卜　var. *longipinnatus* Bailey
四季萝卜（樱桃萝卜）　var. *rabiculus* Pers.
⑨辣根　*Cochlearia armoracia* L.
⑩豆瓣菜　*Nasturtium officinale* R. Br.
⑪山葵　*Eutrema wasabi* Maxim.
⑫荠菜　*Capsella bursa-pastoris* L.
（8）葫芦科　Cucurbitaceae
①黄瓜　*Cucumis sativus* L.
②甜瓜　*Cucumis melo* L.
网纹甜瓜　var. *reticulatus* Naud.
硬皮甜瓜　var. *cantalupensis* Naud.
哈密瓜　var. *saccharinus* Naud.

冬甜瓜	var. *inodorus* Naud.
菜瓜	var. *flexuosus* Naud.
越瓜	var. *conomon* Makino
普通甜瓜	var. *makuwa* Makino
③冬瓜	*Benincasa hispida* Cogn.
④节瓜	*Benincasa hispida* var. *chiec-qua* How.
⑤瓠瓜	*Lagenaria vulgaris* Ser.
长瓠瓜	var. *calvata* Makino
圆瓠瓜	var. *depresa* Makino
葫芦	var. *gourda* Makino
⑥南瓜	*Cucurbita moschata* Duch.
⑦笋瓜	*Cucurbita maxima* Duch.
⑧西葫芦	*Cucurbita pepo* L.
⑨黑籽南瓜	*Cucurbita ficifolia* Bouch.
⑩灰籽南瓜	*Cucurbita mixta* Pang
⑪西瓜	*Citrullus vulgaris* Schrad. ［syn. *C. lanatus* （Thunb）M.］
⑫普通丝瓜	*Luffa cylindrica* Roem.
⑬有棱丝瓜	*Luffa acutangula* Roxb.
⑭苦瓜	*Momordica charantia* L.
⑮佛手瓜	*Sechium edule* Sw.
⑯蛇瓜（长栝楼）	*Trichosanthes anguina* L.
（9）伞形科	Umbelliferae
①胡萝卜	*Daucus carota* var. *sativa* DC.
②美国防风	*Pastinaca sativa* L.
③芹菜	*Apium graveolens* L.
西洋芹菜	var. *dulce* DC.
根芹	var. *rapaceum* DC.
④茴香	*Foeniculum vulgare* Mill.
⑤芫荽	*Coriandrum sativum* L.
⑥香芹	*Petrolinum hortense* Hoffm.
⑦水芹	*Oenanthe stolonifera* DC.
⑧鸭儿芹	*Cryptotaecnia japonica* H.
（10）蔷薇科	Rosaceae
草莓	*Fragaria ananassa* Duch.
（11）菱科	Trapaceae
①两角菱	*Trapa bispinosa* Roxb.
②四角菱	*Trapa quadrispinosa* Roxb.
③无角菱	*Trapa natans* L. var. *inermis* Mao

④乌菱	*Trapa bicornis* Osbeck.
（12）茄科	Solanaceae
①茄子	*Solanum melongena* L.
圆茄	var. *esculentum* Bailey
长茄	var. *serpentinum* Bailey
矮茄	var. *depressum* Bailey
②番茄	*Solanum lycopersicum* L.
	(syn. *Lycopersicon esculentum* Mill.)
普通番茄	var. *commune* Bailey
樱桃番茄	var. *cerasiforme* Alef.
大叶番茄	var. *grandifolium* Bailey
梨形番茄	var. *pyriforme* Alef.
直立番茄	var. *validum* Bailey
③辣椒	*Capsicum annuum* L.
灯笼椒	var. *grossum* Bailey
樱桃椒	var. *cerasiforme* Bailey
朝天椒（圆角椒）	var. *conoides* Bailey
长角椒（牛角椒）	var. *longum* Bailey
簇生椒	var. *fasciculatum* Bailey
④马铃薯	*Solanum tuberosum* L.
⑤枸杞	*Lycium chinense* Mill.
⑥酸浆	*Physalis pubesens* L.
⑦树番茄	*Cyphomandra betacea* Send.
（13）唇形科	Labiatae
①草石蚕	*Stachys sieboldii* Miq.
②薄荷	*Mentha arvensis* L.
③罗勒	*Ocimun basilicum* L. var. *pilosum* (Will) Benth
④紫苏	*Perilla frutescens* (L.) Britt.
⑤薰衣草	*Lavandula angustifolia* Mill.
⑥百里香	*Thymus vulgaris* L.
⑦牛至	*Origanum vulgare* L.
（14）楝科	Meliaceae
香椿	*Toona sinenis* Roem.
（15）旋花科	Convolvulaceae
①蕹菜	*Ipomoea aquatica* Forsk.
②甘薯	*Ipomoea batatas* Lam.
（16）菊科	Compositae
①莴苣	*Lactuca sativa* L.
皱叶莴苣	var. *crispa* L.

散叶莴苣 var. *intybacea* Hort.
直立莴苣 var. *romana* Gars.
结球莴苣 var. *capitata* L.
莴笋 var. *angustana* Irish.
(syn. var. *asparagina* Bailey)
②茼蒿 *Chrysanthemum coronarium* L.
③菊芋 *Helianthus tuberosus* L.
④苦苣 *Cichorium endivia* L.
⑤牛蒡 *Arctium lappa* L.
⑥婆罗门参 *Tragopogon porrifolius* L.
⑦菊牛蒡 *Cirsium dipsacolepis* Matsum.
⑧菊花脑 *Chrysanthemum nankingense* H. M.
⑨紫背天葵 *Gynura bicolor* L.
⑩朝鲜蓟 *Cynara scolymus* L.
（17）马齿苋科 Portulacaceae
马齿苋 *Portulaca oleracea* L.
（18）睡莲科 Nymphaeaceae
①莲藕 *Nelumbo nucifera* Gaertn.
②芡实 *Euryale ferox* Salisb.
③莼菜 *Brasenia schreberi* J. F. Gmel.
④花莲 *Nelumbo lutea* Pers.

2. 单子叶植物纲 Monocotyledoneae

（1）泽泻科 Alisrnataceae
慈姑 *Sagittaria sagittifolia* L.
（2）百合科 Liliaceae
①韭菜 *Allium tuberosum* Rottl. ex Spr.
②葱 *Allium fistulosum* L.
大葱 var. *giganteum* Makino
分葱 var. *caespitosum* Makino
楼葱 var. *viviparum* Makino
③洋葱 *Allium cepa* L.
④大蒜 *Allium sativum* L.
⑤南欧蒜 *Allium ampeloprasum* L.
⑥薤 *Allium chinensis* G. Don
⑦胡葱 *Allium ascalonicum* L.
⑧细香葱 *Allium schoenoprasum* L.
⑨韭葱 *Allium porrum* L.
⑩石刁柏（芦笋） *Asparagus officinalis* L.
⑪金针菜（黄花菜） *Hemerocallis citrina* Baroni

⑫萱草	*Hemerocallis minor* Mill.
⑬卷丹	*Lilium tigrinum* Ker.
⑭白花百合	*Lilium brownii* var. *colochesteri* Wils.
⑮兰州百合	*Lilium davidii* Duch.
（3）莎草科	Cyperaceae
荸荠	*Eleocharis tuberose*（Roxb.）Roem. et Schult
（4）薯芋科	Dioscoreaceae
①山药	*Dioscorea batatas* Decne
②大薯（田薯）	*Dioscorea alata* L.
（5）姜科	Zingiberaceae
①姜	*Zingiber officinale* Rosc.
②蘘荷	*Zingiber mioga* Rosc.
（6）禾本科	Gramineceae
①毛竹	*Phyllostachys pubescens* Mazel. ex H. de Lehaie
②早竹	*Phyllostachys praecox* Chu et Chao
③石竹	*Phyllostachys nuda* McClure
④红哺鸡竹	*Phyllostachys iridenscens* Yao et Chen
⑤白哺鸡竹	*Phyllostachys dulcis* McClure
⑥乌哺鸡竹	*Phyllostachys vivax* McClure
⑦花哺鸡竹	*Phyllostachys glabrata* Chen et Yao
⑧甜笋竹	*Phyllostachys elegans* McClure
⑨尖头青竹	*Phyllostachys acuta* Chu et Chao
⑩曲竿竹	*Phyllostachys flexuosa* A. et Rivere
⑪麻竹	*Slnocalamus latiflorus*（Munro）McClure
⑫绿竹	*Slncalamus oldhami*（Munro）McClure
⑬吊丝丹竹	*Slncalamus vario-striatus* Ling
⑭大头典竹	*Slncalamus beecheyanus* M. var. pubescens Li
⑮马尾竹	*Slncalamus beecheyanus* M.
⑯鱼肚脯竹	*Bambusa suavis* Ling
⑰薏竹	*Pleioblastus hindsii*（Munro）Nakai
⑱菜玉米	*Zea mays* L.
甜玉米	var. *rugosa* Bonaf
糯玉米	var. *sinensis*
⑲茭白	*Zizania caduciflora*（Turcz.）Hand. -Mazz.
（7）天南星科	Araceae
①芋	*Colocasia esculenta* Schott.
②魔芋	*Amorphophallus rivicri* Durieu.
（8）香蒲科	Typhaceae
蒲菜	*Typha latifolia* L.

植物学分类的优点在于能了解各种蔬菜间的亲缘关系。凡是进化系统和亲缘关系相近的各类蔬菜，在形态特征、生物学特性以及栽培技术方面都有相似之处。尤其在杂交育种、培育新品种及种子繁育等方面意义更为重要。如结球甘蓝与花椰菜，虽然前者食用的是叶球，后者食用的是花球，但它们同属于一个种，又属异花授粉作物，彼此容易自然杂交，在杂交育种和留种时要注意隔离。榨菜（茎用芥菜）、大头菜（根用芥菜）、雪里蕻（分蘖芥）也有类似情况，虽然形态上相差很大，但都属于芥菜一个种，可以相互杂交。又如番茄、茄子和辣椒都同属茄科，它们不论在生物学特性及栽培技术上，还是在病虫害防治方面都有共同之处。植物学分类法也有它的缺点，有的蔬菜虽属同一科，但其栽培方法、食用器官和生物学特性却未必相近，如马铃薯和番茄同属茄科，但其特性、栽培技术、繁殖方法却有很大差别。

二、产品器官分类

按蔬菜作物的产品器官形态，可将蔬菜分为根菜类、茎菜类、叶菜类、花菜类、果菜类、种子类蔬菜共 6 类，而不管其在分类学与栽培上的关系。

（一）根菜类

根菜类（root vegetable）是以肉质直根或块根为产品器官的一类蔬菜，可分为直根类与块根类 2 种类型。

1. 直根类蔬菜 直根类蔬菜（fleshy tap root vegetable）是由直根肥大成为产品器官的一类蔬菜。如萝卜、胡萝卜、大头菜（根用芥菜）、芜菁、芜菁甘蓝、根用甜菜、牛蒡等。

2. 块根类蔬菜 块根类蔬菜（tuberous root vegetable）是由侧根或不定根肥大成块状产品器官的一类蔬菜。如豆薯、甘薯、葛等。

（二）茎菜类

茎菜类（stem vegetable）是以茎或茎的变态为产品器官的一类蔬菜，可分为地下茎类和地上茎类 2 种类型。

1. 地下茎类蔬菜 地下茎类蔬菜（subterranean stem vegetable）包括块茎蔬菜、根状茎蔬菜和球茎蔬菜。

（1）块茎（tuber） 如马铃薯、菊芋等。

（2）根状茎（rhizome） 如莲藕、生姜等。

（3）球茎（corm） 如芋头、荸荠、慈姑等。

2. 地上茎类蔬菜 地上茎类蔬菜（aerial stem vegetable）包括嫩茎和肉质茎。

（1）嫩茎（tender stem） 如莴笋、菜薹（菜心）、茭白、石刁柏、竹笋等。

（2）肉质茎（succulent stem） 如榨菜、球茎甘蓝等。

（三）叶菜类

叶菜类（leaf vegetable）是以叶片、叶球、叶丛、变态叶为产品器官的一类蔬菜，可分为普通叶菜类、结球叶菜类、香辛叶菜类和鳞茎菜类 4 类。

1. 普通叶菜类 普通叶菜类（common leaf vegetable）有小白菜、芥菜、菠菜、芹菜等。

2. 结球叶菜类 结球叶菜类（heading leaf vegetable）有结球甘蓝、结球大白菜、结球莴苣、结球芥等。

3. 香辛叶菜类　香辛叶菜类（aromatic and pungent leaf vegetable）有葱、韭菜、芫荽、茴香等。

4. 鳞茎菜类　鳞茎菜类（bulbous vegetable）有洋葱（叶鞘基部膨大）、大蒜（侧芽上无叶身的叶鞘膨大形成蒜瓣）、百合等。

（四）花菜类

花菜类（flower vegetable）是以花、肥大的花茎或花球为产品器官的一类蔬菜。如花椰菜、青花菜、金针菜、芥蓝、朝鲜蓟等。

（五）果菜类

果菜类（fruit vegetable）是以幼嫩果实或成熟果实为产品器官的一类蔬菜，可分为浆果类蔬菜、荚果类蔬菜和瓠果类蔬菜3类。

1. 浆果类蔬菜　浆果类蔬菜（berry fruit vegetable）有番茄、茄子、辣椒等。

2. 荚果类蔬菜　荚果类蔬菜（legume vegetable）有菜豆、豇豆、毛豆、豌豆、蚕豆、扁豆等。

3. 瓠果类蔬菜　瓠果类蔬菜（pepo fruit vegetable）有黄瓜、南瓜、冬瓜、丝瓜、瓠瓜、蛇瓜、西瓜、甜瓜等。

（六）种子类蔬菜

种子类蔬菜（seed vegetable）是以种子为产品器官的一类蔬菜，如莲籽、芡实等。

三、农业生物学分类

将蔬菜作物的生物学特性与栽培技术特点结合起来，是比较实用的一种分类方法。按此法可将蔬菜分为根菜类、白菜类、甘蓝类、芥菜类、茄果类、瓜类、豆类、葱蒜类、绿叶菜类、薯芋类、水生蔬菜、多年生蔬菜、食用菌类和香草类蔬菜14种类型。

（一）根菜类

根菜类（taproot vegetable）是以直根肥大为食用产品的一类蔬菜。根菜类都起源于温带地区，喜温和或较冷凉的气候与充足的光照。根菜类均为二年生蔬菜，种子繁殖，不易移栽。第一年形成肉质根，贮藏大量的水分和糖分，土壤深厚、肥沃有利于形成良好的肉质根。根菜类包括萝卜、胡萝卜、芜菁甘蓝、芜菁、根用芥菜、根用甜菜、根用芹菜、牛蒡等。

（二）白菜类

白菜类（Chinese cabbage vegetable）是十字花科芸薹属（*Brassica*）芸薹种（*B. campestris* L.）的蔬菜，以柔嫩的叶片、叶球、花薹等为食用产品。白菜类大多数起源于温带南部，生长期间需要湿润季节及冷凉的气候，多数为二年生植物，第一年形成产品器官，第二年抽薹开花。白菜类植株生长迅速，对氮肥要求较高；能耐寒而不耐热；均以种子繁殖，适于育苗移栽；在栽培上，除采收花球或菜薹（花茎）外，要避免未熟抽薹。白菜类包括大白菜、小白菜、菜薹（菜心）等。

（三）甘蓝类

甘蓝类（cabbage vegetable）是以柔嫩的叶球、花球、肉质茎等为食用产品的一类蔬菜。生长特性和对环境条件的要求与白菜类相近。甘蓝类包括甘蓝、花椰菜、青花菜、球茎甘蓝、芥蓝等。

（四）芥菜类

芥菜类（mustard vegetable）是十字花科芸薹属（*Brassica*）芥菜种（*B. juncea*）的蔬菜。需要湿润季节及冷凉的气候，多数为二年生植物，用种子繁殖。芥菜类主要有根用芥菜、茎用芥菜、叶用芥菜、薹用芥菜 4 大类多个变种。

（五）茄果类

茄果类（solanaceous fruit vegetable）是茄科中以果实为食用产品的一类蔬菜。茄果类蔬菜起源于热带地区，喜温暖不耐寒，只能在无霜期生长。根群发达，要求有较深厚的土层，对日照长短要求不严格。一般用种子繁殖，适宜育苗移栽。茄果类蔬菜包括番茄、茄子、辣椒等。

（六）瓜类

瓜类（cucurbitaceous vegetable）是葫芦科中以果实为食用产品的一类蔬菜。瓜类蔬菜多数为起源于热带的一年生植物，雌雄同株异花，要求温暖的气候而不耐寒，生育期要求较高的温度和充足的阳光。茎蔓生，要求支架栽培并进行整枝，采用种子繁殖。瓜类蔬菜包括黄瓜、南瓜、西瓜、甜瓜、冬瓜、丝瓜、苦瓜、蛇瓜、瓠瓜、菜瓜等。

（七）豆类

豆类（legume vegetable）是豆科植物中以幼嫩豆荚或种子为食用产品的一类蔬菜。豆类蔬菜属豆科一年生植物，其中除蚕豆、豌豆较耐寒外，均要求较温暖的气候条件，豇豆和扁豆较耐高温。根系发达，有固氮能力。一般用种子直播栽培。豆类蔬菜包括菜豆、豇豆、毛豆、刀豆、扁豆、豌豆、蚕豆等。

（八）葱蒜类

葱蒜类（bulb vegetable）是百合科葱属中以鳞茎或叶片为食用产品、具有香辛味的一类蔬菜。一般采用种子繁殖或无性繁殖，多为二年生植物。根系不发达，要求土壤肥沃、湿润，气候温和，但耐寒和抗热性都很强。鳞茎形成需要长日照条件，其中洋葱、大蒜在盛夏时进入休眠。葱蒜类蔬菜包括洋葱、大蒜、大葱、韭菜、细香葱等。

（九）绿叶菜类

绿叶菜类（green leaf vegetable）是以幼嫩的绿叶、叶柄或嫩茎为食用产品的一类蔬菜。绿叶菜类在起源和植物学分类上比较复杂，一般生长期较短，多数植株矮小、生长迅速，适宜间套作，对氮肥和水分要求高。采用种子繁殖，除芹菜外一般不进行育苗移栽。对温度的要求差异较大，其中苋菜、蕹菜、落葵等较耐热，其他则较耐寒或喜温。绿叶菜类包括莴苣、芹菜、菠菜、茼蒿、苋菜、蕹菜、落葵等。

（十）薯芋类

薯芋类（tuber vegetable）是以肥大的地下块茎或地下块根为食用产品的一类蔬菜。在生产上均采用营养器官繁殖。除马铃薯不耐炎热外，其余都喜温、耐热，要求湿润、疏松、肥沃的土壤环境。薯芋类蔬菜包括马铃薯、芋、姜、山药、豆薯等。

（十一）水生蔬菜

水生蔬菜（aquatic vegetable）是指在沼泽地区及河、湖、塘的浅水中生长，其产品可作为蔬菜食用的一类维管束植物。采用无性繁殖。根系欠发达，但体内具有发达的通气系统，能适应水下空气稀少的环境。每年在温暖或炎热的季节生长，到气候寒冷时，地上部分枯萎。水生蔬菜包括莲藕、菱、茭白、荸荠、慈姑、水芹、芡实、蒲菜、莼菜、豆瓣菜等。

（十二）多年生蔬菜

多年生蔬菜（perennial vegetable）是种植一次可连续收获产品多年的一类蔬菜。在温暖季节生长，冬季休眠。对土壤条件要求不太严格，一般管理较粗放。多年生蔬菜包括竹笋、金针菜、石刁柏、香椿、枸杞等。

（十三）食用菌类

食用菌类（edible fungi）是可供菜用的菌类，包括蘑菇、草菇、香菇、平菇、金针菇、猴头菇、黑木耳、银耳等。

（十四）香草类蔬菜

香草类蔬菜（aromatic vegetable）是含有特殊芳香物质、可作蔬菜食用的一年生或多年生草本植物。一般可凉拌、炒食、作馅等，具有一定的药用价值及调味等作用，还可作加工食品、化妆品、药品的主料或辅料。香草类蔬菜包括罗勒、薄荷、薰衣草、迷迭香、百里香、琉璃苣等。

第二节　蔬菜作物的起源与分布

一、蔬菜作物的起源

栽培植物（包括蔬菜）虽然是由野生种演化而来，但与野生种有很大不同。关于栽培植物的起源问题，曾有不少学者进行过研究。瑞士植物学家德堪多（A. de Candolle，1806—1893）于1882年出版了《栽培植物的起源》一书，对247种栽培植物的起源进行了研究。俄罗斯植物学家瓦维洛夫（Vavilov，1887—1943）于20世纪20年代组织植物远征采集队，在世界各大洲60多个国家采集到30多万份植物材料，借助形态分类、杂交验证、细胞学和免疫学等手段，进行了详细的比较研究，于1926年出版了《栽培植物的起源中心》一书，提出了起源中心或基因中心学说。1935年瓦维洛夫对过去的概念作了一些修改，出版了《育种的植物地理学基础》一书，根据栽培植物的地理分布和遗传变异最丰富的地方，明确地把世界重要的栽培植物划分为8个独立的起源中心和3个副中心，共11个中心。这一学说比较经典和被公认，它对栽培植物的起源作出了科学论证。1945年达林顿（Darlington，1903—1963）在瓦维洛夫的基础上又增加了一个北美洲中心，使栽培植物的起源中心成为12个，这12个起源中心也是蔬菜作物的起源中心。

（一）中国中心（原著为Ⅰ）

中国中心包括我国的中部、西南部平原及山岳地带，为世界作物最大和最古老的起源中心之一，是许多温带、亚热带作物的起源地。中国中心起源的蔬菜有白菜、芥菜、菜用大豆、赤豆、长豇豆、笋用竹、山药、萝卜、草石蚕、大头菜、芋、蘑芋、荸荠、莲藕、慈姑、茭白、蕹菜、葱、薤、茄子、葫芦、丝瓜、茼蒿、紫苏、落葵等。

（二）印度—缅甸中心（原著为Ⅱ）

印度—缅甸中心包括除印度西北部以外的印度大部分及缅甸，为许多重要蔬菜及香辛植物的起源地。印度—缅甸中心起源的蔬菜有茄子、苦瓜、黄瓜、葫芦、丝瓜、绿豆、米豆、莲藕、矮豇豆、高刀豆、豆薯、苋菜、红落葵、芋、山药、魔芋、印度莴苣（*Lactuca indica*）以及鼠尾萝卜（*Raphanus indicus*）等。

（三）印度—马来中心（原著为Ⅱa）

印度—马来中心包括越南、老挝、柬埔寨、马来半岛、爪哇及菲律宾。由于当时调查不够全面，因此这一地区可认为从属于“印度—缅甸中心”的一部分。印度—马来中心起源的蔬菜有笋用竹、山药、生姜、冬瓜等。

（四）中亚细亚中心（原著为Ⅲ）

中亚细亚中心包括印度西北部、克什米尔、阿富汗、乌兹别克斯坦、黑海地带的西部。中亚细亚中心比中国中心及印度中心略小，为一个重要的蔬菜及果树的原产地。中亚细亚中心起源的蔬菜有芥菜、甜瓜、胡萝卜、萝卜、洋葱、大蒜、菠菜、豌豆、蚕豆、绿豆、芫荽等。

（五）近东中心（原著为Ⅳ）

近东中心包括小亚细亚内陆、外高加索、伊朗等地区，是麦类和许多蔬菜及重要果树的原产地。近东中心起源的蔬菜有豌豆、蚕豆、甜瓜、菜瓜、甜菜、胡萝卜、洋葱、韭葱、莴苣等。

（六）地中海中心（原著为Ⅴ）

地中海中心包括欧洲南部和非洲北部地中海沿岸地带，它与中国同为世界重要的蔬菜原产地。地中海中心起源的蔬菜有豌豆、蚕豆、甜菜、甘蓝、香芹菜、洋葱、韭葱、莴苣、石刁柏、芹菜、苦苣、美国防风、食用大黄、酸模、茴香等。

（七）埃塞俄比亚中心（原著为Ⅵ）

埃塞俄比亚中心包括现在的埃塞俄比亚和索马里等，从农业的范围而言，是一个比较狭小的地带，但为多种独特作物的起源地。埃塞俄比亚中心起源的蔬菜有西瓜、豌豆、蚕豆、豇豆、扁豆、芫荽、胡葱（*Allium ascalonicum*）等。

以上 7 个中心属于旧大陆中心。自发现美洲大陆后，又发现了许多新的植物，划分成下面 5 个起源中心，属于新大陆中心。

（八）墨西哥南部—中美洲中心（原著为Ⅶ）

中美洲为玉米、甘薯及番茄的原产地，给世界的作物以极大的贡献。墨西哥南部一中美洲中心起源的蔬菜有玉米、菜豆、矮刀豆、辣椒、甘薯、佛手瓜、南瓜、苋菜等。

（九）南美洲中心（原著为Ⅷ）

南美洲中心包括秘鲁、厄瓜多尔、玻利维亚等安第斯山脉地带，为马铃薯的野生种及烟草的原产地。南美洲中心起源的蔬菜有菜豆、玉米、秘鲁番茄、普通番茄、笋瓜、辣椒等。

（十）智利中心（原著为Ⅷa）

智利中心为马铃薯及草莓的原产地之一。

（十一）巴西—巴拉圭中心（原著为Ⅷb）

巴西—巴拉圭中心为凤梨的原产地，也是木薯、花生等的原产地。

（十二）北美洲中心

北美洲中心主要为美国的中北部，为向日葵、菊芋的原产地。

二、蔬菜作物的演化

（一）蔬菜演化的基础与方向

栽培蔬菜是由野生植物经长期的驯化栽培演化而来。栽培蔬菜与野生种相比，具有一些明显的变化，虽然这些变化并不是在每种栽培蔬菜上都有相同的表现，但这些变化确实存在于不同的物种中，这就表明选择压（selection pressure）对不同的蔬菜植物的演化具有相似的效果。德国学者 Schwanitz(1967)指出，尽管在栽培蔬菜中仍然存在着某些不良性状（undesirable character），如毛刺和生物碱等，但总体而言在栽培蔬菜中野生性状的消失是很明显的。不少学者对野生植物向栽培蔬菜演化过程中植物性状的变化进行过研究，现归纳如下：

1. 生存竞争能力下降　尽管栽培蔬菜是由野生种演化而来，但栽培蔬菜的生存竞争能力已明显下降。栽培蔬菜在人工栽培的条件下能够良好地生长，但如果将它们放回到其野生种所处的生态条件中去，那么它们就会失去生存的能力。其原因是长期的人工选择（artificial selection）降低了栽培种的生存竞争能力。

2. 大型化　大型化（gigantism）通常是指产品器官变大，但由于多效作用（pleiotropic effort）的存在，常会导致其他器官也同时变大。例如，向日葵在人工选择过程中，大花性状是对人类有利的目标性状，但随着花的变大，茎和叶在后代中也变大。人工选择的目标是使对人类有利的那些产品器官变大，如大的果实、种子、块茎、根状茎等。在甘蓝类蔬菜中，由于人工选择的目标不同，使不同部位的器官大型化，从而形成了不同的变种，如结球甘蓝的形成是由于人们长期选择大叶片和大叶球的结果，花椰菜的形成是由于长期选择大花球的结果，而抱子甘蓝的形成是由于长期选择大侧芽（axillary bud）的结果。以上实例表明，同一个野生种按不同的目标进行人工选择后，其遗传可塑性（genetic plasticity）是非常大的。在长期的人工选择过程中，人类早期的选择目标往往是产品器官的大型化，在一个杂合群体中不同个体（或不同亚种）间的天然杂交会形成丰富的遗传重组后代，从而为人工选择奠定基础。

3. 形态变异多样性　达尔文（Darwin，1809—1882）于 1868 年最先提出在人类利用的植物产品器官中普遍存在着形态变异的多样性。例如，在马铃薯的原产地南美洲，其产品器官块茎的形态变异是极其丰富的，而花和叶片的形态变异相对较小；作为辣椒和番茄产品器官的果实，其形态变异（如大小、形状和颜色等）也非常大，而花的变异相对较小；瓜类蔬菜中，果实的形态变异也比其野生种要丰富得多。

Hawkes（1983）认为，栽培蔬菜产品器官形态变异多样性主要是人工选择的结果。如颜色鲜艳的马铃薯块茎比颜色灰暗的块茎在挖掘时更容易被人们看到，因此，颜色灰暗的块茎在人工选择过程中易遭淘汰。在长期的人工选择过程中，由于人类祖先的审美选择（aesthetic selection），蔬菜产品器官丰富的颜色、形状、大小等变异得以保留，从而形成了丰富多彩的蔬菜类型和品种。

4. 生理适应性改变　人类的祖先在利用野生植物进行栽培驯化的时候，栽培地的环境条件往往和野生种的环境条件有很大的差异，由于土壤、气候条件等因素所引起的自然选择压使栽培蔬菜的生理适应性发生很大的改变。此外，在驯化栽培过程中，栽培蔬菜还会与其近缘种发生基因交换使栽培蔬菜的生理适应性进一步发生改变。这种生理适应性的改变可以发生在二倍体水平上（如番茄、小扁豆等），也可能是通过多倍体化来实现的（如马铃薯等）。无疑，人工选择也会对栽培蔬菜生理适应性的改变发生作用。在我国大部分地区，为了保证蔬菜周年供应，同一种蔬菜常在不同季节栽培，由于各个季节不同的气候条件及人工选择的作用，产生了分别适应于不同季节的季节型。例如，山东的黄瓜有早春型、春型、春秋型、秋型、秋冬型 5 个季节型。大蒜在春秋两季均可栽种的地区有冬蒜和春蒜两个季节型。冬蒜在秋末栽种，露地越冬，6 月收获，耐寒性强，生长期长；春蒜则是春种夏收的蔬菜。不结球白菜在长江中下游地区是早春供应的重要蔬菜，为了延长春白菜的供应期，南京菜农利用越冬白菜的抽薹开花对春季日照长度有不同反应的特性，选出了 2～3 月供应的二月白和 4～5 月供应的四月白等不同类型。

5. 传播能力下降 几乎所有的栽培蔬菜其传播（spreading）能力均大为下降。野生菜豆（*Phaseolus vulgaris* ssp. *aborigineus*）的种荚具有一层厚果皮，种子成熟时果皮变干且扭曲炸裂，使内部种子散落到较远的地方。栽培菜豆的果皮很薄，而且成熟时不炸裂，其种子传播能力大为下降。栽培马铃薯匍匐茎的长度远远短于野生种，使栽培种块茎的传播能力下降。栽培蔬菜传播能力的下降是人工选择的结果，有利于人们采收产品器官并供下一代繁殖用。考古学证据表明，传播能力下降发生于野生植物驯化栽培的早期阶段。

6. 生存保护机能下降 野生植物具有免受捕食动物危害的机能。野生葫芦科植物的果实具有苦味，哺乳动物不喜欢吃，而鸟类爱吃，鸟类取食以后对其中的种子起到了传播、扩散的作用，有利于物种的繁衍。瓜类蔬菜的果实大多具有甜味，对人类而言是有利性状，但易被其他哺乳动物捕食，不利于植物本身的生存保护。野生山药有两种类型：一种是浅根性的，具有苦味，可避免掘地哺乳动物的捕食，有利于植物本身的生存保护；另一种是深根性的，具有甜味，不易被掘地哺乳动物捕食。在这两种野生山药中，人类在前者中不断选择苦味淡的类型，在后者中不断选择分布较浅的类型，从而形成了栽培山药，但栽培山药的生存保护机能与其野生祖先相比已经大为下降。

7. 无性繁殖蔬菜的种子育性下降 无性繁殖的蔬菜在驯化过程中，由于长期用营养体（如块茎、块根等）进行繁殖，导致有性生殖器官的退化，种子育性下降。无性繁殖蔬菜的产品器官（如块茎、球茎等）常常就是繁殖器官，在长期的人工选择过程中，产品器官变发达了，大量的养分贮藏在其中，有性生殖器官的养分供应减少，育性下降。无性繁殖蔬菜在进化过程中常会出现多倍体（如马铃薯、芋等），多倍体植物在减数分裂时由于同源染色体配对复杂化，从而造成育性下降，甚至完全不结种子。

8. 生长习性改变 栽培蔬菜与其野生种相比，通常生长习性发生改变。例如，菜豆和甘薯的野生种主蔓很长且分枝能力极强，是无限生长类型。栽培菜豆和甘薯的主蔓长度大为缩短、侧蔓减少、节间缩短，可分为无限生长和有限生长两种类型。栽培番茄和西葫芦中都有矮生的有限生长类型，这种类型有利于人们进行田间栽培管理，特别是在家庭菜园中栽培时更是如此。

蔬菜演化过程中生长习性发生改变的另一种情况是整个生长发育时期有差异。有时要缩短其生育期，而有时又要延长其生育期，由一年生变为二年生或多年生。如萝卜的野生种根部不发达，开花时植株中贮藏的养分直接运输到花器官中去；而栽培种则在生长第一年形成大的肉质根作为产品器官，到第二年抽薹开花，肉质根中贮藏的养分再转运到花器官中去。

9. 种子发芽整齐 对野生种而言，具有休眠期和种子发芽不整齐对其繁衍后代是有利的。一部分种子在不利于生长的季节进行休眠，等到环境条件适宜时再萌发，有利于生存。这种特性对人类栽培的目的而言是不利的。因此，在长期的人工选择过程中，栽培蔬菜的种子发芽整齐，而且休眠期变短或丧失，这样可使产品器官的食用成熟期整齐一致。

10. 近亲繁殖机能增强 大部分栽培蔬菜的祖先具有远亲繁殖（outbreeding）的机能。

但是，在长期的驯化栽培过程中，人们为了追求产品器官的整齐度，常导致野生种的异交特性逐步转变为自交或部分自交，从而使栽培蔬菜的近亲繁殖（inbreeding）机能增强。

11. 产生多倍体　栽培蔬菜在演化过程中常出现多倍体，特别是在长期无性繁殖的蔬菜中更是如此。例如，马铃薯除二倍体外，还有三倍体、四倍体和五倍体；芋除二倍体外，还有三倍体；甘薯除二倍体外，还有四倍体；山药除二倍体外，还有四倍体和其他多倍体。但是，随着染色体倍性的增加，植株即使产生花器官，通常也是高度不育的。

（二）个体发育与原产地的环境条件

世界各地生态条件差异很大，在不同地区栽培的蔬菜，长期受不同环境条件影响而形成具有不同遗传性的生态类型。这些类型在形态、生理和生态特性上都有一定的差异。生态分布区域越广的种（或变种）产生的生态型越多，适应性也强。例如，原产于非洲的西瓜，原是典型的热带大陆性气候生态型的植物，被引入中国西北部和中部大陆性气候地区栽培的，仍保持着原来的生态特性，即要求昼夜温差大、空气干燥、阳光充足，而且生长期长，果型大；但长期在我国东南沿海各地栽培的，则发生了生态变异，产生了能适应昼夜温差小、湿润多雨、阴天多的气候，而且生长期短、果型小的生态型。又如起源于中国的萝卜，有秋冬萝卜、春萝卜、夏萝卜、四季萝卜等适应于不同气候和不同季节栽培的温度生态型品种群。北方的菜豆品种多数属于无限生长的晚熟品种，对光周期要求严格，为短日照植物；而南方的菜豆品种多数属于有限生长的早熟品种，对短日照要求不严格，往往能春、秋两季栽培。黄瓜在我国有两个明显的生态型。南方型的黄瓜直接由东南亚传入，现在主要分布于华南，仍保持着要求温暖湿润气候的特性，而且一般为短日照植物，果实短粗，无明显的棱刺。北方型的黄瓜由中亚地区引入，经过长期在华北地区栽培，生态特性变异很大，能适应北方的大陆性气候，耐干燥和较剧烈的温度变化，果实细长，有明显的棱刺。又如大白菜的结球变种，由于起源地区不同而产生了3个形态不同的生态型：卵圆型，原产于山东半岛，为海洋性气候生态型，严格要求温和湿润的气候；平头型，原产于河南中部，为大陆性气候生态型，能适应变化剧烈的温度和干燥空气，要求阳光充足；直筒型，原产于海洋性气候和大陆性气候经常交替的冀东地区，为交叉性气候生态型，对气候有较强的适应力。

蔬菜不同生态型反映了它们对不同地区的自然条件、耕作制度的适应性。在蔬菜生产上一定要根据不同生态型在遗传特性上的要求，通过各种栽培技术改善环境条件，才能充分发挥各种生态型的效能。引种时尤其要考虑引用适应当地生态条件的生态型品种。引种不当不但会造成减产，有时甚至绝收。

（三）中国蔬菜的来源

中国是世界上12个栽培植物起源中心之一。由于中国复杂的地理、气候条件，悠久的蔬菜栽培历史以及长期的自然选择和人工选择，形成了一些蔬菜的亚种、变种、生态型以及众多的地方品种。目前中国栽培的许多蔬菜都原产于中国，也有不少种类是由世界其他地区引入的。这些引入的种类，虽然在中国栽培的历史没有原产地悠久，但其中不少种类经过中国长期栽培和选择，已经培育出了适于中国自然环境及食用习惯的品种，已和中国原产的蔬菜种类同样重要和普遍。

1. 中国原产的蔬菜　在我国栽培较为普遍的蔬菜有萝卜、白菜、芥菜、大葱、韭菜、丝瓜、茼蒿、蕹菜、毛豆、豇豆、山药、草石蚕、芋、荸荠、莲藕、慈姑、茭白、百合、落葵、冬寒菜以及各种竹笋。这些原产于中国的蔬菜不但在中国是主要蔬菜，其中白菜、萝卜等已成为世界性蔬菜。

2. 从国外引入的蔬菜 由于不同历史时期的交通发展情况不同，主要可以分为以下几个方面。

（1）经陆路引入的蔬菜 通过“丝绸之路”经由中亚细亚陆续传入中国的蔬菜有菠菜、蚕豆、豌豆、瓠瓜、扁豆、西瓜、甜瓜、黄瓜、胡萝卜、芫荽、大蒜、大葱、芹菜、莴苣等。这些蔬菜来自 4 个起源中心：中亚细亚中心、近东中心、地中海中心和埃塞俄比亚中心。通过东南亚传入的蔬菜有生姜、冬瓜、茄子、丝瓜、苦瓜、落葵、山药等。

（2）经海路引入的蔬菜 明清时期，中国和外国的海运交通逐渐发达，通过海路引入很多种蔬菜，主要有墨西哥起源的菜豆、红花菜豆、豆薯、南瓜、西葫芦、笋瓜、佛手瓜、辣椒，秘鲁起源的马铃薯、番茄，北美起源的菊芋等。此外，还有地中海沿岸起源的甘蓝类蔬菜、四季萝卜、豆瓣菜、香芹、结球莴苣、朝鲜蓟，以及伊朗起源的根甜菜、洋葱等。有的蔬菜虽然在汉代已经由中亚传入，但它们经过在欧美改良形成新的类型如西洋芹菜、菜用豌豆等，也是近代才由海路传入的。

（3）20 世纪 70 年代后引入的蔬菜 随着 20 世纪 70 年代末改革开放，我国与世界各地的交流日益频繁，将世界各地大量的蔬菜新品种引进来，极大地丰富了中国蔬菜的种类和品种。

从国外引入的蔬菜，经中国人民长期培育，发生了变异，形成了许多新的变种、类型和品种，在我国蔬菜生产中已占有很重要的地位。如甘蓝、番茄、辣椒、菜豆、南瓜等，已成为全国性种植的蔬菜种类。

综上所述，中国蔬菜的来源最早为本土野生植物的采集、栽培和驯化，继而从陆路和海路引入其他起源中心的蔬菜，并加以改良。了解每种蔬菜的起源及栽培历史的目的，是要从其起源地的环境条件认识其生物学特性，从而通过各种栽培技术来控制它们的生长发育，以达到优质高产的目的。在育种上，收集种质资源为品种改良提供原始材料。

三、我国蔬菜栽培历史

中国是世界四大文明古国之一，农业历史悠久，源远流长，蔬菜生产起源于原始农业。7 000～8 000年前的新石器时代，我国的先民已有了种植蔬菜的石制农具，开始栽种葫芦、白菜、芹菜、蚕豆、西瓜和甜瓜等。在陕西西安半坡村新石器时代仰韶文化（前5 000—前3 000）遗址中，就有蔬菜种子出土。从河南安阳小屯发掘出的商代都城殷墟中，有大量用于占卜的甲骨刻辞，已认出的字中就有园、圃、囿，其中园是栽培果树的场所，圃是栽培蔬菜的场所，囿则是人为圈定的园林。这说明在公元前 13 世纪的商代，蔬菜栽培已开始从大田分化出来。西周时期，随着中原人口的增加，蔬菜种植发展迅速，蔬菜种类有直根类、薯芋类、嫩菜类、葱类等多种。我国现存最早的诗歌总集《诗经》就是在此期编辑而成的，涉及 132 种植物，包括多种园艺植物，其中蔬菜有葵（冬寒菜）、葫芦、芹菜、山药、韭菜、菱和菽等。这反映在3 000年前蔬菜产品在人们的生活中已占有一定的地位。战国时期的《山海经》记载了蔬菜 5 处，同时扦插技术在当时的文献中也有记载。秦、汉时期，蔬菜生产已从圃扩大至原野，出现了一些具有相当规模的菜圃，成为农业的重要组成部分，而且品种开始出现。汉代我国农民创造了葫芦嫁接技术。汉武帝时代（前 141—前 87）建成了中国历史上第一个大规模的植物园，同时开通西域后，经

“丝绸之路”，从西方引进黄瓜、西瓜、胡萝卜、菠菜和豌豆等蔬菜。当时张骞也给西亚和欧洲带去了中国的芥菜、萝卜、甜瓜、白菜和百合等，大大丰富了那些地区蔬菜植物的种质资源。南北朝时期，北魏贾思勰于6世纪中叶所著的《齐民要术》，是我国完整保存下来的古农书中最早的一部，也是我国最有价值的一部农书。全书约11万字，分为10卷92篇，其中卷三为蔬菜，记载了31种蔬菜的品种、繁殖、栽培技术和贮藏加工等，表明当时我国蔬菜栽培技术已经达到相当高的水平。唐代我国从国外引进了不少蔬菜种类，设施栽培技术也有了新的发展，可使黄瓜在二月（农历）采收。明清时期我国主要通过海路从欧洲和美洲引进了番茄、辣椒、结球甘蓝、花椰菜、洋葱、南瓜（包括西葫芦、笋瓜等）、马铃薯、软荚豌豆和菊芋等蔬菜，极大地丰富了我国蔬菜作物的种质资源。1708年汪灏等编著的《广群芳谱》中记载了100多种栽培及野生蔬菜，并归纳为辛香、园蔬、野蔬、水蔬、食根、食实、菌属、奇蔬、杂蔬共9类，为后人对蔬菜植物的分类打下了基础。

此外，中国是设施栽培（protected culture）发展较早的国家，早在2 000多年前的汉代就有了设施栽培的记载（《汉书·循吏传》），比古罗马早200～300年。唐代诗人王建的《宫前早春》：“酒幔高楼一百家，宫前杨柳寺前花。内园分得温汤水，二月中旬已进瓜。”记载了当时利用温泉水种瓜的情况。

新中国成立后，在20世纪50年代末、60年代初，我国开始试用和推广塑料薄膜覆盖栽培，60～70年代，在我国北方的城市郊区开始推广应用，逐步形成了地膜覆盖、小棚、中棚、大棚栽培技术。70年代末改革开放后，我国北方地区根据当地的气候和生产特点，研发并大面积推广了节能型塑料膜薄日光温室，在冬季不加温的条件下生产如黄瓜、番茄、西葫芦等喜温蔬菜，对丰富人民群众的营养与提高生活水平发挥了巨大的作用。80年代以后，我国部分经济发达地区开始引进和建立大型现代化温室用于蔬菜生产。21世纪以来，我国蔬菜生产发生了跨越式发展，现已成为全世界最大的蔬菜生产国。蔬菜产业已成为农业发展中的高增长支柱产业，在社会经济中的地位越来越高。

四、我国蔬菜生产区域划分

我国幅员辽阔，气候条件包括热带、亚热带、温带和寒带。东部与西部、南方与北方之间气候条件差别很大。东半部地形以平原和低山为主，地势较低，水分资源比较充足，由北向南作物生长积温逐渐增高，露地蔬菜栽培茬次不断增加。东南沿海地区空气潮湿、雨水多、昼夜温差较小，为海洋性气候。西半部地势较高，除西南地区外，其他大部分地区气候干燥、年生长积温较低，但日照充足，昼夜温差大，为大陆性气候。土壤的特性，在秦岭、淮河以北腐殖质较多，带碱性；秦岭、淮河以南腐殖质较少，带酸性。

由于蔬菜种类多，生长季节长短不一，而且在消费上要求多样化，因而在生产上也要求多样化，特别是随着我国蔬菜设施栽培面积的不断增大，各地栽培蔬菜种类及栽培茬次的差异在不断缩小，使我国蔬菜生产分布区域的划分变得复杂。根据自然地理及气候条件，同时适当结合行政区划，可以将我国蔬菜生产区域分为八个自然区，即华南区、长江中下游区、华北区、东北区、西南区、西北区、青藏区和蒙新区。其中华南区、长江中下游区、华北区和东北区4个区位于我国东半部，西南区、西北区、青藏区和蒙新区4个区位于我国西半部。

（一）华南区

华南区主要包括广东、广西、福建、海南和台湾。地形以丘陵为主，约占土地总面积的

90%，平原仅占10%，各种土地类型交错分布。由于高温多雨，土壤中可溶性盐类及腐殖质极易流失，土壤质地黏重，酸性强。受热带海洋性气团影响，热量资源丰富，为全国之冠，终年暖热，长夏无冬，除部分山区外，大部分地区全年无霜，年降水量一般超过1 000 mm。本区年平均气温高，南宁21.6℃，广州21.8℃。

由于平均气温高，全年无霜冻，周年可以在露地栽培蔬菜。喜冷凉的大白菜、萝卜、甘蓝、花椰菜等播种期的幅度很大，可在秋、冬两季栽培；喜温的番茄、菜椒、黄瓜等在一年内自秋季经冬季至翌春，可行长季节栽培；耐热的冬瓜、南瓜、豇豆等除在炎热多雨的夏季栽培外，以春、秋两季更为适宜。生长期短的叶菜如小白菜、茼蒿、菜薹、苋菜、叶用莴苣、菠菜等，只要安排适当，一年内可栽8～10茬；生长期较长的水生蔬菜如莲藕、慈姑、荸荠与豆瓣菜、蕹菜等适当搭配，一年内可种植3茬左右。因此，华南区被称为华南多茬区。

华南区6～9月炎热多雨，加之台风暴雨频繁发生，对露地蔬菜生产有不利影响，易形成蔬菜生产和供应的夏淡季，近年来本区夏季遮阴棚、避雨棚、防虫网和水坑栽培发展很快，不仅解决了本区夏季蔬菜供应，而且成为港、澳地区蔬菜供应和我国蔬菜重要出口基地之一。

（二）长江中下游区

长江中下游区包括湖北、湖南、江西、浙江、上海等省、直辖市以及安徽、江苏的南部。地形兼有平原和丘陵山地，平原主要为长江三角洲平原，丘陵山地以低山丘陵面积较大。本区海拔一般在1 000m以下。气候温暖湿润，年降水量1 000～1 500mm，属亚热带北缘，东亚季风区，四季分明。本区年均气温较高，均在15℃以上，非常有利于喜温蔬菜的生长。夏季高温多雨，在东部沿海和长江下游地区，夏秋季台风较多。

长江中下游区蔬菜生长的季节较长，因此一年内可在露地栽培3茬主要蔬菜。栽培制度大致分两种类型。第一种类型：番茄、马铃薯、黄瓜、菜豆等一年春、秋两季都能栽培；大白菜、甘蓝、花椰菜、萝卜、胡萝卜等秋季种植；不结球白菜、菠菜等可以露地越冬生长，形成春、秋、冬三大茬类型。第二种类型：洋葱、大蒜、春甘蓝、莴苣、蚕豆、豌豆等秋播越冬，翌年4～5月收获；冬瓜、丝瓜、豇豆等春播，夏秋收获；秋季种一茬不结球白菜、菠菜、芹菜等叶菜，形成春、夏、秋三大茬类型。

长江中下游区雨量充沛，河流纵横，湖泊众多，全国著名的鄱阳湖、太湖、洪泽湖、巢湖和洞庭湖五大淡水湖都集中在本区，水域面积广大，水生蔬菜栽培极为发达，种类齐全，优质高产。

（三）华北区

华北区包括北京、天津、河北、山东、山西、河南等省、直辖市以及江苏、安徽的北部地区，辽东半岛也属于这个地区。河北北部、山东西南部多为丘陵地区，河北中、南部及山东大部分为华北最大的冲积平原，地势平旷，土层深厚，土壤肥沃，灌溉方便。沿海部分地区为盐碱地。本区主要部分属于温带、半干旱地区，无霜期150～220d，年降水量为400～800mm，年平均气温为12～15℃，阳光充足，雨水较少，夏季昼夜温差较大。

华北区大部分地区一年可种植两茬露地蔬菜。春茬种植番茄、茄子、黄瓜、菜豆、甘蓝、花椰菜、西葫芦、洋葱、莴笋、马铃薯等，秋茬种植大白菜、甘蓝、萝卜、胡萝卜及芥菜等。因此，华北区被称为华北双茬区。

华北区因冬季气候比较寒冷，春季气温较低，不利于冬春期间露地蔬菜生产。近年来由于大力发展日光温室、塑料大棚和地膜覆盖栽培等设施蔬菜生产技术，彻底改变了过去冬春期间蔬菜供应不足、花色品种单调的状况。利用日光温室等设施栽培，即使是喜温性果菜类蔬菜如黄瓜、番茄、辣椒等也能在冬春期间进行大面积生产，不仅满足了冬春期间当地蔬菜市场的需求，而且通过发达的运输渠道，供应给周边地区和出口创汇。

（四）东北区

东北区包括黑龙江、吉林、辽宁北部和内蒙古东部，属于高纬度地区。地势多为平原和低山丘陵，土壤肥沃，富含有机质，多为黑钙土，含钾、钙较多。冬季气候寒冷、时间长，夏秋季为露地蔬菜生长季节，此时气候较温和湿润。无霜期 70～90d，年降水量为 400～600mm，年平均气温为 3～8℃。

东北区主要蔬菜为大白菜、马铃薯、甘蓝、番茄、辣椒、黄瓜、菜豆、萝卜、胡萝卜等，露地一年只能种植一季，特别适合马铃薯的栽培。因此，本区被称为单茬区。生长期短的叶菜类蔬菜如菠菜、不结球白菜、芫荽等在露地一年可栽培几茬。总体而言，本区露地蔬菜复种指数低。

东北区大部分地区一年中有将近 7 个月不能在露地种植蔬菜。冬春期间的蔬菜供应，一是依靠节能型日光温室发展设施蔬菜栽培；二是依靠发达的交通工具将外地鲜蔬菜大量运进；三是依靠贮藏保鲜技术，将秋收蔬菜（如大白菜、甘蓝、马铃薯等）贮藏后于冬春供应。

（五）西南区

西南区主要包括四川、云南、贵州和重庆四省、直辖市及陕西秦岭以南、甘肃陇南地区。地形复杂，高原、丘陵、平原等纵横交错，以山地为主，其次为丘陵，平原面积较小。由于山地、丘陵面积大，则土层薄、肥力低，气候呈垂直分布。本区地处亚热带，但地形以山地为主，因此，雨水和云雾多，湿度大，日照少。一般年降水量为800～1 000mm，年平均气温为 14～16℃。

云贵高原由于地形、地势复杂，气候垂直变化显著，形成复杂的小气候。云南东部地区气候冬暖夏凉，蔬菜播种期无严格的限制，喜温蔬菜 2～7 月随时可露地播种，喜冷凉蔬菜则全年可以露地栽培，蔬菜周年不断生长。四川、重庆和贵州大部分地区，喜温蔬菜春、秋两季均可栽培，喜冷凉蔬菜都在秋季种植，耐寒蔬菜可在露地越冬生长，一年内可在露地栽培主要蔬菜 3 茬。因此，本区被称为三茬区。

（六）西北区

西北区主要包括陕西、甘肃、宁夏等省、自治区。大部分地区位于黄土高原，全年平均气温 4～14℃。

陕西依地理条件分陕北、关中、陕南三个不同类型地区。陕北气候寒冷干旱，年降水量 400～600mm，无霜期 180d，植物生长期短，露地蔬菜栽培基本上是一年一茬。陕西越向南雨水越多，关中平原土壤肥沃，灌溉方便，年降水量 500～750mm，无霜期 210d，蔬菜种植业发达，露地蔬菜一年可种植 2 茬，属于双茬区。西安地区蔬菜栽培经验丰富，蔬菜栽培方式与华北双茬区相似，除喜温蔬菜如番茄、辣椒、黄瓜等生长良好外，还适合莲藕、荸荠、茭白等水生蔬菜的生长。

甘肃大陆性气候明显，境内多山，全省分陇东、陇西、陇中、陇南等地区，年平均气温 4～11℃，年降水量30～580mm，多集中在 7～9 月，无霜期 150～190d，昼夜温差大，空气干燥，有利于瓜果蔬菜生长。陇中、陇南地区一年可种植 2 茬露地蔬菜，属于双茬区。陇西大部分地区一年只能种植 1 茬露地蔬菜，属单茬区。

宁夏地处黄河中游，银川平原蔬菜生产条件较好，土壤肥沃，灌溉方便，年平均气温 8℃，年降水量 205mm，无霜期 180d，昼夜温差大，日照充足，空气干燥，有利于瓜果类蔬菜生长。一年可种植 2 茬露地蔬菜，春季种植小萝卜、不结球白菜、菠菜等速生叶菜类，秋季种植大白菜、萝卜、胡萝卜、芥菜等。

（七）青藏区

青藏区主要包括青海省和西藏自治区。本区属典型的高原大陆性气候，气候高寒，空气干燥，年降水量约 500mm，年平均气温 5～7℃，无霜期 90～135d，四季多风，气候变化剧烈。

青藏高原因海拔过高（3 000m 以上），植物生长期短，绝大部分地区不适合种植蔬菜。青海西宁地区种植的主要蔬菜有大白菜、甘蓝、萝卜、胡萝卜、马铃薯、大葱及大蒜等，喜温蔬菜如番茄、辣椒、茄子、黄瓜、西葫芦等需在设施内育苗后，于 5 月中下旬定植大田，8～9 月成熟上市。本区一年只种植 1 茬露地蔬菜，因此被称为单茬区。

青藏区空气干燥，气候寒冷，昼夜温差大，病虫较少，尤其蔬菜良种繁育具有优越的自然条件。

（八）蒙新区

蒙新区主要包括内蒙古自治区和新疆维吾尔自治区。地势较高，海拔1 000m 以上，绝大部分属于干旱荒漠地带，大陆性气候明显。本区各地降雨多寡不均，年降水量为 13～415mm，气候冷热无常，变化剧烈，极端最高气温达 47.5℃，极端最低气温达－40.4℃，昼夜温差大。

内蒙古的呼和浩特、包头等地区灌溉较方便，番茄、辣椒、茄子、马铃薯、洋葱、大蒜等蔬菜一年在露地种植 1 茬，故被称为单茬区。食用菌、野生韭、金针菜及蕨菜等野生蔬菜资源丰富。内蒙古是我国马铃薯的重要产地之一。

新疆盆地面积广大，沙漠约占全区面积的 22%。蔬菜生产主要集中在大城市（如乌鲁木齐、克拉玛依、喀什等）的郊区，主栽蔬菜种类有辣椒、番茄、胡萝卜、洋葱、大白菜及芜菁等。此外，在哈密、石河子、吐鲁番、喀什等地盛产哈密瓜，由于日照充足、昼夜温差大等特殊的生态条件，所产哈密瓜糖分含量高，品质佳，驰名中外。新疆西瓜和甜瓜品种资源极为丰富，不仅栽培品种多，而且还有野生类型，可望进一步发掘利用。

复习思考题

1. 蔬菜作物分类的主要方法有哪些？总结其优缺点。
2. 块茎、球茎和根状茎蔬菜有哪些形态差异？
3. 按产品器官分类，马铃薯、生姜、芋头均生长在土壤中，为什么它们不属于根菜类？洋葱和大蒜属于茎菜类吗？
4. 蔬菜起源中心主要有哪些？我国蔬菜的来源包括哪些主要途径？
5. 野生植物向栽培蔬菜演化的过程中，在植物性状方面发生了哪些变化？
6. 如何正确认识我国不同蔬菜生产区域在生产、加工及销售等方面的作用？

第二章 蔬菜作物的生长发育与生态环境

蔬菜作物的生长发育是其产品器官形成的基础。蔬菜作物的生长发育既同环境因子密切相关，在很大程度上也受其生长的生态环境影响。不同蔬菜种类对温度、光照、水分和养分等环境因子的要求具有明显的差异。同样，同种蔬菜的不同生长发育阶段对环境因子的需求也表现出很大的差异，从而形成了适合各地的种类品种。因此，了解蔬菜作物的生长发育特性及其对环境条件的要求，对于蔬菜生产显得十分必要。

第一节 蔬菜作物的生长发育及其生长相关

一、蔬菜作物的生长与发育

植物的生长（growth）和发育（development）是两个不同的概念。植物的生长一般是指植物通过细胞分裂和膨大形成新的细胞和组织，直接产生与其相似器官的现象。由于植物体是由细胞组成的，因此，植物的生长实际上就是细胞数目的增多和体积的增大，生长的结果是体积或重量的不可逆增加。发育则是植物细胞通过形态、功能变化形成新的特殊组织、器官和结构的现象，发育的结果是产生新的器官如花、种子、果实和变态营养器官。

由于蔬菜种类的不同，它们的生长发育类型及对外界环境的要求也不同。对于果菜类，如果只有营养生长而没有及时的发育——开花结果，就会成为徒长；对于叶菜类及根菜类，如果没有适当的营养生长——形成叶球或肉质根，而很快地发育，就会先期抽薹而丧失食用价值，达不到栽培的目的。

植物的生长与发育之间、营养生长与生殖生长之间，有密切的相互促进而又相互制约的关系。不论是果实或叶球或块茎，都要在产品器官形成以前，具有较大的同化面积，才能达到高产的目的。不论是生长还是发育，都不是越快越好或越慢越好。这就涉及生长与发育的速度问题。

就植物个体的生长来看，不管是整个植株重量的增加，还是茎的伸长、叶面积的扩大或果实、块茎体积的增加，都表现出初期生长较慢，中期生长逐渐加快，然后又逐渐缓慢，到最后生长停止。这种方式就是一般所谓的S形曲线，如植物茎的生长就是一个典型的例子（图 2-1）。

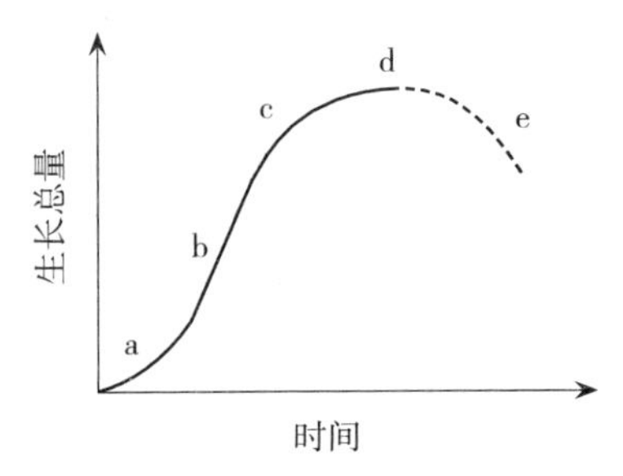

图 2-1 S形生长曲线
a. 缓慢生长期 b. 指数生长期
c. 生长衰减期 d. 成熟期 e. 衰老期

从数学的观念来看，生长可以看作是在一定时间内鲜重的增加或干物质的积累，因此可以用多种数学公式来表述植物的生长过程。

（一）生长曲线

S形曲线可分为3个时期，即缓慢生长期、指数生长期和生长衰减期。重量（W）与时间（t），在指数生长期服从复利法则。如果一个器官的初始重量为 W_0，其增长率为 r，则在一定时间 t 以后的重量为：

$$W_t = W_0(1+r)^t$$

这个基本公式，对于许多自然现象，即一个数量的增长率按照其数量本身的多少而变异的现象，都是适用的。

（二）相对生长率

植物的相对生长率（RGR）即单位时间单位重量植株的重量增加，可以用两个时间 t_1 及 t_2 的干物重 W_1 及 W_2 来表示，即：

$$\mathrm{RGR} = \frac{1}{W} \cdot \frac{\mathrm{d}w}{\mathrm{d}t} = \frac{\ln W_2 - \ln W_1}{t_2 - t_1}$$

（三）相对生长关系

除了一个个体或一个植株的生长量有速度的变化以外，还有一个器官或个体的不同方向的生长问题。叶片的长度与宽度、果实的横径与高度的生长速度往往不一致，因而果实或叶片的形状会随着其生长而改变。这种叶片或果实的长度（y）与宽度（x）生长率的时间差异，可以用相对生长关系公式来表明（Huxley，1932）：

$$y=bx^k$$

$$\ln y = \ln b + k\ln x$$

把 x 与 y 两个变量绘成直线关系，这条直线的斜率 k 叫作相对生长系数。系数 $k=1$ 时，表示果实在生长过程中长和宽的生长相同，形状不变；$k>1$ 时，形状变长；$k<1$ 时，形状变扁。

值得指出的是，生长过程中每一时期的长短及速度，一方面受该器官的遗传因素的控制，另一方面又受外界环境的影响。近年来，国内外许多科学家开展了植物生长模型的构建并取得了显著进展。通过耦合植物生长环境条件如温、光等，达到更准确地反映植物的生长状况，从而为通过栽培措施来控制产品器官——叶球、块茎、果实等的生长速度及生长量，达到高产目的以及预测作物的采收和市场供应情况奠定基础。

二、蔬菜作物的生长发育过程

（一）蔬菜按生长发育过程分类

蔬菜的种类繁多，其中大多数是用种子繁殖，也有相当一部分用无性繁殖，或两种繁殖方式兼用。即使是种子植物，由种子到种子的生长发育过程所经历的时间有长有短，可以分为一年生、二年生及多年生。

1. 一年生蔬菜 一年生蔬菜在播种当年开花结实，可以采收果实或种子（如茄果类、瓜类及喜温的豆类）。这些种类在幼苗成长后不久就分化花芽，而开花结果期较长（图 2-2）。一年生蔬菜有番茄、茄子、辣椒、黄瓜、西瓜、南瓜、甜瓜、毛豆、豇豆、菜豆等。

2. 二年生蔬菜 二年生蔬菜在播种当年只进行营养生长，经过一个冬季，到第二年才抽薹开花、结实。这些种类在营养生长期形成叶球、鳞茎、块根、肉质根等。二年生蔬菜有白菜、甘蓝、芥菜、萝卜、胡萝卜、芜菁、大头菜、榨菜及一些耐寒的绿叶菜类（图 2-3）。

3. 多年生蔬菜 多年生蔬菜一次播种或栽植以后，可采收多年，不需每年繁殖。如韭菜、竹笋、金针菜、食用大黄、石刁柏等。

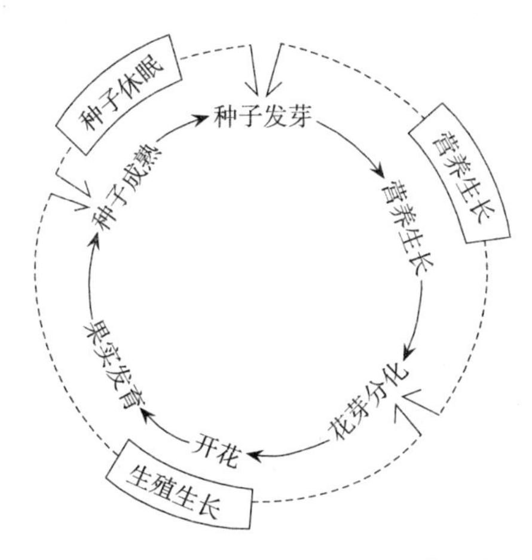

图 2-2　一年生蔬菜植物生长周期图解

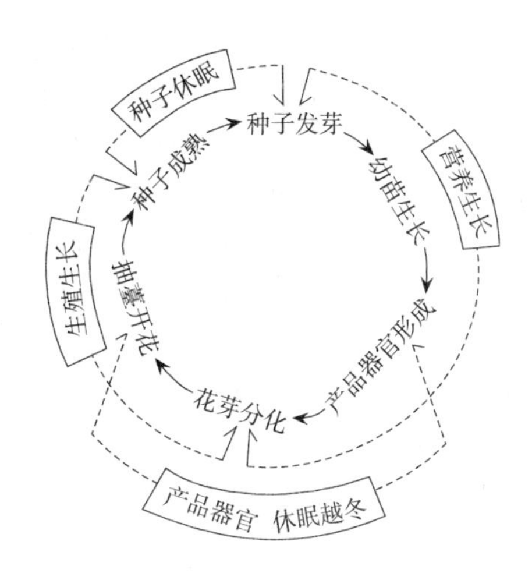

图 2-3　二年生蔬菜植物生长周期图解

4. 无性繁殖的蔬菜种类　无性繁殖蔬菜种类的生长过程，是从块茎、块根和鳞茎等变态器官的发芽生长到变态器官产品的形成，基本上都是营养生长，而没有经过生殖生长时期。但部分蔬菜也可能开花结实（如马铃薯、生姜、大蒜、韭菜也可以开花）。在栽培过程中，不利用生殖器官繁殖，因为这些生殖器官大都发育不完全。即使有发育完全的种子，如马铃薯的某些品种，用种子繁殖要经过多年才能得到食用的薯块，因而除了作为育种目的以外，一般不用种子繁殖。块茎或块根形成后到新芽发生，往往要经过一段时间休眠期。这些蔬菜的繁殖系数低，在其遗传性相对比较稳定的同时，也易发生种性退化等问题。

应该说明，一、二年生与多年生之间，有时因地理气候条件的不同而难以截然区别。如菠菜、白菜、萝卜，如在秋季播种，当年形成叶丛、叶球或肉质根，而要越冬以后，第二年春天才抽薹开花，表现为典型的二年生蔬菜。但如果这些二年生蔬菜于春季气温尚寒冷时播种，则当年也可以抽薹开花。番茄本是一年生蔬菜，但在原产地秘鲁等地则是长年累月健康地开花结果，成为多年生植物。

（二）蔬菜个体发育

一般把由种子发芽到重新获得种子的过程称为个体发育。蔬菜个体发育可分为种子时期、营养生长时期和生殖生长时期三个大的生长时期，每一时期又可分为几个生长期。

1. 种子时期

（1）胚胎发育期　从卵细胞受精开始，到种子成熟为止。受精以后，胚珠发育成为种子。这个时期，种子的新陈代谢与母体同在一个个体中。由胚珠发育成为种子，有显著的营养物质的合成和积累过程。这个过程也受环境的影响，应使母本植株有良好的营养条件及光合条件，以保证种子的健壮发育。正因如此，酒泉等日照充足、灌溉条件好的大陆性气候区域成为我国重要的良种繁育基地。

（2）种子休眠期　种子成熟以后，大多数蔬菜都有不同程度的休眠期（营养繁殖器官如块茎、块根等也有休眠期）。有的蔬菜种子休眠期较长，有的较短，甚至没有。休眠状态的种子代谢水平很低，如果保存在冷凉而干燥的环境中，可以降低其代谢水平，保持更长的种子寿命。

（3）发芽期　种子经过一段时期的休眠以后，遇到适宜的环境（温度、氧气及水分等）

即能吸水发芽。种子发芽时，呼吸旺盛，生长迅速，所需的能量来源于种子本身的贮藏物质。因此，种子的大小及贮藏物质的性质与数量，对于发芽快慢及幼苗生长影响很大。蔬菜栽培上要选择发芽能力强而饱满的种子，保证最适宜的发芽条件。

2. 营养生长时期

（1）幼苗期　种子发芽以后，即进入幼苗期，也即营养生长的初期。幼苗生出的根吸收土壤中的水分及矿质营养，生出子叶和真叶进行光合作用。对于子叶出土的豆类、瓜类、茄果类及十字花科蔬菜等，子叶对幼苗生长的作用很大。幼苗期间，生长迅速，代谢旺盛，由光合作用所产生的营养物质除了呼吸消耗以外，几乎全部为新生的根、茎、叶所需要。蔬菜幼苗对环境如温度、光照、养分和水分极其敏感，苗的质量好坏，对以后的生长及发育有很大的影响。因此，近年来世界各地普遍开展工厂化穴盘育苗技术开发，显著地促进了蔬菜产业的发展。

（2）营养生长旺盛期　幼苗期以后，大多数蔬菜都有一个营养生长的旺盛时期，枝叶及根系生长旺盛，为以后叶球、肉质根、块根或块茎等肥大产品器官的形成和果菜类开花结实奠定营养基础。

（3）贮藏器官形成期　营养生长旺盛期结束时，营养生长的速度减慢，转入养分积累期，同化作用大于异化作用，结球的叶菜养分积累在叶球中，根菜类则积累于肉质根部，葱蒜类积累于鳞茎中。这个时期也是许多蔬菜产品器官的形成时期，在栽培上要将这一时期安排在最适宜的生长季节。

（4）营养休眠期　对于二年生蔬菜及多年生蔬菜，在贮藏器官（也是产品器官）形成以后，有一个休眠期。有的是自发（或称真正的）休眠，但大多数是被动（或称强制的）休眠，一旦遇到适宜的温度、光照及水分条件，即可发芽或抽薹。营养器官的休眠其性质与种子的休眠不同，如结球白菜和甘蓝。一年生果菜类没有营养器官的休眠期，二年生蔬菜菠菜、芹菜也没有休眠期。

3. 生殖生长时期

（1）花芽分化期　花芽分化是植物由营养生长过渡到生殖生长的形态标志。二年生蔬菜通过了一定的发育阶段以后，在生长点进行花芽分化，然后现蕾、开花。在蔬菜栽培中，应对环境条件进行调控，以使蔬菜及时地进行花芽分化（包括性别分化）。

（2）开花期　从现蕾开花到授粉、受精，是生殖生长的一个重要时期。这一时期对外界不良环境的抗性较弱，对温度、光照及水分的反应敏感。温度过高或过低、光照不足、过于干燥或过多雨水等，都会妨碍授粉及受精，引起落蕾、落花。

（3）结果期　结果期是形成果实和种子的重要时期，因此，也是影响果菜类果实产量和叶菜、洋葱等其他蔬菜种子产量的关键时期。果实的膨大生长有赖于光合作用的养分从作为营养器官的叶片中不断运转到果实中去。因此结果期间，尤其是多次结果、多次采收的茄果类、瓜类、豆类，一边开花结实，一边仍继续营养生长。对于叶菜、根菜等不以果实为产品的蔬菜，它们的营养生长期和生殖生长期的区分比较明显。

上面所述的是蔬菜的一般生长发育过程。每种蔬菜不一定具备所有这些时期。对于以营养器官繁殖的种类，如大多数薯芋类及一部分葱蒜类及水生蔬菜，在栽培过程中，没有种子时期，也没有花芽分化及开花结果问题。而有些无性繁殖的种类如大蒜和马铃薯，也会开花甚至结种子。

三、蔬菜作物生长相关性

蔬菜器官可分为根、茎、叶、花、果等不同部分，其中根、茎和叶称为营养器官，而花和果则称为生殖器官。这些器官是一个有机的整体，构成这一有机体的各个器官或部分有着一定的分工和密切的联系。通常将植物体各个器官或部分之间的相互协调和制约的现象称为生长相关性。具体地说，生长相关是指同一植株个体中的一部分或一个器官与另一部分或另一器官的相互关系，包括地上部与地下部的相关、营养生长与生殖生长的相关及生殖生长与生殖生长的相关。蔬菜生长需要全部器官间的协调和整合。生长相关得到平衡，经济产量就高；生长相关得不到平衡，经济产量就低。生产上可通过土壤、肥料及水分的管理，温度、光照的控制，以及植株调整（茄果类及瓜类）等调节这种相关关系。

（一）地上部与地下部的相关

植物的地下部即根系吸收养分和水分，不断向地上部输送。同样，地上部是植物同化作用的场所，不断提供根系生长所需的糖分等。因此，地上部与地下部之间存在着相互依存的关系。"壮苗必须先壮根""根深叶茂""本固叶荣"等农谚形象地说明了植物地上部分和地下部分相互促进和生长协调的关系，其原因在于营养物质和生长物质的交换。地下部环境的改变，可通过根系生长乃至信号转导等途径来影响地上部的生长。对于作物来说，根冠比反映了作物生长状况以及环境条件对作物地上部和地下部的不同影响。但环境条件发生改变时，植物根和地上部的生长就会发生变化，从而改变了根冠比。一般来说，干旱、过量磷、钾肥和低温均会提高根冠比；而水分和氮肥过多，磷、钾肥缺乏，光照不足和高温则会导致根冠比的减小。在栽培中要协调好两者的关系，形成合理的根冠比，从而获得较高的产量，这对以地下根或茎为产品器官（如马铃薯、莲藕、胡萝卜）的蔬菜尤为重要。一般在生长前期保证水、氮肥供应，使地上部生长良好，生长后期施磷、钾肥，促进地上部合成的有机物质贮藏到根部。

在蔬菜生长中还存在顶端优势现象。对于番茄等蔬菜，一般需要除去侧枝以保持顶端优势，减少养分消耗。在有的甜瓜的栽培中，则要在适当的时候打顶，从而促进侧枝发生，以利早坐果和坐好果。

植物的地上部和地下部除进行营养物质的交换外，根系和叶片之间还存在着信息物质的交换机制。根系可产生脱落酸（ABA）和细胞分裂素等物质来调控地上部的生长与行为。当植物遇到干旱时，根系便会产生脱落酸，并通过过氧化氢（H_2O_2）的介导来调控叶片气孔的开放。同样，叶片能通过感受日照等环境变化产生信息物质来调控根系的生长，在短日照条件下，马铃薯叶片通过 *CO*（constans）和 *FT*（floweringlocust）等基因来调控地下部块茎的形成。这些都是地上部与地下部之间生长相关调控的基础。

（二）营养生长与生殖生长的相关

营养生长和生殖生长是植物生长周期中的两个不同阶段。从一定意义上说，营养器官是光合产物的源，而果实等生殖器官则是接受光合作用产物的库，生殖生长需要以营养生长为基础。但如果营养生长过旺，会影响到生殖器官的形成和发育。在瓜类蔬菜的生产中，经常看到由于肥水过多引起徒长导致结果不良；反之，如果过早地进入生殖生长，则会抑制营养生长。由于开花结果过多而影响营养生长的现象在蔬菜生产上时有发生。黄瓜等结果以后，茎的伸长生长就逐渐缓慢，因此要及时采收，否则不仅浪费光合作用产物，还会影响果实的品质，同时营养生长也受到抑制。蔬菜作物的产品有叶、茎和根等营养器官，也有果实和种子等生殖器官。因此，协调好营养生长与生殖生长的关系是获得高产、优质的基础。

植物营养生长与生殖生长之间存在一种内在的调控机制。例如，番茄和黄瓜栽培中，摘除花朵和果实不使其结果时，叶片光合作用便会发生下降，相关的一系列包括糖信号等途径便会启动。因此，相关机制的探明将有助于深入了解植物生长相关现象。

（三）生殖生长与生殖生长的相关

许多果菜在其生长发育过程中由于连续开花结果，不同部位花朵或果实同样存在生长相关。甜椒、番茄等下部的花序结果太多，会导致上部花序不易结果，即生产中经常发生的所谓“空挡”现象，这也是一种典型的结果周期性现象。生产中应通过植株调整，减少结果周期的发生，是获得高产优质的一个关键。

蔬菜植物从种子到种子，或从薯块到薯块，无论经过一年还是二年，都有其前后的连续性与相关性。任何一个生长发育时期都和前一个时期有密切的关联。没有良好的营养生长就没有良好的生殖生长。在栽培上，不论是叶菜、根菜还是果菜，要得到优质、高产，总是从种子发芽、育苗开始，要有一个良好的生长基础。

第二节　蔬菜作物生长与环境条件

蔬菜作物的生长发育及产品器官的形成，一方面决定于植物本身的遗传特性，另一方面决定于外界环境条件。生产上既要通过育种技术获得具有新的遗传性状的品种，同时也要通过优良的栽培技术及适宜的环境条件，来控制生长与发育。随着现代工程技术与信息技术的发展，可以人为创造适宜植物生长的环境，从而达到高产优质的目的。

影响蔬菜作物生长的主要环境因子包括温度、光照、养分、水分、气体和生物因子。

植物生长在一个复杂的环境中，各环境因子都不是孤立存在，而是相互联系的。环境因子对生长发育的影响，往往是综合作用的结果。如强光一般伴随着高温，而冬季的弱光也会造成温室中的低温。在调控温室中的CO_2浓度或温度时，必须考虑光照等其他因子才能达到促进植物生长的效果。

一、温度对蔬菜作物生长的影响

在影响蔬菜作物生长与发育的环境条件中，温度是最为敏感的因子。在0～40℃范围内，多数蔬菜随着温度的上升其生长速率逐渐提高，随后逐渐减少。植物的生长速度达到最大时的温度一般称为最适温度，在低温和高温侧植物停止生长时的温度分别称为最低温度和最高温度。最适温度、最低温度和最高温度称为植物生长温度的“三基点”。每种蔬菜都有其适宜的温度范围，认识每种蔬菜对温度适应的范围及其与生长发育的关系，是安排生产季节、获得高产的重要依据。一般而言，起源于热带和亚热带的蔬菜其生长适宜温度为25～30℃，而起源于温带和寒带的蔬菜其生长适温为15～20℃。

（一）蔬菜作物种类对温度的要求

根据蔬菜作物种类对温度的不同要求，可以将其分为以下几类：

1. 耐寒蔬菜

（1）耐寒多年生宿根蔬菜　耐寒多年生宿根蔬菜包括金针菜、石刁柏、茭白等。这类蔬菜的地上部分能耐高温，但到了冬季地上部分枯死，以地下的宿根越冬，能耐0℃以下甚至－10℃的低温。

（2）耐寒一、二年生蔬菜　耐寒一、二年生蔬菜包括菠菜、大葱、大蒜以及白菜类中的某些耐寒品种。这类蔬菜能耐－1～－2℃的低温，短期内可以忍耐－5～－10℃，同化作用最旺盛的温度为15～20℃。黄河以南及长江流域可以露地越冬。

2. 半耐寒蔬菜　半耐寒蔬菜包括萝卜、胡萝卜、芹菜、莴苣、豌豆、蚕豆，以及甘蓝类、白菜类。这类蔬菜不能忍受长期－1～－2℃的低温，在长江以南均能露地越冬，华南各地冬季可以露地生长。半耐寒蔬菜的同化作用以17～20℃为最大，超过20℃时同化机能减弱，超过30℃同化作用所积累的物质几乎全为呼吸所消耗。

3. 喜温蔬菜　喜温蔬菜包括黄瓜、番茄、茄子、辣椒、菜豆等。这类蔬菜最适宜的同化作用温度为20～30℃，超过40℃生长几乎停止。10～15℃以下时授粉不良，引起落花。喜温蔬菜在长江以南可以春播或秋播，使结果时期处在不热或不冷的季节。其中茄子、辣椒比番茄较耐热。

4. 耐热蔬菜　耐热蔬菜包括冬瓜、南瓜、丝瓜、西瓜、豇豆、刀豆等。这类蔬菜在30℃左右的同化作用最强，其中西瓜、甜瓜及豇豆等在40℃高温下仍能生长。耐热蔬菜不论是在华中或华北都是春播而夏收，生长在一年中温度最高的季节。广东、广西南部可以秋栽。

表 2-1　主要蔬菜生长适宜温度（℃）

（喻景权整理）

蔬菜种类	适温（昼/夜）	最低/最高温度	蔬菜种类	适温	最低/最高温度
甜椒	30～25/20～15	12/35	菠菜	20～15	8/25
茄子	28～23/18～13	10/35	萝卜	20～15	8/25
番茄	25～20/13～8	5/35	大白菜	20～13	5/23
西瓜	28～23/18～13	10/35	芹菜	18～13	5/23
黄瓜	28～23/15～10	8/35	结球莴苣	20～15	8/25
网纹甜瓜	30～25/23～18	8/35	洋葱	20～18	5/25
青花菜	20～18	5/25	花椰菜	20～18	5/25

（二）昼夜温差——温周期

蔬菜作物生长在温度不断变化的环境中，这种变化既有日变化，也有季节变化。在一天中白天温度较高，晚上温度较低。植物在长期进化过程中也适应了这种昼热夜凉的环境，尤其是大陆性气候地区，如西北各地及新疆、内蒙古昼夜温差更大。白天有阳光，光合作用旺盛。夜间光合作用停止，但仍然有呼吸作用并进行光合产物的运转。实际上，大多数蔬菜的叶片和茎的生长都发生在夜间。因此，植物生长的适宜夜温要低于日温3～10℃，如热带植物的昼夜温差宜为3～6℃，温带植物为5～7℃，而沙漠植物则要求10℃以上。这种现象称为温周期。

对番茄的研究表明，适宜于光合作用的温度比适宜于生长的温度要高，日温26.5℃、夜温17℃为最宜，在26.5℃恒温下其生长率反而比变温低（图2-4）。又如，豌豆生长在日温20℃、夜温14℃的条件下植株高度比生长在20℃恒温下高且健壮得多。

值得一提的是，植物生长适宜的昼夜温度和温差还受光照度的影响。光照强时，适宜的日温和夜温较高；光强弱时，适宜的日温和夜温较低，温差也较小。因此，可以根据不同蔬菜的昼夜温度要求来提高蔬菜秧苗的质量和增加蔬菜的产量。在美国，许多农场普遍采用昼夜温差法（即DIF法）来调控温室园艺作物的生长。DIF值高，则节间长度长；DIF值低，则节间长度短。在日本和荷兰等国的设施栽培中，普遍根据不同光强制定合适的昼夜温度，从而达到促进植物生长和减少能耗的目的（图2-5）。

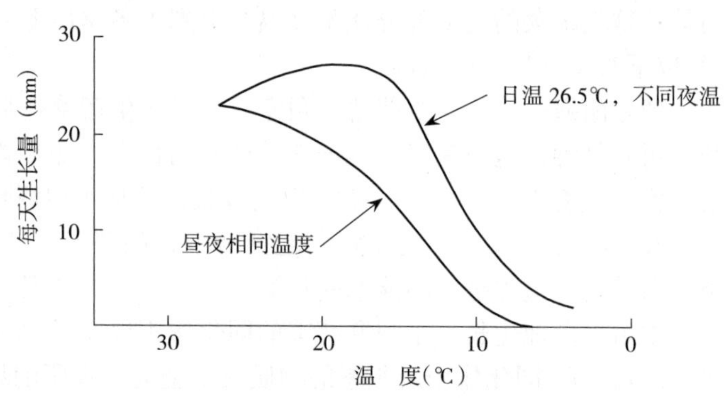

图2-4　不同昼夜温差（DIF）下植株高度的变化
（Went，1994）

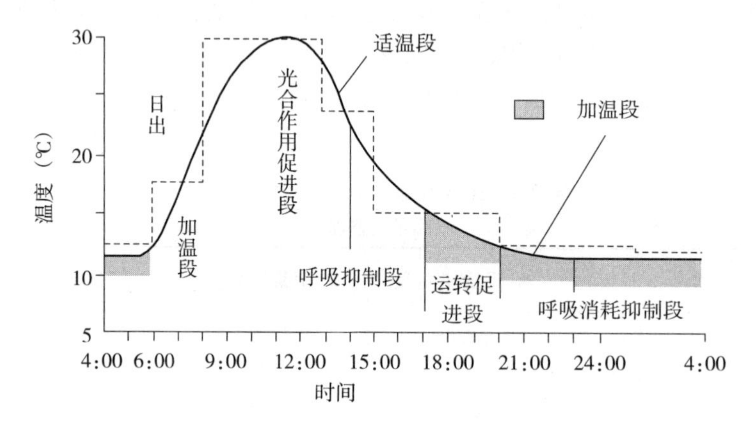

图2-5　不同光照下的温度管理
（稻山光男，1998）

（三）不同生育时期对温度的要求

所谓植物生长的适宜温度一般是指营养器官旺盛生长所需的温度。实际上，同种蔬菜不同发育时期对温度有不同的要求。如种子发芽时要求较高的温度；幼苗时期最适宜的生长温度往往比种子发芽时低；营养生长时期比幼苗期稍高，二年生蔬菜如大白菜、甘蓝，则在营养生长后期，即贮藏器官开始形成时，温度又要求较低；生殖生长时期（开花结果时期）要求充足的阳光及较高的温度，种子成熟时，又要求更高的温度，果菜类开花结果期也要求较高的温度。

一般喜温蔬菜的种子发芽温度以25～30℃最适；耐寒蔬菜的种子发芽温度为10～15℃或更低。因此，每种蔬菜不同生长发育时期对温度的要求（或者说对温度的适应）有很大的差别，认识这些差别对于在蔬菜栽培中控制环境是非常重要的。

（四）根温

植物的根系一方面起到吸收水分和养分的功能，同时还产生细胞分裂素、脱落酸等植物生长调节物质，调控地上部的生长，因此，土壤或培养液温度直接或间接地通过根系呼吸作用、生理活性物质的产生等影响上述过程，其对蔬菜生长的作用是多方面的。与气温相比，土温变化幅度相对较小。距离土壤表面越深，温度变化越小。根的温度与土壤温度之间差异不大。一般而言，蔬菜适宜的根温比适宜气温低 5℃左右。不同种类蔬菜根系具有不同的适宜根温，如瓜类蔬菜中，黑籽南瓜和西葫芦的适宜生长根温为 14℃左右，黄瓜和甜瓜的适宜生长根温为 24℃左右，而西瓜、苦瓜和丝瓜等的适宜生长根温为 24～34℃。研究发现，黑籽南瓜在根温 14℃时能产生更多的细胞分裂素，因此，冬春季节进行瓜类生产时，普遍采用黑籽南瓜作为嫁接砧木来提高植株的耐低温能力。

植物的根一般都比较不耐寒，但越冬的多年生蔬菜，往往地上部已经受到冻害，而根部可以正常地活着。这是由于土温比气温的变幅小，冬季土温比气温高，同时也与地下器官贮存了大量的糖类物质等有关。春季回暖后，土温稍微升高，根的生理机能即开始恢复。利用地膜覆盖或增施有机肥料，对早熟栽培有明显的促进作用，就是因为这些措施提高了土壤的温度。

二、光照对蔬菜作物生长的影响

在影响蔬菜作物生长发育的环境因子中，除了温度以外，光照也是一个重要的因子。由于光照控制的难度相对较大，长期以来，人们对光的认识相对较为肤浅。设施园艺的发展为人们调控植物生长的光环境提供了契机，认识光对植物生长的影响显得越来越重要。光对蔬菜的影响主要可分为光的强度、光的组成以及光照时间的长短，其中光照时间长短不仅影响蔬菜的生长，也影响蔬菜的开花和块根、块茎和鳞茎等营养器官的形成。

（一）光强对蔬菜作物生长的影响

光的强度依地理位置、地势高低以及云量、雨量等的不同而不同。我国长江中下游及东南沿海一带，不论夏季还是冬季，太阳光照度都比西北及华北地区低。

在一年中，以夏季的光照较强，冬季较弱。而在同一大田中，光照度则因栽植密度、行向、植株调整以及套种、间作等情况而变化。光照度对植物最直接的影响是植物的光合作用，同时，也影响一系列的形态变化，如叶的厚薄、叶肉的结构、节间的长短、叶片的大小、茎的粗细等，这些因素都关系到幼苗的质量、植株的生长及产量的形成。

植物的光合作用与光强密切相关。大部分蔬菜的光补偿点在 30～50μmol/（m^2 • s）左右，差异不大。一般喜温蔬菜的光饱和点为1 100～1 600μmol/（m^2 • s），番茄则可达2 000 μmol/（m^2 • s）；喜冷凉蔬菜的光饱和点则为 700～1 200μmol/（m^2 • s）。晴天大气中的太阳辐射可达到1 500 μmol/（m^2 • s）以上，西北及东北的日照更充足，可达2 000 μmol/（m^2 • s）或更高。但由于植物群体叶层相互遮阴，植株中下部的叶片接收的光照往往达不到饱和点的强度。设施果菜冬春生产中由于季节性低温弱光，光照成为限制这些果菜生长的一个重要因子。而在夏季，光强往往高于其饱和点，许多蔬菜会发生午休（midday suppression）现象以及光抑制（photoinhibition）现象，表现为光合作用效率和光系统Ⅱ的最大光化学效率的下降。

按照蔬菜对光照的要求，可以将其分为三大类。

1. 要求较强光照的种类　这类蔬菜包括大多数瓜类和茄果类，如西瓜、甜瓜、南瓜、黄瓜、番茄、茄子等。有些耐热的薯芋类如芋、豆薯等，也要求强光照，才能生长良好。西瓜、甜瓜等在光照不足的条件下，果实产量及含糖量都会降低。青藏高原的甘蓝、大白菜、萝卜个体很大，含糖量特别高，和当地的光照特别强、昼夜温差大有关。

2. 要求中等光照的种类 这类蔬菜包括一些白菜类及根菜类，如白菜、甘蓝、萝卜、胡萝卜、芜菁等。葱蒜类也要求中等光强。

3. 要求较弱光照的种类 这类蔬菜主要是一些绿叶蔬菜，它们的光饱和点及光合强度都比较低，如莴苣、菠菜、茼蒿等。生姜、芹菜也不耐强光。

在蔬菜栽培上，光照的强弱必须与温度的高低相互配合，才有利于植物的生长及器官的形成（图 2-6）。如果光照增强，温度也要相应提高，才有利于光合产物的积累。如果在弱光环境下，而温度又高，会引起呼吸作用增强以及能量的消耗。因此，在温室中栽培黄瓜或番茄时，遇阴天或下雪，温室中的温度必须适当降低，才有利于生长和结实，也能降低能耗。因此，日本等国普遍根据太阳辐射量进行温室温度调控。

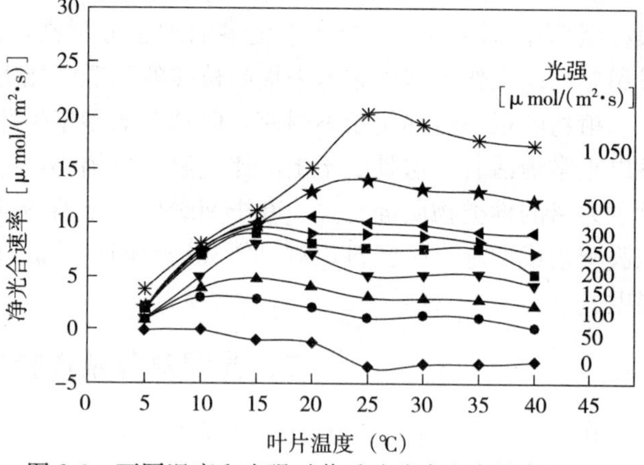

图 2-6 不同温度和光强对黄瓜叶片净光合效率的影响
（喻景权，2002）

（二）光质对蔬菜作物生长的影响

光质即光的组成。据测定，太阳光的可见光部分占全部太阳辐射的 52%，不可见中，红外线占 43%、紫外线只占 5%。一年四季光的组成有明显的变化。春季的太阳光中，紫外线成分比秋季的少。夏季中午的紫外线成分增加，比冬季可以多出 20 倍，而蓝紫光比冬季仅多 4 倍。这种差异会影响同种蔬菜在不同生长季节的产量及品质。

太阳光中被叶绿素吸收最多的是红光，同时光合作用效率也最高；黄光次之；蓝紫光的同化作用效率仅为红光的 14%。在太阳散射光中，红光和黄光占 50%～60%；而在直射光中，红光和黄光最多只有 37%。所以，在弱光条件下，散射光比直射光对蔬菜的生长有较大的效用。但由于散射光的强度总是比不上直射光，因而光合产物也不如直射光的多。采用发光二极管（LED）补光时，尽量选用红光等补光。一般来讲，长波光下栽培的植物，节间较长，而茎较细；短波光下栽培的植物，节间较短而茎较粗。

光的组成也与蔬菜的品质有关。许多水溶性色素如花青苷要求有一定的紫外线，如果缺少紫外线，茄子和草莓等果实的色素就不能形成，因此，在选择覆盖材料即薄膜时，要避免去紫外线薄膜在这些蔬菜生产中的应用。此外，维生素 C 的含量大都以果实近表层组织中较多。许多试验证明，紫外线有利于维生素 C 的合成。在温室中栽培的番茄或黄瓜，果实中维生素 C 的含量往往没有露地栽培的高，就是温室中紫外线较少的缘故。

三、养分对蔬菜作物生长的影响

蔬菜作物生长需要碳、氧、氢、氮、磷、钾、钙、镁、硫、铁、锰、硼、铜、锌、钼等营养元素。这些元素即养分的吸收是植物生长的基础，它们不仅是一些重要成分如蛋白质、核酸和激素的构成成分，其本身也参与调节许多植物生理代谢过程，营养元素过多或缺少均会导致蔬菜生长不良、品质和抗性的下降。

蔬菜栽培可分为有土栽培与无土栽培。有土栽培是我国蔬菜生产的主要模式，但在荷兰等国家，无土栽培则是番茄和黄瓜等蔬菜的主要栽培模式。无土栽培中的水培和惰性基质栽培，由于水和基质本身不含养分，因此，植物生长所需要的十几种元素均依靠人工供应，而在一些有机基质中，虽然基质本身含有一些养分，但还需添加部分肥料来满足生长的需求。这种情况在土壤栽培中也是一样的。

虽然蔬菜同其他农作物生长所需的养分几乎一样，但由于其生长特性和环境的差异，在养分需求上表现为以下特点：

①蔬菜作物生长快，干物质积累多，各种营养元素含量高，需肥量较大，表现出喜肥性。以番茄为例，年产量达 300t/hm^2 时，氮、磷、钾吸收量是水稻的 3～5 倍。

②多数蔬菜作物表现出喜 NO_3^--N 和嗜钙性，同时需钾和硼多。番茄、白菜、黄瓜等蔬菜在以 NH_4^+-N 为氮源的培养液中生长不良，具有明显的喜硝性。同时，钙需求量大，如萝卜和甘蓝的钙吸收量是小麦的 10 倍以上。钾含量也是水稻的 10 倍以上，而且钾/氮一般在 1 以上，而大田作物钾/氮一般为 0.7～0.9。此外，硼的含量也是大田作物的 5 倍以上。

③多数蔬菜作物根系分布相对较浅，根长和密度明显低于禾谷类作物。根系分布和养分吸收（如硝酸盐）的均匀性很低，而且多次采收，生长中需要多次施肥。

④蔬菜作物对养分要求敏感，易受环境因子影响。设施环境下由于低温弱光等原因，蔬菜吸收能力相对较弱，需要比露地栽培追施更多肥料才能满足其生长需求。同时，高肥力条件下容易产生离子之间的拮抗作用，高盐条件下番茄果实缺钙引起的脐腐病便是典型的例子。

⑤蔬菜作物的养分转移能力差，其茎叶组织中的养分含量与果实等可食器官中差异不明显，而水稻等大田作物在生长后期叶片具有较高的养分转移率，茎叶组织与粒实内的主要营养元素含量差异较大（表 2-2）。

⑥蔬菜产品的品质和商品性易受施肥水平的影响。如白菜中的 NO_3^- 和 NO_2^- 含量、番茄果实的糖度和维生素碳含量均受氮肥种类和数量、磷和钾数量等的影响。

表 2-2　茄果类蔬菜与禾本科作物养分含量及其比率的比较

（孙秀廷等，1997）

作物种类		籽粒或果实养分含量及其比率				茎叶养分含量及其比率			
		N（%）	P（%）	K（%）	$m_N:m_P:m_K$	N（%）	P（%）	K（%）	$m_N:m_P:m_K$
禾谷类	水稻	1.20	0.600	0.402	1.00∶0.50∶0.34	0.521	0.085	1.91	1.00∶0.16∶3.67
	小麦	1.77	0.825	0.415	1.00∶0.47∶0.23	0.363	0.058	1.94	1.00∶0.16∶5.34
	玉米	1.34	0.610	0.480	1.00∶0.46∶0.36	0.880	0.173	1.58	1.00∶0.20∶1.80
	平均	1.44	0.678	0.432	1.00∶0.47∶0.30	0.588	0.105	1.81	1.00∶0.18∶3.08
茄果类	番茄	3.35	1.14	5.12	1.00∶0.34∶1.53	2.59	0.695	1.93	1.00∶0.27∶0.75
	辣椒	3.46	1.27	4.08	1.00∶0.37∶1.18	3.10	0.699	2.40	1.00∶0.23∶0.77
	茄子	2.58	1.06	3.14	1.00∶0.41∶1.22	2.16	0.506	0.91	1.00∶0.23∶0.42
	平均	3.13	1.16	4.11	1.00∶0.37∶1.31	2.62	0.633	1.75	1.00∶0.24∶0.67

不同蔬菜种类之间在养分需求方面有一定的差异。首先，不同蔬菜需肥量不同，如菠菜

等个体较小的蔬菜相对养分要求不多，而结球白菜则因个体大、产量高而需要大量的养分。其次，产品器官不同，需要的营养元素也不相同，如叶菜类一生中需要氮较多，使叶片肥大，质地柔嫩；而果菜类在营养生长中需氮较多，而在产品器官形成期则需磷和钾较多，从而满足果实生长的需要，生产优质的果实；根菜类、茎菜类则在产品器官形成期需要钾肥较多。豆科植物如大豆、豌豆等能固定空气中的氮，故需钾和磷相对较多，但在根瘤尚未形成的幼苗期也可施少量氮。第三，同种植物因栽培目的和生育期不同施肥量和种类需做适当调整，一般情况下，植物对矿质营养的需要量与其生长量有密切关系（图 2-7）。种子萌发期间因种子体内贮藏有丰富的养料，所以一般不吸收矿质元素；幼苗可吸收一部分矿质元素，但需要量少，随着幼苗的长大，吸收矿质元素的量会逐渐增加；开花结实期对矿质元素吸收达高峰；以后随着生长的减缓，矿质元素的吸收量逐渐下降。不同作物对各种元素的吸收情况又有一定差异。因此，在不同生育期，施肥对生长的影响不同，其增产效果和对品质的影响有很大的差别。其中有一个时期施用肥料的效果最好，这个时期称为植物营养最大效率期。一般果菜作物的营养最大效率期是生殖生长时期。因此，要针对蔬菜作物的具体特点，进行合理施肥。虽然我国许多地方的蔬菜基地存在不同程度的缺素现象，但目前生产上更多的菜地，特别是设施土壤则是由于施肥过多引起土壤次生盐渍化、环境污染和产品硝酸盐过高等问题。要解决上述问题，需要在了解蔬菜的养分吸收规律、改变栽培模式、选育一批养分高效利用型的品种的基础上，积极采用配方施肥、水肥耦合管理、滴灌施肥和缓释肥技术等，从而提高养分利用率，减少肥料损失。

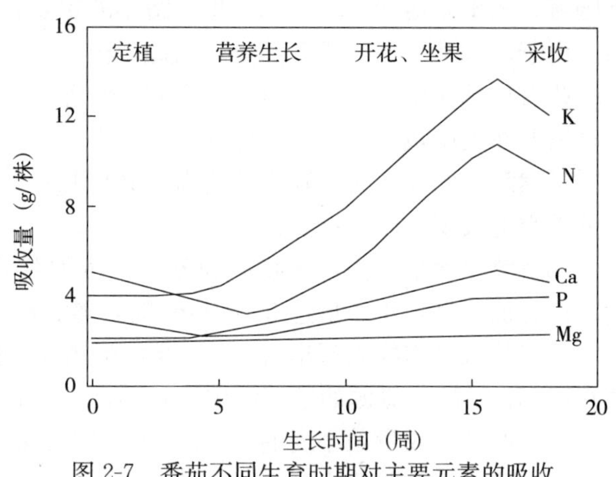

图 2-7　番茄不同生育时期对主要元素的吸收
（Huett，1985）

四、水分对蔬菜作物生长的影响

水是绿色植物进行光合作用的主要原料，也是植物的主要成分，在原生质中水分占70%～90%，保证了植物旺盛代谢的正常进行。水是植物对物质吸收和运输的良好溶剂。根系吸收营养物质只有在良好的水分情况下才能很好地进行。原生质的代谢活动、细胞的分裂特别是细胞的伸长生长都必须在细胞水分接近饱和的情况下才能顺利进行。从种子萌发到叶片和果实的生长，均需在有足够水分的条件下才能完成。只有细胞含有大量水分，保持细胞的紧张度，才能保持植物枝叶挺立以及维持植株体温的相对稳定。另外，与粮食不同，蔬菜产品大多数是柔嫩多汁的器官，含水量在 90%以上，因此水分供应尤为重要。各种蔬菜要求水分的特性，主要是受吸收水分的能力和对水分的消耗量这两方面的影响。根据蔬菜对水分需要程度的不同，可以将蔬菜分为 5 类：

1. 消耗水分很多，但是对水分吸收力弱的种类　这类蔬菜包括白菜、芥菜、甘蓝、绿叶菜类、黄瓜等。这些蔬菜叶面积较大而组织柔嫩，但根系入土不深，所以要求较高的土壤湿度和空气湿度。在栽培上应选择保水力强的土壤，经常灌溉。

2. 消耗水分不很多，而且对水分有强大吸收力的种类　这类蔬菜包括西瓜、甜瓜、苦瓜等。这些蔬菜叶面积虽大，但其叶片有裂缺或表面有茸毛，能减少水分的蒸腾，并有强大的根系，能深入土中吸收水分，抗旱力很强。

3. 叶面消耗水分少，根系对水分吸收力很弱，要求较高土壤湿度的种类　这类蔬菜包括葱、蒜、石刁柏等。这些蔬菜叶面积很小，而且表皮被有蜡质，蒸腾作用很弱。但它们根系分布的范围小，入土浅而几乎没有根毛，所以吸收水分的能力弱，对土壤水分的要求也比较严格。

4. 水分消耗量中等，根系对水分吸收力中等的种类　这类蔬菜包括茄果类、根菜类、豆类等。这些蔬菜叶面积比白菜类、绿叶菜类小，组织较硬，且叶面常有茸毛，所以水分消耗量较少，但其根系比白菜类等发达，但又不如西瓜、甜瓜等，故抗旱力不是很强。

5. 消耗水分很快，但根系对水分吸收力很弱的种类　这类蔬菜植株全部或大部都需浸在水中才能生活，如莲藕、荸荠、茭白等。这些蔬菜茎叶柔嫩，在高温下蒸腾作用旺盛，但它们的根系不发达，根毛退化，所以吸收力很弱。

了解蔬菜的原产地有助于加深对蔬菜的地上部和根系适应水分的各种生态型的理解。起源于湿润地区的白菜、甘蓝等，有发达的叶子和较浅的根系。起源于干旱地区的西瓜、甜瓜，只有发展强大的根系才能生存。水生蔬菜多起源于热带沼泽地区，因长期生长在水中，保护组织不发达，根系逐渐退化。洋葱原产地的大陆性气候和高原冲积土环境，是形成地上部耐旱而根系不耐旱特性的原因，土壤湿度大而空气干燥的季节是洋葱的生长盛期，夏季土壤干燥，洋葱地上部枯萎，以休眠鳞茎渡过恶劣的环境。

各种蔬菜除了对土壤湿度有不同的要求以外，对空气湿度的要求也不相同，大体上可以分为 4 类：

①适于空气相对湿度 85%～90%的种类，如白菜类、芹菜及各种绿叶菜类、水生蔬菜。

②适于空气相对湿度 70%～80%的种类，如马铃薯、黄瓜、根菜类（胡萝卜除外）、蚕豆、豌豆。

③适于空气相对湿度 55%～65%的种类，如茄果类、豆类（蚕豆、豌豆除外）。

④适于空气相对湿度 45%～55%的种类，如西瓜、甜瓜、南瓜以及葱蒜类。

各种蔬菜在种子萌发时对水分的要求量很大，播种后需采用灌溉、覆土、盖草等措施，以保持土壤中的水分。苗期因根系小，吸水量不多，但对土壤湿度要求严格，应经常浇水，移苗前后要多浇水。形成柔嫩多汁的食用器官时，则要大量浇水，土壤含水量达到田间最大持水量的 80%～85%。开花时水分不宜过多，果实生长时需要较多水分，种子成熟时要求适当干燥。近年来，世界各地正在逐步推广不同类型的滴灌设备，从而在生产中可以实施更为科学的灌水方法，改变了传统的、粗放的漫灌方式，具有较好的经济效益、社会效益和生态效益。

五、气体对蔬菜作物生长的影响

影响植物生长发育的气体中，主要为 O_2 和 CO_2。大气中，O_2 约为 21%，N_2 约为 79%，而 CO_2 只有 0.03%左右。大气中 CO_2 虽然很少，但在植物生活中作用很大。光合作用就是把 CO_2 和水同化为有机物。在土壤中，会由于水涝或土壤板结而缺氧，在无土栽培特别是深层水培中，也会由于通气不良或水温过高而发生溶存氧缺乏，影响根的呼吸和乙烯的生物合成等。

大气中的 CO_2 是光合作用的基本原料，CO_2 浓度在 0～2 000μL/L 范围内，CO_2 浓度提高能增加光合作用卡尔文循环中二磷酸核酮糖（RuBP）羧化的底物，减少 O_2 对 RuBP 的竞争，从而增加光合作用强度，最终提高产量。大气中的 CO_2 浓度一般在 360～400μL/L，早

上浓度高，中午浓度低。在大棚和温室等密闭环境内，CO_2 浓度变化比露地更为剧烈，在 9：00 前后 CO_2 浓度可低达 100μL/L 左右，严重影响植物的光合作用。因此，在设施生产中 CO_2 加富技术显得十分必要。

CO_2 加富能显著促进早期产量，但长期进行 CO_2 加富有时会导致光合作用适应（photosynthetic acclimation）或光合下调（down-regulation of photosynthesis）现象以及早衰现象。光合作用下降的机理可能与淀粉和糖的过量积累引起的叶绿素结构变化和产物的反馈抑制、1，5-二磷酸核酮糖羧化-加氧酶（Rubisco）活性降低、气孔导度降低和呼吸速率增加有关。因此，进行 CO_2 加富施肥时，浓度不能太高，控制在 800～1 200μL/L。对于这种下调机制不同学者的解释如下：①糖和淀粉积累所引起的对光合作用的反馈抑制；②光合酶系统活力下降，有研究发现高 CO_2 浓度下，Rubisco 羧化活性以及磷酸烯醇式丙酮酸羧化酶（PEPCase）、5-磷酸核酮糖（Ru5P）激酶、3-磷酸甘油酸（3-PGA）激酶、NADP-3GAP 脱氢酶和碳酸酐酶（CA）活性都下降；③气孔导度降低；④暗呼吸增强。因此，大棚蔬菜增施 CO_2 最好只在光照较强而设施内 CO_2 浓度相对较低的早上进行，防止长期高 CO_2 引起光合作用的下调（图 2-8）。

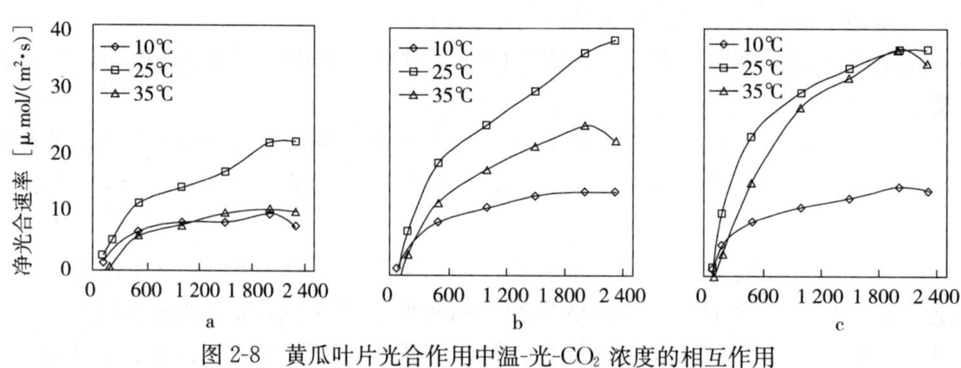

图 2-8 黄瓜叶片光合作用中温-光-CO_2 浓度的相互作用

a. 光强为 200μmol/（m^2 · s） b. 光强为 500μmol/（m^2 · s） c. 光强为 1 000μmol/（m^2 · s）

（喻景权等，2003）

近年来的一些研究还发现，CO_2 加富还能提高植物对环境胁迫的抗性，提高 Fe 等的利用率和耐盐能力等。

增加 CO_2 浓度可通过有机物酿热发酵、碳酸氢钠化学反应和压缩钢瓶等方法来实现。发达国家普遍采用压缩 CO_2 技术，而在我国一般采用廉价的碳酸氢钠化学反应法来提高 CO_2 浓度，近年来，许多地方也正在尝试通过有机秸秆等好气发酵来提高 CO_2 浓度，形成适合我国的 CO_2 加富技术。

六、生物因子对蔬菜作物生长的影响

植物生长在一个复杂的生态系统中，其生长除与上述环境因子即非生物因子有关外，还与环境中的生物因子密切相关。生物因子包括微生物、昆虫和其他动植物等。栽培蔬菜与这些因子相互作用，最终影响自身的生长发育。

（一）微生物

微生物对蔬菜作物生长的影响是多方面的，总体而言可分为有益的和有害的两方面。

1. 有益微生物 首先，土壤中的许多微生物能分解或转化土壤中的有机质和化学肥料，从而有利于植物的吸收，根瘤菌和菌根还能起到共生固氮和促进养分吸收等作用；其次，土壤或植物表面的许多微生物形成的微生态还能起到抑制病害发生的作用；第三，一些蔬菜产品器官的形成依赖于微生物，如茭白嫩茎的形成依赖于黑粉菌的寄生，利用其分泌的生长素刺激嫩茎的形成。

2. 有害微生物 许多微生物如镰刀菌、青枯病菌等通过侵染植物的叶片、茎、果实、根等引起病害暴发，导致蔬菜产量和品质的下降。

（二）昆虫及其他动物

1. 有益昆虫及其他动物 许多昆虫如蜜蜂通过采蜜过程传播花粉，从而促进蔬菜的授粉受精、果实和种子的形成，目前荷兰等国在设施栽培中利用熊蜂进行授粉，避免了植物生长调节物质的使用。一些昆虫如寄生蜂还是许多害虫的天敌，能有效减少害虫的发生。

2. 有害昆虫及其他动物 许多昆虫及其他有害动物如螨类、蚜虫、烟粉虱和线虫直接危害蔬菜，造成产量损失，此外，有些害虫如蚜虫和烟粉虱还可传播病毒，引起其他病害的蔓延。我国近年来暴发的番茄黄曲叶病毒病就是烟粉虱暴发传播所造成的结果。

（三）植物

1. 有益作用 许多植物可通过根系或叶片分泌和挥发一些生理活性物质。有些植物根系分泌物具有活化土壤养分或抑制病虫害的功能（如玉米和大蒜），而有些植物挥发物则能起到趋避害虫的作用。

2. 有害作用 许多蔬菜在生长过程中，通过根系分泌物、淋溶物和植株残渣释放出生长抑制物质，即自毒作用。目前，已经从番茄、豌豆、黄瓜等蔬菜根系分泌物中分离鉴定出生长抑制物质，这些物质一般对同种或亲缘关系相近的蔬菜产生抑制作用，而对亲缘关系较远的蔬菜则不会产生生长抑制作用。同种或亲缘关系相近的蔬菜连作，不仅容易导致病原菌的传播，也会因这些生长抑制物质而引起生长不良，即连作障碍现象。因此，在蔬菜生产中，许多蔬菜如西瓜、黄瓜、番茄和豆类一般都需要2～6年的轮作。

七、蔬菜作物的逆境危害及抗逆性

逆境（environmental stress）是指对植物生长和生存不利的各种环境因素的总和，又称环境胁迫。植物在长期的系统发育中逐渐形成了对逆境的适应和抵抗能力，称为植物的抗逆性（stress resistance），简称抗性。逆境的种类多种多样，包括物理和化学因素引起的非生物逆境（abiotic stress）和病虫害引起的生物逆境（biotic stress）。

了解蔬菜的抗逆机制，探明蔬菜在不良环境下的生命活动规律并加以人为调控，对于夺取蔬菜高产稳产具有重要意义。

（一）温度胁迫

自然气候的变化不以人们的意志为转移，蔬菜生产中经常受偶发性的低温或高温影响，造成产量和品质的下降。

1. 冷害 冷害（chilling injury）是指0℃以上的低温胁迫对植物造成的伤害。冷害在番茄、黄瓜、西瓜等喜温果菜类的冬春栽培中普遍发生。冷害对植物的伤害除与低温的程度和持续时间直接有关外，还与植物组织的生理年龄、生理状况以及对冷害的敏感性有关。如大白菜的叶，在寒冷的季节，糖的含量比温暖季节的高，因而也较耐寒。温度低，持续时间长，植物受害严重，反之则轻。在同等冷害条件下，幼嫩组织器官比老组织器官受害严重。冷害可以在一天之内即出现伤斑及坏死等症状，但更多的是在几天之后才出现组织柔软、萎蔫等症状。

冷害能引起一系列的生理生化变化，主要表现为：

（1）光合作用机构受到损伤，光合效率下降　许多蔬菜会因气孔关闭、卡尔文循环酶活性下降、糖分积累以及光抑制等引起光合作用的下降，从而影响植物的生长。研究表明，低温、中强光会引起黄瓜叶片光系统Ⅱ的损伤；而在低温、弱光下，光系统Ⅰ则比光系统Ⅱ更敏感（图 2-9）。

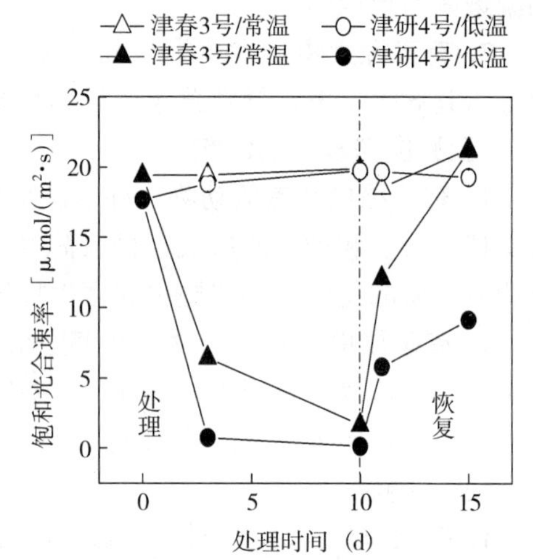

图 2-9　低温弱光对黄瓜光合作用的影响
（周艳虹等，2004）

（2）呼吸代谢失调　冷害使植物的呼吸系统紊乱，也引起不同呼吸途径的改变，如交替呼吸途径的增强等。

（3）细胞膜系统受损　冷害使细胞膜透性增加，细胞内可溶性物质大量外渗，可引发植物代谢失调。

（4）根系吸收能力下降　低温增加根系细胞原生质黏性，流动性减缓，呼吸减弱，ATP 等能量产生减少，影响植物体内矿质元素和水的吸收与分配，破坏水分平衡，导致植株萎蔫、干枯。

（5）物质代谢失调　植物受冷害后，物质分解加速，蛋白质含量减少，可溶性氮化物增加，淀粉含量降低，可溶性糖含量增加，活性氧积累，引发膜脂过氧化伤害。

2. 冻害　冻害（freezing injury）是指冰点以下低温使植物组织内结冰引起的伤害。许多喜冷凉蔬菜如白菜、甘蓝即使在冰点以下的低温结冰也不发生冻害。喜温蔬菜如黄瓜、番茄在栽培中如遇冰点以下温度，会使植物组织内结冰发生冻害。植物发生冻害的温度范围与植物种类、器官、生育时期和生理状态有关。植物受冻害的一般症状为：叶片犹如烫伤，细胞失去膨压，组织变软，叶色变为褐色，严重时导致死亡。结冰大多发生在细胞间隙，偶尔发生在细胞内。结冰可导致原生质脱水、机械损伤和融冰伤害。胞间结冰不一定会导致植物死亡，大多数植物胞间结冰后经缓慢解冻仍能恢复正常生长，只是恢复过程相对比较缓慢。关于冻害机理主要有两种假说，一种是膜伤害假说，另一种是巯基假说。

3. 高温强光　高温一般是与强光及急剧的蒸腾相伴随的。夏季蔬菜在生长过程中有时会遭遇强光和 40℃以上的高温胁迫；春季和秋季，温室等设施中由于通风不良也会产生 40℃以上的高温。高温对蔬菜的伤害机理主要是由于高温导致生物膜理化状态和蛋白质分子构型的可逆变化，导致有害产物的积累，使植物中毒；高温破坏了呼吸作用、光合作用和蒸腾作用之间的平衡，从而影响蔬菜的生长。在蔬菜生长过程中，可以经常观察到因高温而产生的障碍，包括番茄果实的日伤、落花落果、雄性不育、生长瘦弱等。

高温引起落花落果，因为高温妨碍花粉发芽与花粉管番茄伸长。例如，番茄的花粉发芽以20～30℃最为适宜，如果温度高于30℃或低于15℃，则花粉的发芽率及花粉管的伸长长度都大为降低（图2-10）。番茄在开花初期遇到高温（40℃以上），如果高温是短期的（1h以内），对产量影响不大；如果高温持续10h以上，就会大大降低其着果率。温度越高，持续时间越长，减产程度越显著。

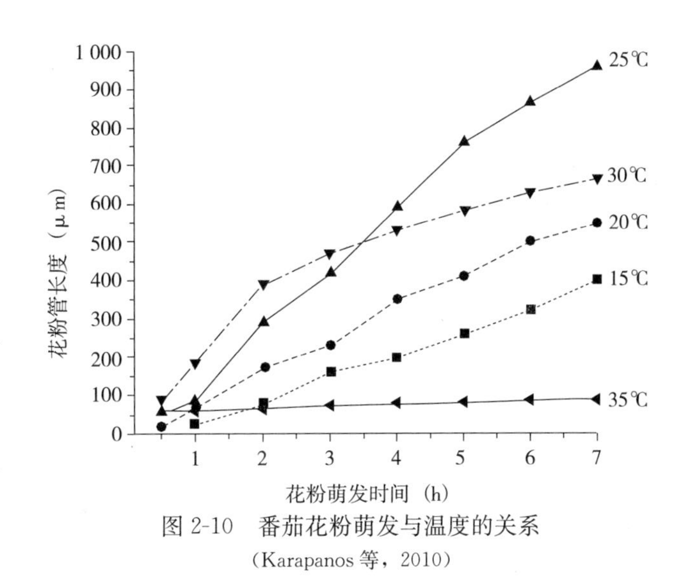

图2-10　番茄花粉萌发与温度的关系

（Karapanos等，2010）

番茄花蕾在不同发育时期，受高温障碍的程度也不同。开花前15d到开放后9d这段时间内，尤其是开花前5d到开花后5d，遇到40～45℃的高温，会大大降低其着果率（岩堀等，1963）。

（二）旱害

当植物耗水大于吸水时，植物体内即出现水分亏缺，水分过度亏缺的现象称为干旱。旱害（drought injury）是指土壤水分缺乏或大气相对湿度过低对植物的危害。随着土壤干旱和植物含水量的降低，细胞收缩，细胞壁放松，细胞膨压降低，叶片细胞分裂与膨大受到抑制，新叶发生减少。但干旱在一定程度上能促进根系的生长，即“湿长叶干长根”。干旱时叶片气孔阻力增大。这与干旱条件下脱落酸（ABA）的合成和再分布有关。在干旱时，植物根尖合成ABA，并随蒸腾流转至地上部分，调节气孔阻力。干旱还会引起ABA在植物体内的再分布，促进ABA从细胞质向细胞间隙的运转。干旱引起植物细胞脱水、光合作用和呼吸作用下降、ABA和乙烯增加、细胞分裂素减少、氮代谢发生异常和原生质损伤等一系列现象。

（三）盐害

土壤中盐分过多对植物生长发育产生的危害叫盐害（salt injury）。盐害可分为初生盐渍化和次生盐渍化。次生盐渍化是指因栽培管理特别是施肥不合理引起的盐渍化。在蔬菜产区，初生盐渍化和次生盐渍化分别由氯化钠和硝酸钙引起。盐害对蔬菜的危害主要表现在渗透胁迫、离子失调、光合作用下降、呼吸作用失衡和蛋白质合成受阻等方面。

（四）减少逆境危害的措施

低温、高温、干旱和盐渍化等是蔬菜生产中普遍遇到的问题，近年来，我国因为上述逆境造成的蔬菜频繁灾害的问题日益突出，因此，如何克服和缓解这些逆境，保证蔬菜的健康生长显得十分必要。

减少逆境对蔬菜的影响的主要措施有：

（1）优化蔬菜生长环境　通过薄膜覆盖、加温和加光、遮阳和喷雾降温等措施，不同程度地优化蔬菜生长的温光条件，从而减轻温、光的胁迫。

（2）抗逆锻炼　植物对低温的抵抗是一个适应性锻炼的过程，番茄和黄瓜等蔬菜在移植前或在栽培中如预先给予适当的低温处理（10℃左右），而后即可忍受更低温度而不致受害。同样，抗逆锻炼也是提高植物对高温、干旱等胁迫的有效措施。最近的研究表明，植物存在内在的交叉抗性机制，即通过低温或干旱锻炼也能提高其对其他逆境的抗性。

（3）合理施肥　合理施用磷、钾肥，适当控制氮肥，可提高植物的抗寒性和抗旱性。通过优化肥料结构能减少次生盐渍化的产生。

（4）合理灌溉　控制土壤水分，减少植株内水分含量，可有效提高抗寒性。采用不同根区交替灌水、地膜覆盖保墒和滴灌等节水型用水技术，可有效提高水分利用率。

（5）化学调控　脱落酸和油菜素甾醇（BR）等均能提高植物的抗冷性，在寒潮来临之前喷施这些物质可提高幼苗抗冷性，减轻危害。施用外源脱落酸还可促进气孔关闭，减少蒸腾，也是一种克服高温干旱逆境危害的手段。此外，还可利用脂肪醇等抗蒸腾剂来降低蒸腾失水。

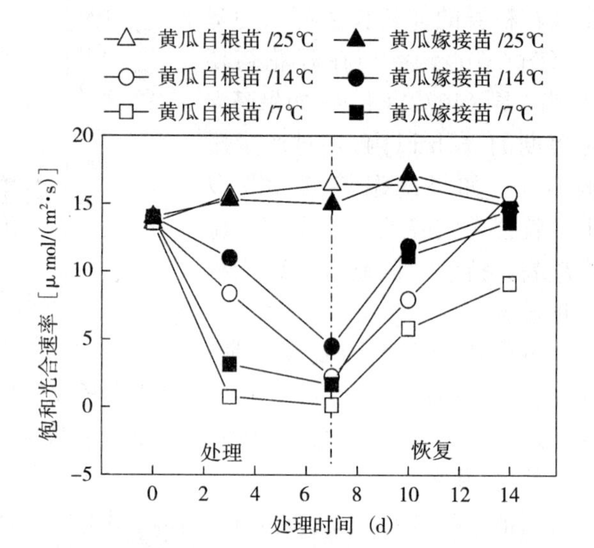

图 2-11　黑籽南瓜作砧木对黄瓜低温伤害的缓解效果
（周艳虹等，2007）

（6）嫁接　不同蔬菜对不同逆境的抗性存在较大的差异，通过嫁接在抗性砧木上能有效地提高蔬菜对低温、高温、盐害等逆境的抗性。如黑籽南瓜作为砧木嫁接黄瓜，可显著提高黄瓜的耐冷性（图 2-11）。

第三节　蔬菜作物发育与环境条件

一、植物发育理论

发育是植物细胞通过形状、功能的变化形成新的特殊组织、器官和结构的现象，发育的结果，产生新的器官如花、种子、果实和变态营养器官。蔬菜作物种类繁多，既有以叶片作为产品器官的蔬菜，也有以根和茎作为产品器官的蔬菜，还有以生殖器官如花和果实作为产品器官的蔬菜。以营养器官作为产品器官的蔬菜如果过早地开花结果，不仅影响其产量，也影响其品质；而以生殖器官作为产品器官的蔬菜，如果不能适期开花，或者营养器官与生殖器官比例不当，同样也影响其产量与品质。因此，了解植物器官形成与发育的规律十分必要。

花芽分化与形成不仅是植物发育生物学中的重要课题，也是园艺学中的一个重要研究领域。影响花芽形成的主要环境因子有光照长度、温度和营养状况等。许多喜冷凉蔬菜如萝卜、白菜一般在春季开花，而番茄、黄瓜则一年四季都可开花，因此，植物体内存在一种内在开花调控机制。

关于植物发育的理论，有各种不同的学说。

很早以前人们就注意到，许多越冬作物通过低温处理可以促进抽穗（薹）开花。北魏著名农学家贾思勰著的《齐民要术》中已有记载，其他国家也有类似的认识。

植物生理学家Sach（1865）提出植物开花受一种激素物质“开花素”的控制，虽然有许多间接试验能证明这种说法，但具体的“开花素”目前还未分析出来。

Kraus和Kraybill（1918）以番茄为材料分析其开花结实，认为植物之所以由营养生长过渡到生殖生长，是受植物体中糖类与氮化合物的比例（C/N）的控制。当C/N小时，植物趋向于营养生长；而当C/N大时，植物趋向于生殖生长。

Garner和Allard（1920）发现，植物开花不仅受温度的影响，同时也受日照长短的影响。

李森科（Lysenko，1935）在前人工作的基础上，总结得出植物的阶段发育理论，认为植物的生长与发育不是一回事。一、二年生植物的整个发育过程具有多个不同的阶段，每一阶段对环境有不同的要求，而且阶段总是一个接着一个进行的。目前明确了两个阶段，即春化阶段及光照阶段。

Chailakhyan（1937）首次提出植物成花素（florigen）的概念，成花素可以被光周期所诱导和传递。多年来，许多科学家一直试图通过生理生化技术来分离鉴定成花素，但一直未能成功。

近年来，分子遗传学手段的进展极大地推动了开花机制的研究。以拟南芥为材料，人们发现植物通过4个途径控制开花：光周期途径、自主途径、春化途径和赤霉素途径。随后这些与拟南芥开花有关的基因相继被克隆，其中有2个基因在植物开花诱导反应中起关键作用，一个是*CO*（Constans）基因，另一个是*FT*（flowering locus）基因，*CO*基因在长日照下能够诱导*FT*基因的表达，而*FT*基因虽然不在生长点表达，但其产物可以在茎尖诱导植物开花。因此，FT蛋白也许就是人们一直苦苦寻求的成花素。

蔬菜种类不同对发育条件的要求也不同，甚至同一种蔬菜的不同品种对发育条件的要求也可能不同。这种差异主要是不同蔬菜在其原产地的不同环境条件下长期自然选择形成的。

首先，每种蔬菜通过发育的途径与其地理起源有关。起源于热带的蔬菜种类如黄瓜和番茄，大都是在温度高而日照短的环境下生长的。在这些热带地区，全年的气候温差不大，每日理论光照时数差异也不大，都在12h左右。这些地区原产的瓜类、茄果类及豆类等，其开花都不要求经过低温诱导，只要温度适宜于生长，无论在短日还是长日条件下均可开花。起源于亚热带及温带的种类，是在一年中的温度及日照长度有明显差别的条件下通过发育的。这些地区起源的白菜、芥菜、甘蓝及各种根菜类，都要求低温通过春化（要求有一个越冬时期），而在较长的日照下抽薹开花成为二年生蔬菜。经过人类长期栽培驯化，又产生了许多品种间的差异。如白菜、芥菜等，对春化及光照有要求严格的品种及要求不严格的品种。起源于我国南方的菜薹（菜心）对春化要求不严或基本没有，而起源于我国北方的大白菜则对春化的要求相对较强。在蔬菜周年供应上，正是利用了这些特性，选用早、中、晚品种进行搭配来延长供应时间。

其次，每种蔬菜通过发育的途径同人们长期以来进行人工选择有关。人工选择的目的是选择一些符合人们要求的性状。黄瓜本为短日照植物，但由于周年生产的需要，人们需选择一些能四季开花结果的株系或品种，因此，现在大多数黄瓜品种对光周期反应不敏感，无论在长日还是短日条件下都能开花，只是开花节位存在差异。

表2-3是我国栽培的部分蔬菜种类花芽形成的主要环境诱导因子。

表 2-3　部分蔬菜种类花芽形成的主要环境诱导因子

（藤目等，2006年，有补充修改）

花芽形成的主要诱导因子		蔬菜种类
温度	低温	种子春化：白菜、芥菜、萝卜、芜菁
		绿体春化：甘蓝、花椰菜、青花菜、芹菜、大葱、洋葱、大蒜、胡萝卜、牛蒡
	高温	结球莴苣
日照长度	短日	草莓、紫苏
	长日	菠菜、茼蒿、韭菜、豌豆、蚕豆
营养		茄果类、瓜类、菜豆、豇豆

二、蔬菜作物花芽分化与光周期

植物的光周期现象（photoperiod）是指植物生长发育对日照长短的反应，是植物发育的一个重要因素。一、二年生蔬菜的开花结实都与光周期有关。光周期不仅影响花芽分化、开花、结实和分枝习性等，甚至一些地下贮藏器官如块茎、块根、球茎、鳞茎等的形成，也受光周期的影响。

我国古代农书强调庄稼要“不违农时”，也就是认识到农作物的播种、育苗、收获都有季节性，都要求一定的气候条件，但当时主要只是意识到温度的变化。自从 1920 年 Garner 和 Allard 发现光周期现象以后，才认识到日照长短对作物生长发育的影响。随着研究的不断深入，对于光周期的生理机制，尤其是光敏色素（phytochrome）发现以后，又有进一步的了解。

（一）光周期的反应与分类

即便是微弱的光也能起到光周期的作用，因此光周期反应中的日照长度是指一天中日出至日落的理论日照时数，而不是实际有阳光的时数。光周期即日照长度与某一地区的纬度有关，纬度越高（在北半球是越往北方）夏季日照越长，而冬季日照越短。因此，北方一年中的不同季节之间日照时数相差较大，如哈尔滨冬季每天日照只有 8～9h，而夏季可达 15.6h。南方季节之间相差较小，如广州冬季每天日照 10～11h，而夏季最长也只有 13.3h（图 2-12）。

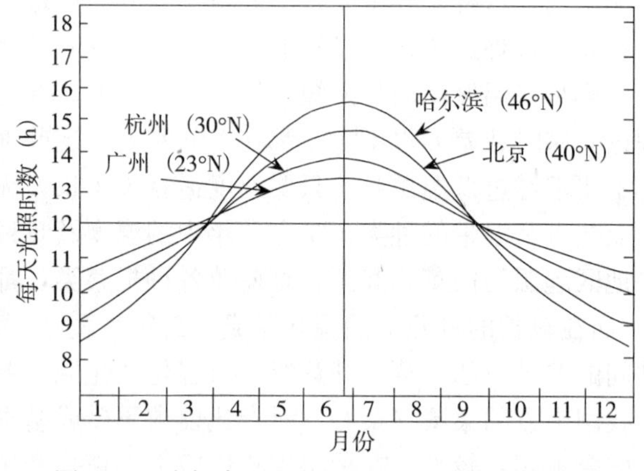

图 2-12　哈尔滨、北京、杭州、广州的日照长度的年变化，中央纵线为夏至日

一般根据植物对光周期的反应，将植物分为 3 类：

1. 长光性植物　长光性植物（long-day plant）也称长日植物，较长的光照条件（一般为 12～14h 以上）能促进其开花；而在较短的日照下，其不开花或延迟开花。

蔬菜中的长光性种类包括白菜（大白菜及小白菜）、甘蓝（球茎甘蓝、花椰菜等）、芥菜

（含芥菜的各个变种）、萝卜、胡萝卜、芜菁、芹菜、菠菜、莴苣、蚕豆、豌豆以及大葱、大蒜等，这些蔬菜在春季长日照条件下抽薹开花。

2. 短光性植物　短光性植物（short-day plant）也称短日植物，较短的光照条件（一般在12～14h以下）能促进其开花结实；而在较长的光照下，其不开花或延迟开花。

蔬菜中的短光性种类包括大豆（晚熟种）、豇豆、茼蒿、扁豆、刀豆、苋菜、蕹菜等，这些蔬菜大都在秋季短日照条件下开花结实。

3. 中光性植物　中光性植物（day-neutral-plant）在较长或较短的光照下都能开花，适应光照长短的范围很宽。

需要指出的是，一些原本属于短日性种类的蔬菜，如菜豆、黄瓜、番茄、辣椒以及大豆的早熟品种，由于长期进化或品种筛选的结果，短光照条件对它们开花的促进效果不大，只要温度适宜，这些蔬菜可以在春季或秋季开花结实，在温室中冬季也可开花结实，因此可将这些蔬菜看作中光性植物或近于中光性植物。

（二）临界日长

上面讨论的长光照或短光照，是以24h内（一昼夜）的光照时间的长短来区分的。长光性植物在短光照环境下或短光性植物在长光照环境下不会开花或延迟开花。这个短到足以能引起花原基发生的日照长度（对于短光性植物）叫作临界日长或临界光周期（critical photoperiod），这个区别长日照与短日照的临界日长并不是12h，一般为12～14h，但也可以短于12h或长于14h。

光周期对植物开花的诱导作用重要的是暗期的长短，短光性植物要求较长的黑暗，即光周期中黑暗的时间必须长于某一临界值，而长光性植物则需要在一定的暗期以下才能诱导开花，因此，有人认为，长光性植物和短光性植物称为短夜植物和长夜植物更为合适。如果在黑暗中途进行光中断处理，便可消除前面的黑暗的效应，短光性植物将不会开花，而长光性植物则开花；而在长日照阶段进行黑暗处理，则对光周期反应影响不大，短光性植物不能开花，而长光性植物则能开花（图2-13）。

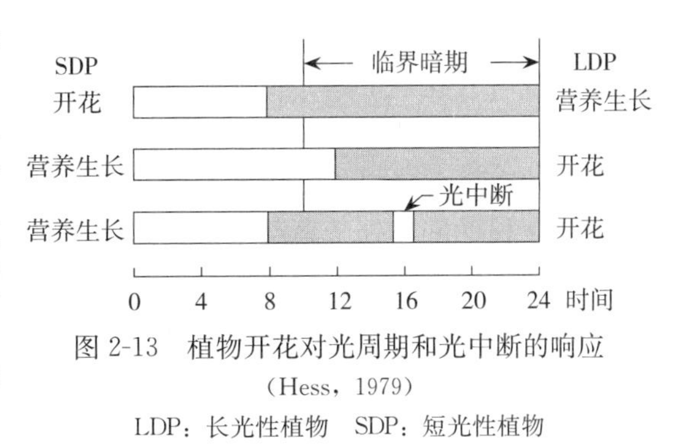

图2-13　植物开花对光周期和光中断的响应
（Hess，1979）
LDP：长光性植物　SDP：短光性植物

上面讨论的长光性植物或短光性植物开花对光周期的反应，是指一种质的要求。事实上只有极少数的植物具有这种质的光周期反应，即是绝对的短光性植物。如苍耳属的一个种 *Xanthium strumarcium*，必须在每天16h以下的光照条件下才能开花，如在16h以上光照就不开花。一些晚熟大豆品种以及秋冬开花的烟草、牵牛花等对短光照的要求也很严格。

但对绝大多数蔬菜植物而言，对光周期的反应都没有这样绝对的或称严格的现象。例如，白菜、芥菜等在长日照条件下可以很快开花，而在短日照条件下（8～10h/d）也可以开花，而不是不开花，只不过开花的时间推迟。这种现象可称为量的光周期反应。几乎所有蔬菜种类，都有对光周期要求严格的品种及不严格的品种，这种特性不仅关系到其熟性，也关系到不同纬度区域品种的引种能否成功。

通过光周期处理，可以诱导植物开花，不同植物种类对光周期处理的反应差异很大，一般要经十几个或更多的光周期处理才能诱导开花。

不同植物品种，对日照长短的反应差异很大。长日性与短日性之间的临界时数，可以互相交叉。以 12～14h 为长日性与短日性的分界时数，是就一般情况而言。事实上，有些长日性植物的临界日照时数可以短于 14h，而有些短日性植物的临界日照时数可以长于 12h。但有一点是基本的，即长日性植物可以在不断的光照下开花，但短日性植物必须要有一定的黑暗时期。

（三）影响光周期反应的因素

1. 叶片 叶片是感受光周期的部位，芽则是发生光周期反应的部位，植物叶片感受光周期刺激后产生开花诱导物质，然后传输到茎尖生长点，诱导开花。一些研究发现，去除全部叶片将使植株失去感受光周期的功能，而对其中一片叶进行光周期处理，同样能起到光周期的作用。

2. 植株年龄 植株年龄与光周期反应有很大关系。一般来讲，发芽后的植株便能感受日照长短而产生光周期反应，植株的年龄越大，对光周期反应越敏感。然而，不论是短日性还是长日性植物，其生长周期往往都要跨越几个季节，并不是在种子发芽以后立刻就能处于诱导其开花的光周期而产生光周期反应，而是要生长到一定大小（年龄）以后才会遇到诱导其开花的光周期而起反应。如短日照植物草莓在春夏季主要进行营养生长，到了秋冬季才能处于短日照条件下，从而诱导开花。

3. 温度 许多研究表明，光周期过程中的温度是影响植物对光周期反应的重要因素。许多长日性蔬菜如白菜、萝卜、菠菜、芹菜等，如果温度很高，即使在长光照条件下，也不会开花，或者开花期推迟。长江一带夏季栽培的所谓“小白菜”（或称“火白菜”）、“夏萝卜”（或称“火萝卜”）及华南的“芥菜子”（夏芥菜）都是长日照植物，这些蔬菜播种后的自然日照均在 14h 或更长，但播种后并不随即开花，因为它们在播种后没有经过低温春化阶段，同时生长期间正处于高温季节，高温足以“抑制”长光照对发育的影响。相反，如果温度很低，整株植物的生长很缓慢，尽管光周期是合适的，长日照或短日照蔬菜也不会开花；如果日照时数相同，在一定温度范围内，温度升高可以促进花芽分化及开花。

在影响光周期效应的因素中，温度是一个重要的因素，生产上应将光周期与温度结合起来考虑。因为在自然条件下，长日照与高温（夏季）、短日照与低温（冬季）是相伴随的。在长江流域及华北平原，长日性的二年生蔬菜是在日照加长、气温回升的春季抽薹开花，而短日性的一年生蔬菜是在一年中开始出现短日（夏至以后）的秋季才开花结实。

对许多要求一定光周期的植物来说，日照长短是影响花芽分化及抽薹开花的重要因素，但不是唯一的因素。在生产上，可以看到与光周期反应分类不符合的现象，这一方面是由于品种间的差异（这是主要的），另一方面是由于光周期以外的条件（如温度条件）的影响及发育的阶段性的影响。

4. 光强及光质 植物的发育要有一定的光周期，光周期的效应与光合作用不同，在有光的条件下，即使是微弱的光也能起到光周期的效果，但强光比弱光的效应大。利用人工光源补充光照时，用一般的电灯光源即可满足。

不同波长的光对光周期效应有很大的差别。在可见光中，红光和橙黄光效应最显著，蓝光较差，而绿光几乎没有效果。另外，远红光还可抵消红光的效应，红光和远红光交替处理时，处理完毕呈现的是最后一种光源的效果，因此，光敏色素参与了光周期反应中的调控。

早在 20 世纪 30 年代，研究者们就已经知道，植物的叶可以通过感知日光照射时间的长短来察觉季节的变化，并且在时机成熟时通过发送某种信号到茎鞘以引发开花。Chailakhyan 将这种未知的物质称为成花素，然而这个信号即所谓的成花素的身份一直是一个谜。近年来，人们在拟南芥、水稻和南瓜中的研究中发现，植物体内存在 *FT* 基因，在叶片组织中存在 *FT*mRNA，在筛管中不能检测到 *FT*mRNA，其翻译产生的 FT 蛋白在叶片的韧皮部中形成，并经过筛管运输到茎尖，与茎尖分生组织中的 FD 蛋白结合，FT-FD 蛋白复合体促进 SOC1 蛋白产生，这一过程受光周期、春化作用等的调节，最后活化茎尖分生组织的 *LFY* 与 *AP*1 基因，引发植物的开花过程。

三、蔬菜作物花芽分化与春化作用

春化作用是指低温对植物花芽分化的诱导作用。许多喜冷凉气候的二年生蔬菜，包括许多白菜类、根菜类、鳞茎类及一些绿叶蔬菜，都要经过一段低温春化，才能开花结实。

（一）春化的类型

按照植物感受春化时期的差异，可将蔬菜通过春化的方式分为种子春化和绿体春化。

1. 种子春化　种子春化并非干燥的种子而是指从种子萌动阶段便可感受低温，从而对植物花芽分化起诱导促进作用。种子春化的主要蔬菜有白菜、芥菜、萝卜、莴苣等。干燥的种子即处在休眠状态的种子，对低温没有感应。进行人工春化处理时，先将种子在 20～25℃的温箱中催芽 24～36h（如白菜类），待 1/3～1/2 的种子露出胚根时，才放入一定的低温下处理。在低温春化期间仍要维持一定的湿度，同时还要有一定氧的供给。

低温春化的低温随植物种类而异，白菜类及芥菜类的春化温度在 0～8℃都有效（李曙轩、寿诚学，1954），而对于萝卜，则在 5℃左右效果最大（荻屋薫，1955）。低温处理时间通常为 10～30d，对于大多数白菜及芥菜品种，处理 20d 就够了。其中有些春化要求不严格的品种，如许多作为菜薹（菜心）栽培的品种，春化 5d 就有诱导开花的效果（图 2-14）。对于秋播的萝卜，在幼苗期间低温处理 3d，就有促进抽薹的作用，足见春化处理的时间并不需要很长。

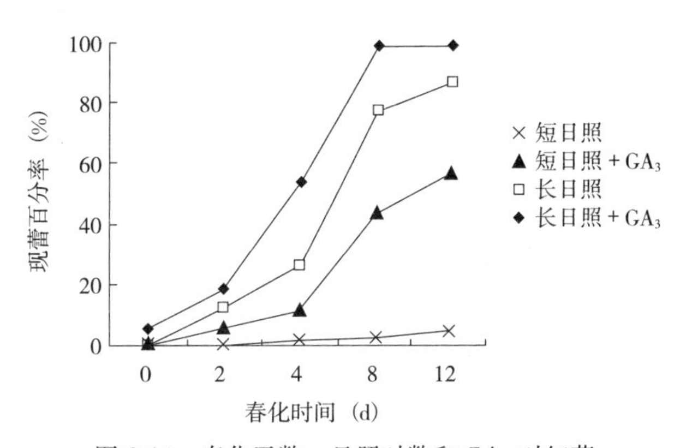

图 2-14　春化天数、日照时数和 GA_3 对红菜薹抽薹开花的影响
（喻景权，未发表）

需要指出的是，所谓种子春化的蔬菜种类并不是只在种子萌动时对低温敏感。幼苗及长大后同样能感受低温，有时对低温的反应更敏感。事实上，在自然状态下，许多能以萌动种子通过春化的种类（如白菜、芥菜、萝卜等）大都是在幼苗期甚至是很大的植株通过低温的。

2. 绿体春化　绿体春化是指植物要长到一定大小植株时才能感受低温诱导通过春化的现象。绿体春化的代表性蔬菜有甘蓝、洋葱、大蒜、大葱、芹菜等。绿体春化所要求的低温一般要比种子春化类型略高，一般为5～10℃，对于花椰菜和青花菜，则在15～20℃以下便可产生春化效果。

绿体春化中所谓的“一定大小植株”是植物生长状态的标志，可以日历年龄来表示，也可以生理年龄即植株茎的直径、叶的数目或叶面积来表示。一些蔬菜植物对日历年龄要求较严，如芹菜进行低温春化处理时，日历年龄比植株大小更为重要，如果植株年龄相同，而植株大小显著不同，则抽薹时间没有什么区别。而甘蓝则需茎的直径达到0.6cm时才能感受低温，植株日历年龄相同，而低温处理时植株大小不同，对抽薹时期有很大的影响。

低温处理的温度及处理时间的长短与蔬菜种类及品种有关。如甘蓝及洋葱要在0～10℃以下处理20～30d或更长才有效果，而青花菜的春化温度则是15～20℃以下。绿体春化所需要时间随植株大小而异，对甘蓝的观察表明，植株越大，所需低温处理时间越短。

绿体春化的作用部位主要在生长点，因为春化的影响只能从细胞到细胞即以有丝分裂方式传递。但绿体春化时也要求植株有一部分根或叶，保持一定的完整性，如果在低温期间把幼苗的叶片全部或大部分剪除，会影响春化的效果。

（二）脱春化与再春化

脱春化是指在低温春化期间如果遇到高温，前面的春化效果可以被后面的高温抵消的现象。一般春化时间越长，脱春化越困难，一旦完成春化过程，则很难发生脱春化现象。脱春化后如果再遇到低温，则可发生再春化现象。因此，春化和脱春化是一个可逆的过程。

自然条件下一般白天温度高，晚上温度低。对花椰菜的研究表明，只有日温和夜温都低于20℃的条件下才能形成花蕾，夜温低于20℃而日温大于20℃时则不形成花蕾，因此，日温和夜温在一定程度上存在拮抗作用，低夜温的春化效果在一定程度上可被高日温所抵消。

认识春化和脱春化原理，对于制定合理的栽培管理措施具有重要的价值。在我国许多地区，春季生产白菜、萝卜、胡萝卜和洋葱，极易在产品器官充分形成前通过春化阶段发生抽薹开花即先期抽薹现象，最终失去商品价值。在生产上可以利用脱春化原理，通过小棚覆盖等措施来提高温度，从而使其不发生春化或脱春化，避免发生先期抽薹，提高这类蔬菜的生产效益。

（三）春化的生理与分子机制

春化作用自Gassner（1918）提出以来已经接近100年，但在相当一段时间内人们对其机制的认识一直停留在生理基础上。Melcherer（1934）提出了春化素的概念，并通过嫁接试验得到了证实，但春化素的化学性质则一直没能探明。其间，许多科学家发现赤霉素（GA）能促进需春化植物的开花，这种作用并不是直接的，只是促进已经产生的花芽进一步发育而已。近年来，随着分子遗传学的迅速发展，人们利用模式植物拟南芥和冬小麦等分离鉴定了多个与春化作用相关的突变体，克隆了相应的基因并对这些基因进行了功能分析，对春化作用的机制有了分子水平的认识。目前，已经探明，在拟南芥中存在一种MAD-Box转录抑制因子基因*FLC*（flowering locus C），大多数基因最终通过关键基因*FLC*来实现开花促进作用。首先，由*VIN*3感受低温处理而表达并激活对开花关键基因*FLC*转录的抑制，同时*FLC*和PAF1复合物对转录的促进作用受到抑制，进而*FLC*的抑制状态被*VRN*1和*VRN*2所识别，在随后的生长发育过程中二者共同维持了稳定的表达抑制状态，其间包括甲基化等一系列过程参与了其中的调控（图2-15）。

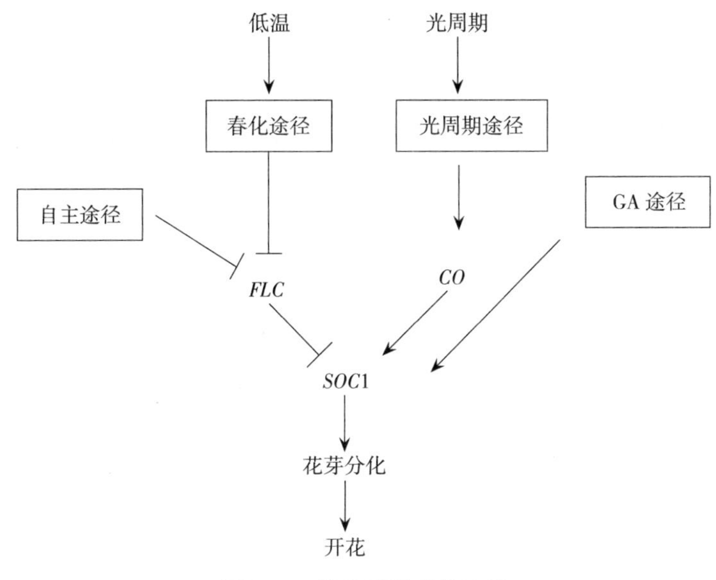

图 2-15　植物不同开花途径

四、蔬菜作物花芽分化与赤霉素

赤霉素（GA）通常不能诱导短日植物开花，长日植物对 GA 的反应不一。早期的研究发现，GA 能促进具有春化需求植物的开花，但不同植物对 GA 的反应表现出不同的反应。对于有的植物，只能对已经花芽分化的植株的花芽形成起促进作用；而在另一些植物如大白菜、紫菜薹，GA 则可在没有春化的条件下代替春化作用，诱导花芽形成。对拟南芥的研究发现，GA 信号转导途径中的关键基因 *GAI* 的突变体表现为晚花，而合成突变体 *ga1*-3 在不添加外源 GA 的条件下不能开花，GA 至少可以通过激活 *LFY* 的表达来促进拟南芥开花。因此，有关 GA 在开花中的作用尚存在许多有待研究的问题。

五、蔬菜作物花芽分化与营养条件

许多蔬菜开花不需要光周期和低温的诱导，在植物生长的适宜范围内，一年四季都可开花。如番茄、茄子和辣椒，对短光照的要求不严格，它们的花芽分化受营养水平的影响很大。氮、磷、钾的施用量大，植株生长加快，其花芽分化也显著提早。这类蔬菜可称为发育上的“营养型”，在一定程度上与拟南芥中发现的自主途径相似。早期的研究发现，番茄等蔬菜由营养生长过渡到生殖生长，受植物体中糖类与氮化合物的比例（C/N）的控制。氮肥施用过多时，会延缓番茄等植物第一花序的发生，反之则促进其开花。

对于大多数光周期响应类型和种子春化类型，施肥多少对植物开花影响不大；但对于部分绿体春化类型，如果前期施肥过多，会造成植株过早地通过春化阶段而提早开花。

在拟南芥开花诱导过程中，各个途径的基因效应最终都汇集于几个关键基因：自主途径和春化途径最终作用于 *FLC*，抑制 *FLC* 的表达；光周期途径通过调控 *CO* 的表达而间接作用于 *FT* 等。可以说，4 种途径将各自产生的抑制或促进开花的效应作用于 *SOC*1、*FT*、*LFY* 这些关键基因，其效应之和最终决定植物是否开花及何时开花。

六、蔬菜作物的性别分化

栽培植物大多为雌雄同花植物，但也有些植物如瓜类是雌雄异花植物，还有些植物如石刁柏和菠菜是雌雄异株植物。葫芦科的瓜类的性别表现出很大的变异。除雌、雄花外，部分品种还分化出两性花，有些品种还表现出仅开雌花，不开雄花。瓜类雌、雄花的比例随种类、节位和环境条件的变化而变化。

1. 节位 大多数瓜类最初分化产生的花为雄花，随后逐步分化出雌花和雄花，在后期则分化出更多雌花。相对主枝而言，侧枝一般会产生较多的雌花，但遇低温短日照等逆境，尤其早春设施栽培常有低节位只见雌花而不见雄花的情况。

2. 温度 温度对瓜类植物雌、雄花比例具有明显的影响，一般低温促进雌花的形成，而高温促进雄花的形成。13～15℃的夜温是促进黄瓜雌花形成的有效温度。

3. 光周期 大多数种类和品种的性别分化对光周期表现出较强的敏感性。短日照能促进雌花的形成，而长日照则能促进雄花的形成。因此，在南方早春低温短日照季节培育的秧苗比夏季培育的秧苗雌花发生节位更低。

4. 植物激素 一般赤霉素能促进雄花的形成，而乙烯则能促进雌花的形成，因此，可以利用赤霉素和乙烯来调控瓜类植物的性别比例，从而提高产量和熟性。

有关植物性别分化一直是园艺科学和植物科学的重要研究领域。近年来，围绕乙烯在其中的作用，利用黄瓜、甜瓜等植物开展了深入的性别分化机制的研究。对黄瓜的研究表明，茎尖乙烯的释放同雌花的发生存在密切的相关，乙烯受体 ETR 通过 DNA 损伤的诱导阻止雄蕊的发育。甜瓜性别形成受位于雄全（雄花和两性花）同株（*a*）和纯雌株（*g*）位点上的等位基因的调控。基因 *a* 编码一种乙烯合成酶（CmACS-7），该酶能抑制雌花中雄蕊的发育。最近的研究发现，转录因子 *CmWIP*1 启动子表观遗传的改变导致雄花在纯雌株系中全都转变成雌花。这种自然的和可遗传的表观遗传的改变是由于一个转录子的插入引起的，而这种插入是引起和维持启动子 *CmWIP*1 DNA 甲基化延伸所必需的。*CmWIP*1 的表达导致心皮败育，促进了单性雄性化的发育。*CmWIP*1 间接抑制雄全同株基因 *CmACS*-7 的表达，促进雄蕊发育。因此，*CmACS*-7 和 *CmWIP*1 通过相互作用来调控雄花、雌花和雌雄同株两性花的发育。

七、蔬菜作物花芽分化与抽薹

抽薹是指叶菜类和根菜类等一些短缩茎植物随着花芽分化的进展，其花茎从短缩茎中伸长出来的现象。抽薹有别于一般植物的节间伸长。叶菜类和根菜类随着抽薹，叶片发生则会停止。以茎叶和根为产品器官的蔬菜，有时因为气候变化和品种选择不当等原因，会发生产品器官形成前抽薹开花的现象，一般称为先期抽薹或未熟抽薹。

对于白菜、萝卜和芹菜等蔬菜，抽薹和花芽分化所需要的诱导因子几乎相同，但也有一定差异。大多时候植物先形成花芽，然后抽薹；但有时植物即使已经抽薹，却没有花芽分化。在生产中，大多数蔬菜在冬春开始感受低温诱导花芽形成，在春季长日照下抽薹开花。一般花芽分化所需要的低温比抽薹所需要的温度低。长日照促进低温诱导产生花芽，同样也促进抽薹。抽薹需要一定的温度，温度太低，日照太短，同样不会抽薹。因此，大多数蔬菜的抽薹发生在春季较高温度下。同花芽分化一样，抽薹也受植物激素的影响，赤霉素促进蔬菜抽薹。

第四节　蔬菜产品器官的形成

高等植物是由根、茎、叶、花和果实等组成的。蔬菜种类繁多，其食用器官也多样化。部分蔬菜是以正常器官作为食用部分，如番茄、小白菜；而有些蔬菜如萝卜、榨菜、大白菜、莲藕、芋等则是以植物学上的变态器官作为食用器官。因此，了解这些器官的形成机制是实现蔬菜高产、优质的基础（表 2-4）。

表 2-4　主要蔬菜产品器官形成条件

（喻景权整理）

蔬菜种类	产品器官	诱导条件	备　注
结球白菜、结球甘蓝、结球莴苣	叶球	无	
萝卜、胡萝卜	直根	无	
洋葱、大蒜	鳞茎	低温和长日照	
菊芋、马铃薯、芋、莲藕、荸荠及慈姑	地下茎	短日照	
茭白	嫩茎	黑粉菌	长日照处理可抑制孕茭
茄果类、瓜类、豆类	果实	授粉受精，或生长素、赤霉素和细胞分裂素处理	部分黄瓜和番茄品种具有单性结实功能

一、根菜类

根菜类既有以萝卜等肉质根为食用器官的蔬菜，也有豆薯等以块根为食用器官的蔬菜。由于豆薯等块根类蔬菜栽培不多，此处以肉质根类蔬菜为主进行介绍。

根菜类按其直根的结构可分为木质部膨大型（如萝卜）、韧皮部膨大型（胡萝卜）和环状膨大型（如甜菜）3 种类型。这类蔬菜对光周期没有要求，因此，一年四季只要温度和光照条件合适均可栽培。这类蔬菜大多喜欢冷凉型气候，前期要求生长在温度相对较高、适合叶片营养生长的环境，后期肉质根膨大期适宜的温度为 15～20℃。秋冬季节是直根类蔬菜的主要生长季节，春季和夏季栽培也日益增多。在春季栽培时，容易通过春化而发生先期抽薹，因此，选择冬性强耐抽薹品种和利用简易设施防止通过春化至关重要。

二、茎菜类

茎菜类包括马铃薯等块茎类、莲藕等根状茎类、芋等球茎类、莴苣等嫩茎类和榨菜等肉质茎类蔬菜。其中前三种是以地下部膨大茎为食用器官，而后两种是以地上部膨大茎为食用器官。

不同茎菜类虽然都是以变态膨大的肉质茎作为食用器官，但在变态器官形成前一般都要求有旺盛的营养生长，即这些变态器官的形成是在营养组织即叶片生长到一定大小才开始分化形成各种变态器官。各种变态茎形成方式和所需条件存在明显差异，可将其分为 3 类：

1. 营养型　营养型茎菜只要光、温、水分和养分供应充足，营养生长旺盛，一般就能形成其产品器官。这类蔬菜一般在生长适宜季节积累糖分于根或叶片中，随后供给新的营养器官的产生和生长，如石刁柏、竹笋和榨菜。

2. 光周期型　光周期型茎菜其变态茎的形成需要光周期诱导。这类蔬菜包括马铃薯、菊芋、芋以及许多水生蔬菜如荸荠、莲藕和慈姑等，其食用器官的形成都要求短日照。

3. 寄生型 寄生型茎菜其变态茎的形成需要微生物寄生并产生相应的激素才能诱导茎的膨大和发育。如茭白嫩茎需要黑粉菌的寄生产生生长素才能膨大。

马铃薯是一种重要的蔬菜作物和经济作物，其块茎的形成一般需要短日照，但不同品种间差异较大。早期有关其块茎形成机制的研究大多集中在生长素、脱落酸、茉莉酸甲酯和细胞分裂素等激素上，近年来取得了较大的进展，分离了一系列与块茎形成有关的基因。最近的研究结果表明，马铃薯叶片感受光周期后能合成一种系统信号传递到地下部匍匐茎，从而诱导块茎的形成。将开花的烟草植株嫁接到马铃薯上能诱导其块茎的形成，参与开花调节的 *CO* 和 *FT* 基因是调控块茎形成的重要基因。因此，在一定程度上，光周期诱导的开花和块茎形成具有相同的调节机制。

三、叶 菜 类

叶菜类包括普通叶菜如小白菜、芥菜、菠菜、芹菜等，结球叶菜如结球甘蓝、大白菜、结球莴苣等，香辛叶菜如葱、韭菜、茴香等，鳞茎类如洋葱、大蒜、胡葱和百合（形态上是由叶鞘基部膨大而来）。其中结球叶菜和鳞茎类蔬菜的产品器官是由变态器官发育而来。同茎菜类蔬菜和根菜类蔬菜一样，结球叶菜和鳞茎类蔬菜前期要求旺盛的营养生长，后期则形成由整个叶片或叶鞘发育而来的叶球或鳞茎球。

大白菜、甘蓝和结球莴苣在长期的进化和相互杂交中产生了多种多样的叶球形状，有平头卵圆型、圆筒型、平头直筒型、花心卵圆型和花心直筒型等。植物通过何种机制来形成这样多种类型的叶球至今尚不清楚。但有一个共同点，即这类蔬菜的茎都是短缩茎，叶片不断从生长点产生，为了避免相互遮光，后发的叶面也自然采取直立的方式来提高光能利用率，由于叶片正反面存在对光响应的差异，引起植物叶片生长素等的差异而发生弯曲现象。用生长素处理不同叶位、不同叶面和不同部位，结果都能导致叶片的弯曲。因此，光引起的生长素差异可能是结球的一个重要机制。

鳞茎类蔬菜的结构可分为洋葱类型和大蒜类型。前者由叶鞘基部膨大而来；后者由侧芽叶鞘膨大而来的蒜瓣组成，外侧叶片的叶鞘则干缩成白色或紫色的革质层，形成蒜瓣的保护组织。大蒜和洋葱鳞茎的形成均需要一定的温光条件。鳞茎的形成必须要有一定限度以上的日照时数和较高的温度，大蒜鳞茎的形成还要求经过一段时间的低温（20℃以下）（图 2-16，图 2-17）。如果种蒜播种后不遇见低温一般不会形成鳞茎，经过低温处理的种蒜即使在

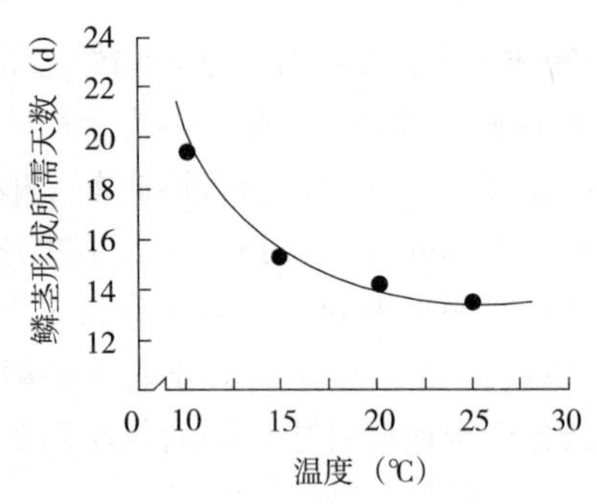

图 2-16 洋葱 24h 日照下温度对鳞茎形成所需天数的影响
（加藤，1967）

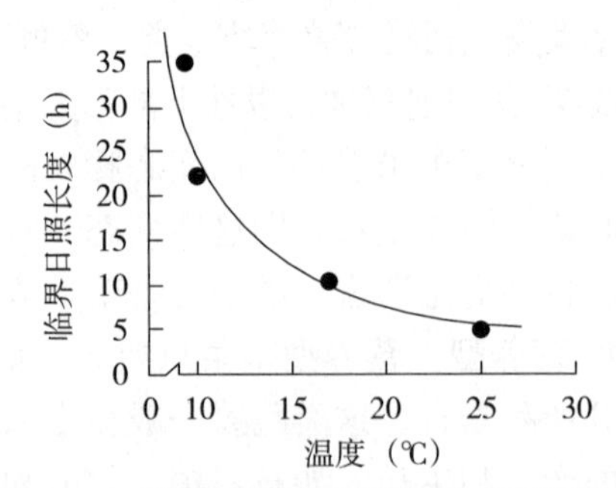

图 2-17 洋葱 30d 形成鳞茎时不同温度下形成所需日照时数
（加藤，1967）

短日照下也能形成鳞茎，只是没有长日照下形成快。

不同纬度的洋葱品种所需要的日照时数存在一定差异，低纬度地区的品种一般在短日照下也能形成鳞茎，属早熟种，而高纬度栽培的品种一般需要较长的日照时数才能形成鳞茎。因此，不同地区引种时要考虑鳞茎形成所需要的日照要求，避免不能形成鳞茎或过早形成鳞茎。此外，鳞茎形成的过程中，温度与日照长度是影响其鳞茎形成快慢的重要因素。在一定范围内，温度越高，临界日照可越短，日照时数越长鳞茎形成也越快。

四、花 菜 类

我国栽培的花菜类主要有花椰菜和青花菜，花椰菜的产品器官即花球是由无数花芽原基和膨大的花茎所组成，而青花菜的花球则是由花芽原基和小花蕾所组成。

花椰菜和青花菜均为绿体春化类型，但其对春化温度的要求则与品种的熟性存在很大的关系。花椰菜极早熟品种和早熟品种分别只需在25～30℃和15～20℃以下便可进行花芽分化形成花球，而中熟品种则需要在15℃以下形成花球（图2-18）。另外，早熟品种需要低温时间较短，一般在1个月以内，而中熟品种需要低温时间则较长，一般在1～2个月以上。因此，极早熟品种几乎没有春化要求，而早熟和中熟品种则需要春化过程才能形成花球。青花菜也表现出相同的效应。

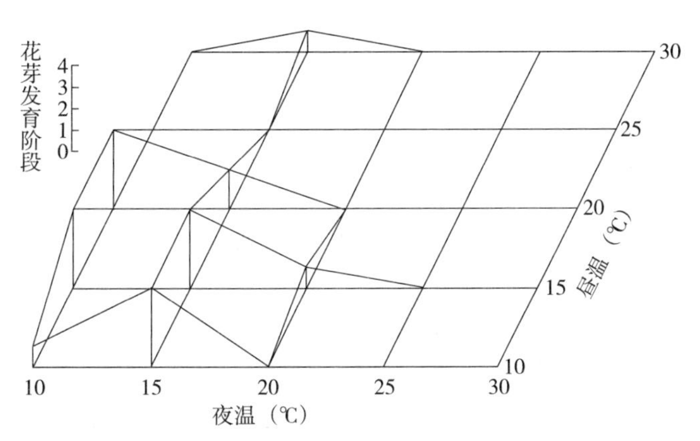

图2-18　花椰菜昼夜温度与花芽分化的关系

（藤目，1983）

花椰菜的花球形成同日照时数关系不大，青花菜的花球形成则与日照时数具有一定的关系。长日照不仅可促进开花，还可替代低温的作用，即使在夏季也可形成花蕾。因此，低温和长日照之间存在一定的相互替代效果。

五、果 菜 类

果菜类主要包括瓠果类的瓜类、浆果类的茄果类和荚果类的豆类。其中瓜类大多是雌雄异花植物，茄果类和豆类则是自花授粉植物。果菜类中，除番茄、红辣椒、西瓜、甜瓜和冬瓜等蔬菜的食用果实为成熟果外，大部分蔬菜的食用果实为嫩果。

果实的生长实际上也是一个细胞分裂和细胞膨大的过程。在果实生长前期主要是细胞分裂，在中期则主要是细胞膨大，后期则是细胞内部结构变化的过程。因此，大多数果实的生长同样表现出一个或多个S形生长曲线。大多数果实的形成需要授粉受精来刺激。授粉受精后在胚或种子中产生的激素是调控果实生长发育的关键因子。因此，种子数量及其分布的差异也在一定程度上导致果实大小和性状的差异。种子产生的激素主要有生长素、赤霉素、细胞分裂素、乙烯、脱落酸以及油菜素甾醇等，它们在不同果实种类和不同发育时期中发挥不同的作用。图2-19是番茄果实发育中不同激素含量的变化情况，这在一定程度上体现了不同激素在番茄发育中的作用。从图中可以看出，授粉受精后早期产生的主要是赤霉素（GA）和细胞分裂素，中期主要是生长素和脱落酸，而在后期则主要是生长素和乙烯。近年来的研究发现，油菜素内酯也参与番茄果实发育的调控。果实发育早期的细胞分裂过程主要依赖于由细胞周期蛋白依赖性激酶（CDK）和细胞分裂周期蛋白（cyclin）组成的复合体对细胞分裂周期中的 G_1/S 的调控。在细胞分裂期，能检测到较高的 *Cyc*D 基因的表达，激素中的细胞分裂素和油菜素甾醇均能提高这些基因的表达。细胞膨大实际上也是细胞壁结构变化引起的伸长，目前已经探明多个基因家族参与其调控，如 *XTHs*、*Exps* 和 *EGases* 等，生长素、乙烯等均能提高这些基因的表达。而在转色期，乙烯参与调节的 *ACC* 等基因在着色过程中发挥了重要的作用。

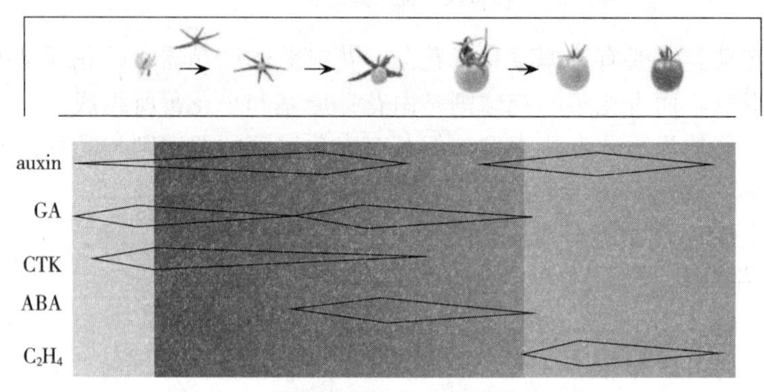

图 2-19　番茄果实发育中不同激素的作用

（Srivastava 和 Handa，2005）

大多数果实的形成需要一个授粉受精的过程，也有一些品种不经受精就能形成果实，但是没有种子即天然单性结实。单性结实在黄瓜的一些品种中存在，并在生产中得到应用，较好地解决了我国冬春季节低温坐果难的问题。在番茄中也有数个单性结实的品种，但应用面积不大，主要是由于果实较小的原因。单性结实的形成主要与这些品种或基因型具有较高的生长素和赤霉素等激素有关。番茄是单性结实研究最多的植物种类之一，它的形成被认为主要由赤霉素引起。

除自然单性结实外，还可采用添加外源植物生长调节剂的措施来诱导单性结实。果菜类栽培中经常会遇到不适宜授粉受精的低温、高温和缺乏雄花等情况而引起落花、落荚、落果或化瓜。因此，采用人工单性结实可有效解决上述问题。目前，茄果类蔬菜主要用生长素加适量赤霉素来诱导单性结实，在瓜类植物中主要采用细胞分裂素类物质来诱导单性结实，显著提高了瓜类、茄果类的生产效益。

复习思考题

1. 按农业生物学分类方法，不同种类蔬菜生长发育对温度和光照的要求有何差异？
2. 以黄瓜和西瓜为例，分析其起源地与其对温度、光照和水分的要求及其植株形态形成之间的关系。
3. 如何运用生长发育理论服务蔬菜生产？
4. 同种蔬菜不同品种开花所需的日照长短有所差异，引种时如何注意该问题？
5. 分析蔬菜和大田作物生长在养分需求方面的异同以及相应的施肥措施上的差异。
6. 根据蔬菜对温度和光照的要求差异，分析露地蔬菜供应中秋淡和春淡形成的原因。

第三章 蔬菜的产量与品质形成

蔬菜种类繁多，食用器官多样化，生产方式多变。目前市场上常见的蔬菜种类多达七八十种，以十字花科、葫芦科、茄科、豆科、百合科和菊科的蔬菜为主，食用器官包括根、茎、叶、花、果实和种子，生产方式有露地栽培、塑料拱棚栽培、夏季遮阳降温防虫栽培、日光温室越冬栽培等，生产操作规程有无公害蔬菜生产、绿色食品蔬菜生产、有机蔬菜生产等。不论何种蔬菜，采用何种栽培方式，执行什么生产标准，其最终目标是在获得高产的同时，为市场提供优质、安全的蔬菜产品。

第一节 蔬菜产量形成

一、蔬菜产量形成的特性

（一）产量的含义

蔬菜生产的最终目的是获得优质、高产的产品器官。与大田作物不同的是，蔬菜种类繁多，其食用器官各不相同，根、茎、叶、花、果实、种子都能成为产品器官。产量的含义，包括广义和狭义两个方面。广义的蔬菜产量是指蔬菜一生中，由光合作用所合成的物质（占90%～95%）和根系所吸收的物质（占5%～10%）的积累总量，包括根、茎、叶、花、果实、种子等所有器官，这个产量称为生物学产量。狭义的蔬菜产量是指就某一种蔬菜而言，其一生中所形成的具有食用价值或经济价值的部分的产量，如果菜类的果实，大白菜和甘蓝的叶球，马铃薯的块茎，萝卜、胡萝卜的肉质根，花椰菜的花球等。蔬菜可食用部分的产量称为经济产量，蔬菜经济产量与生物产量的比例，称为经济系数（K）：

$$K=\frac{经济产量}{生物产量}$$

在多数情况下，生物产量与经济产量之间有一定相关性，生物产量高，经济产量也高。因此，要想获得根、茎、果实类蔬菜的高产，则必须使其功能叶片生长旺盛，有足够的光合产物积累。但在徒长情况下，茎叶生长过旺，会影响果实等产品器官的产量，使经济产量降低。

生物产量和经济产量并不是简单的正相关关系，有多种因素影响 K 值的大小。首先，蔬菜种类不同，经济产量的形成过程及产品的化学成分不同，其经济系数差异很大。绿叶菜的 K 值最高，可达90%～95%甚至更高，有少数绿叶菜如菠菜、苋菜、小白菜等，它们的生物产量几乎就等于经济产量，生物产量的组成部分包括茎、叶甚至根，都可以食用。薯芋类的 K 值也较高，为55%～75%。果菜类的 K 值最低，而且受栽培条件的影响很大，其 K 值为25%～35%。其次，遗传因素对 K 值也有影响。同种蔬菜不同品种，其 K 值也不同，果菜类中，早熟品种的 K 值大于晚熟品种。此外，栽培技术和外界环境条件对 K 值也有很大的影响。如进行植株调整的比放任生长的 K 值大；对果菜类进行合理的肥水管理，协调好叶片和果实关系，比徒长植株 K 值大；又如在南方高温、潮湿、弱光条件下生长的果菜，比北方阳光充足、昼夜温差大、干燥地区生长的果菜 K 值小。

蔬菜多数为鲜活产品，生产上的产量均以鲜重来表示，但从生物学角度来看，干物重比鲜物重能更准确地表示作物合成有机物的量。不同蔬菜产品器官的含水量差别很大，如薯芋类和豆类的产品器官含水量比叶菜类、果菜类低，以干物重来计算不同种类蔬菜的产量，差异比较小。表 3-1 给出几种主要蔬菜的含水量及 667m² 的经济产量和干物产量，便于在应用中根据需要对两种产量表述方法进行换算。

表 3-1　几种蔬菜的经济产量和干物产量比较

（张振贤，1993）

种　类	667m² 经济产量（鲜重，kg）	667m² 干物产量（kg）	含水量（%）
大白菜	5 000～7 500	300～450	95
甘蓝	3 500～4 500	280～360	92
萝卜	3 500～4 000	280～320	92
洋葱	3 000～3 500	210～245	93
番茄	4 000～6 000	236～354	94
黄瓜	5 500～6 500	220～260	96
菜豆	1 500～2 000	165～220	89
马铃薯	1 500～2 000	315～420	79

（二）产量构成

蔬菜产量可以单果重或单株重来计算，或以单个鳞茎、块茎、叶球等来计算。生产上常以单位面积来计算，即单位面积的产量。

不同种类蔬菜由于产品器官不同，产量的构成也不相同。

果菜类：单位面积产量＝单位面积株数×平均单株果数×平均单果重

叶菜类：单位面积产量＝单位面积株数×平均单株重

根菜类：单位面积产量＝单位面积株数×平均单株肉质根重

结球叶菜类：单位面积产量＝单位面积株数×平均单株叶球重

构成产量的每个因素在产量形成过程中都是变动的。在一定范围内，单位面积株数增加，单位面积的产量也增加，但单位面积株数增加到一定范围以后，单位面积产量不但不继续增加，有时反而会下降。对于直播蔬菜，在一定范围内，播种量增加，单位面积产量也增加，但增加到一定程度以后，单位面积株数并不增加。如胡萝卜、菠菜、小白菜、茼蒿、苋菜等，播种量可以相差很大，但到收获时，单位面积的经济产量都比较接近，表明作物群体发展过程中有自然稀疏现象，播种越密，自然稀疏现象越明显。

对于多次采收的果菜类，如茄果类、瓜类、豆类，在产量构成中有早期产量和后期产量之分。增加单位面积株数，对早期产量影响较大，对后期产量影响则较小。单株果数由开花数和坐果率决定。茄子、辣椒、番茄等都有果数型和果重型的区别。一般早熟品种多为果数型，单果重较小，而单株果数较多；而晚熟品种大都为果重型，单果重较大，而单株果数较少。除了遗传因素以外，单果重一方面决定于果实发育的质量，另一方面决定于营养条件，包括土壤的矿质营养及同化物质的合成与分配。

营养物质在不同器官和不同部位的分配与生长类激素含量有关。幼嫩的叶片、发育中的幼果是有机营养主要运转的部位，而环境条件、肥水管理、植株调整会影响这种运转的速度与数量。

蔬菜作物的叶是进行光合作用的主要器官，是物质生产的“源”。光合产物由叶运转到贮藏器官如果实、种子、块茎、球茎等，这些器官是物质贮藏的“库”。由“源”运转到“库”的途径、速度及数量，与“源”、“库”的大小有关。在生产上，增加“源”的数量（如增加叶面积、改进叶的受光姿态等）往往是提高产量的主要因素，但“库”的大小也影响到“源”的强度。

以番茄为例，在栽培上，摘除花序，也就是减少将来“库”（果实）的数量，会影响叶的净同化率。在自然状态下（不摘叶、不摘花），番茄净同化率为 7.52g/(m^2 • d)；摘去一部分叶以后，则剩余下来的叶的净同化率可高达 10.35～10.88g/(m^2 • d)；而摘去全部花序，其净同化率只有 4.01g/(m^2 • d)。因此，光合作用的强度也受“库”的大小的影响。

表 3-2　番茄的叶及花序的摘除对净同化率（NAR）及单位叶面积的果数、果重的影响

（田中等，1972）

处　理	NAR [g/(m^2 • d)]	每平方米叶面积	
		果数（个）	果重（g）
标　准　区	7.52	14.9	173
摘除第一花序	7.31	9.2	118
摘除全部花序	4.01	—	—
摘除第一层位叶	10.35	19.2	219
摘除第二至第四层位叶	10.88	35.2	242

二、光能利用与产量形成

蔬菜生产的实质，就是通过蔬菜植物的光合作用，将太阳辐射能转化为生物有机能的复杂过程。太阳辐射能是一种潜在的宝贵资源，蔬菜对其利用率的高低直接影响蔬菜作物的产量。对大田作物而言，目前丰产田的光能利用率不超过光合有效辐射能的 2%～3%，一般的田块只有 1%左右。

光能利用率（Eu）可用以下公式计算：

$$Eu = \frac{H \cdot \Delta W}{\sum S} \times 100\%$$

式中，H——1g 干物质的燃烧热（J/g）；

ΔW——测定期中的干物增加量（g/m^2）；

$\sum S$——测定期的太阳能积算值（J/m^2）。

叶片是进行光合作用最主要的器官。一个植株或一个群体，叶面积大，表示接收的光能多，物质生产的“容量”就大；叶面积小，表示物质生产的“容量”小。因此，增加叶面积是生产上提高产量的最基本的保证。

在蔬菜生产中，合理密植、植株调整等技术措施均围绕提高光能利用率进行，即在一个生产系统中，为了获取最高产量，首先应提高群体的光能利用率，维持一个适合的叶面积。在一定范围内，叶面积与产量的关系是正相关。蔬菜作物的产量是以单位土地面积来计算的，叶面积也应以单位土地面积来计算，叫作叶面积指数（LAI）：

$$LAI=\frac{\text{单位土地面积上的叶面积（m}^2\text{）}}{\text{单位土地面积（m}^2\text{）}}$$

密植群体叶面积增加快，*LAI* 达到最大值较早；稀植群体叶面积增加较慢，*LAI* 达到最大值较迟。

一般的果菜类（茄果类、豆类），*LAI* 大都为 3～4。在这个范围内，*LAI* 增加，产量也增加，但当 *LAI* 增加到 4 或 5 以上时，由于叶在植株的叶层或称冠层中相互遮阴，植株下层叶片的光照度反而下降，于是 *LAI* 继续增加，单位叶面积的平均光合生产率反而下降，因而无助于干物质的积累。因此，通过 *LAI* 增加来提高产量有一定的限度。每种蔬菜都有其最适 *LAI*，这个数值的大小及增长的动态与栽植密度有密切的关系，同时栽培措施也会影响最适 *LAI*，如蔓性瓜类爬地栽培时，如南瓜、冬瓜，*LAI* 一般只有 1.5，很少超过 2；搭架栽培时，*LAI* 可以达到 4～5 以上。

光强在一个群体中不同叶层的垂直分布与叶面积指数的关系服从比尔—兰伯特定律：

$$I_f=I_0\mathrm{e}^{-KF}$$

即

$$\ln\frac{I_f}{I_0}=-KF$$

式中，F——叶面积指数；

K——消光系数；

I_0——群体的入射光强；

I_f——任一叶层的光强。

由个体组成群体以后，光照度有很大的改变。群体发展以后，叶层相互遮阴，群体下层光强渐弱。因而在一个群体中不同叶层所接收的光强不同，对产量所起的作用也不同。叶面积越大，遮阴的程度也越高。这种关系与密植程度、间作、套作都有密切的关系。

在稀植条件下，单个植株个体生长空间相对较大，叶片相互遮阴小，个体的光能利用率提高；但在生长前期，*LAI* 增长速度慢，群体光能利用效率低，不利于前期产量的提高。

在蔬菜生产中，要获得优质、高产、高效，必须根据蔬菜生产季节、栽培方式、生产设施、生产目的等，处理好蔬菜个体与群体光能利用率的关系。如利用中小拱棚进行喜温果菜的春提前栽培，多数是以获得较高早期产量来实现高效栽培目标，生产上多采用密植栽培方式，密度可高达 5～7 株/m^2；而北方地区日光温室的越冬长季节栽培或大型连栋温室的长季节栽培，则以提高单位面积的产量和总产量为栽培目标，既要保证生长前期 *LAI* 的快速增长，又要防止生长中后期叶片互相遮阴和叶片早衰，因此生产上采用的栽培密度多为 2.5～4.5 株/m^2。

三、蔬菜增产潜力及提高产量的途径

植物的干物质有 90%～95%是通过光合作用形成的。因此，蔬菜产量的形成最终决定于光合作用系统的规模和效率。光合产物的多少决定于光合面积、光合速率与光合时间 3 个因素，其积累量还与净同化率有关。产品器官的产量（经济产量）在生物产量中占的比例，则取决于经济系数的高低，即光合产物分配利用的情况。总之，影响蔬菜产量形成的生理因素有 5 个：光合面积、光合速率、光合时间、净同化率和光合产物的分配利用，这 5 个方面可统称为光合性能。光合性能是决定蔬菜产量高低和光能利用率高低的关键，一切增产措施主要是通过改善光合性能起作用。光合性能一方面受遗传特性（品种）影响，另一方面受外界环境（温、光、水、肥等）条件影响。在蔬菜生产中，应创造适宜的外界环境条件，以提高蔬菜的光合性能，最终获得高产。

（一）光合面积

植物体的所有绿色部分，包括叶片、茎、果实等都可以进行光合作用，叶片是进行光合作用的主要场所，其大小与产量呈正相关，影响叶面积的因素主要有光照度、温度、水分、土壤肥力及栽培管理技术等。

光照度对叶片生长的影响包括对叶面积和叶片厚度的影响两个方面。许多蔬菜在弱光条件下其叶面积比正常光强下增大，如同一品种，在温室栽培的叶面积比露地栽培的叶面积大，但其光合速率并没有增加，因为弱光在增加叶面积的同时，降低了叶片厚度（表 3-3）。光合作用与叶片表面积和叶片厚度都有关系。厚叶片比薄叶片叶绿素含量高，氮素和水的含量也较高，蒸腾面积小，有利于光合速率的提高和保持水分的平衡。叶片越薄，光饱和点越低，在强光下的光合强度也越小。叶片厚度可以用比叶重（specific leaf weight，SLW）来表示，比叶重（SLW）＝叶重（mg）/叶面积（cm^2）。

表 3-3　不同光强下辣椒叶面积和比叶重的变化

（蒋健箴等，1998）

光照度	单叶叶面积（cm^2）	比叶重（mg/cm^2）
100%自然光	24.00	5.99
70%自然光	48.44	4.86
35%自然光	59.74	3.28

由表 3-3 可见，随着光照的减弱，辣椒的叶面积变大，而比叶重降低，即在弱光条件下，虽然叶面积增大，但叶片变薄了。

温度对叶面积的扩大与其“三基点”有关。温度低时叶面积增长慢，温度升高叶面积增长快，但温度过高增长又会变慢，同时呼吸消耗增加，导致净光合速率下降。一般喜温蔬菜叶面积增长的适宜温度为 25～30℃，而许多喜冷凉蔬菜叶面积增长适宜温度多为 25℃左右。

对于几乎所有的蔬菜作物，氮肥充足都会促进叶面积的增长。土壤水分充足，叶面积增长迅速。许多试验证明，不论在生长初期还是后期，有灌溉条件下的叶面积都比没有灌溉条件的大。

在蔬菜生产中，叶面积与净同化率的关系是量与质的辩证关系。在生长初期，同化物质主要被用作营养生长，因此增加叶面积对产量的促进作用是基本的。但到生长发育后期，尤其是产品器官形成期，叶面积的增加已达到一定限度，此时维持一定强度的净同化率，成为影响产量的主要因素。因此要获得高产，必须在生长初期促进叶面积迅速增长，使叶面积指数较快达到该作物的最适叶面积指数，然后稳定下来，维持尽可能长的同化时期，以维持一定强度的净同化率。

（二）光合速率

光合速率是反映光合能力的主要指标，不同蔬菜种类光合速率差异很大（表 3-4）。一般光合速率高的蔬菜，光饱和点也较高，利用强光的能力强，如茄果类、黄瓜、甘蓝、白菜、薹菜、萝卜等；而光合速率低的蔬菜，光饱和点也较低，利用弱光的能力较强，如生姜、莴笋、结球莴苣、菠菜、大葱、大蒜等。除了遗传因素外，光照度、温度、水分、二氧化碳的含量和矿质营养等都会对光合速率产生影响，进而对产量形成产生影响，生产实践中通过对这些外部环境因子的调控达到蔬菜丰产目标。

表 3-4　一些主要蔬菜的光合速率、光饱和点和光补偿点

（张振贤等，1997）

种　类	品　种	光饱和点时的光合速率（以 CO_2 计）[μmol/(m^2・s)]	光饱和点 [μmol/(m^2・s)]	光补偿点 [μmol/(m^2・s)]
黄瓜	新泰密刺	21.3	1 421.0	51.0
西葫芦	阿太一代	17.2	1 181.0	50.1
番茄	中蔬 4 号	24.2	1 985.1	53.1
茄子	鲁茄 1 号	20.1	1 682.0	51.1
辣椒	茄门椒	19.2	1 719.0	35.0
大白菜	鲁白 8 号	19.3	950.0	25.0
甘蓝	中甘 11 号	23.1	1 441.0	47.0
花椰菜	法国雪球	17.3	1 095.0	43.0
白菜	南农矮脚黄	20.3	1 324.0	32.0
薹菜		17.7	1 361.0	27.0
萝卜	鲁萝卜 1 号	24.1	1 461.0	48.0
大葱	章丘大葱	12.9	775.0	49.0
韭菜	791	11.3	1 076.0	29.0
大蒜	苍山大蒜	11.4	707.0	41.0
菠菜	圆叶菠菜	17.3	857.0	29.5
莴笋	济南莴笋	13.2	889.0	45.0
结球莴苣	皇帝		851.1	38.4
菜豆	丰收 1 号	16.7	1 105.9	41.0
马铃薯	泰山 1 号	16.5	1 143.0	37.2
生姜	莱芜姜	10.5	660.1	28.0
大黄		13.2	1 146.0	43.0

注：光量子通量密度范围 20～2 500μmol/(m^2・s)，叶温变化范围 26～35℃。

1. 光强与光合速率的关系　光合速率的大小，受光照度的影响很大。在光照较弱时，光合速率随着光强的增加而增加，达一定光强后，光合速率不再随光强增加，此时的光强度称为光饱和点。因此，光合速率与光强不是直线关系，而是双曲线关系。

$$P=\frac{ABI}{A+BI}$$

式中，P——光合速率；

I——光照度；

A——光合速率的最大值，即光饱和点时的光合速率；

B——弱光下光合速率的光强系数，即每增加一个单位的光强时，光合速率增加的数值。

A、B 对于某种作物来说是常数。从上式可以看出，当光照较弱时，分母中的 BI 值很小，可以忽略不计，则 $P\propto BI$，即光合速率与光强成正比；当光照很强时，分母中的 BI 值很大，A 相对很小，可忽略不计，此时 $P\propto A$，即光合速率达到极限时，光合速率不再随光强的增加而增加。

在设施栽培条件下，一切改善设施内光照环境的技术措施，对提高蔬菜产量都是很有意义的，如通过选择透光率高、防雾滴性能好的透明覆盖材料，覆盖银灰色地膜改善近地面的光强，在日光温室北墙和东西侧山墙张挂反光膜改善温室内的光分布等，均可显著提高设施栽培的蔬菜产量。

2. 温度与光合速率的关系　在一定范围内，光合速率随温度升高而增加，超过一定范围后，光合速率反而逐渐降低，这是因为温度的变化同时影响植物光合和呼吸两个过程，光合作用制造有机物，而呼吸作用却消耗有机物。对于大多数蔬菜作物，当温度在30℃以下时，温度升高引起光合作用急速加强而呼吸作用增加很少。超过30℃时，呼吸消耗的增加大大超过了光合作用的增加，最终导致净同化率的下降。

不同蔬菜种类光合速率的适温不同，如黄瓜和番茄的光合作用适温为28～33℃。此外，光合适温还与光强、温度、湿度、CO_2 浓度等有关系。即使同种蔬菜不同品种的光合适温也不相同。Bar-Tswr（1985）对不同番茄品种光合适温的研究结果表明，耐热品种的光合适温较高，而热敏感品种光合适温较低。温度对光合作用的影响的实质是影响核酮糖二磷酸（RuBP）羧化酶和磷酸烯醇式丙酮酸（PEP）羧化酶的活性，这两种酶是光合作用的关键酶。

在生产上，对一个栽培作物群体来说，强调通风透光，除了能改善光照条件以外，降低田间的温度也是一个重要方面。在温室栽培中，更应注意温度对光合和呼吸的双重作用，在温度管理上，白天温度可以适当高一些，晚上则需降低温度，减少呼吸消耗，有利于有机物的积累。

3. CO_2 浓度与光合速率的关系　CO_2 是光合作用的重要原料之一。在一定限度内，田间 CO_2 浓度与光合速率成正相关。一般情况下，空气中的 CO_2 浓度约为0.035%，这一浓度对作物光合作用来说偏低，尤其在光合作用旺盛的情况下，空气中 CO_2 浓度则成为光合速率的限制因素。因此，提高 CO_2 浓度可增加光合作用。在空气中 CO_2 浓度极低的情况下，叶片光合吸收与呼吸排出的 CO_2 达到动态平衡时的 CO_2 浓度称为 CO_2 补偿点。当空气中 CO_2 浓度超过补偿点后，叶片开始吸收 CO_2，外界的 CO_2 浓度越高，叶片吸收的速度越快，光合强度越大。CO_2 浓度继续升高，叶片吸收 CO_2 的量会越来越小，当叶片吸收 CO_2 的速度不再随 CO_2 浓度升高而上升，停留在一定水平上时，此时的 CO_2 浓度称为 CO_2 饱和点。

各种蔬菜作物的 CO_2 饱和点和 CO_2 补偿点因种类而异（表3-5）。CO_2 饱和点一般为1 300～1 622μL/L，CO_2 补偿点一般为42～69μL/L。在 CO_2 饱和点时各种蔬菜的光合速率差别较大，如黄瓜为57.3（以 CO_2 计）μmol/(m^2·s)，而大蒜只有25.2μmol/(m^2·s)。CO_2 饱和点时光合速率较高的蔬菜，利用 CO_2 的能力较强，在设施栽培中增施 CO_2 有利于提高产量。需要强调的是，增加田间 CO_2 浓度，还可弥补光强不足和温度过低造成的光合作用下降，因此，在设施蔬菜栽培中，光较弱，温度又较高，CO_2 含量常常不足，人工施用 CO_2 是提高蔬菜产量的有效措施。

4. 水分与光合速率的关系　水分是植物进行光合作用的重要原料之一，水分的多少直接影响光合速率。水分对光合的影响与植物的蒸腾密切相关。蒸腾耗水约占植物吸水量的99%，只有约1%用于光合作用并保持植株的膨压，使生长成为可能，只有约0.1%的水为植株的束缚水。当水分缺少时，膨压降低，气孔导度下降，光合强度降低。此外，叶片中水分含量的变化，也直接影响了叶绿体的水分含量，进而影响叶绿体膜的结构，缺水会导致叶绿体光化学活性明显降低。Hesse（1982）的研究表明，菜豆叶片水势在－2Pa以上（水分充足）时，净同化率最高；－2～－5.5Pa（缺水）时，蒸腾作用比供水充足的植株降低

30%～50%，净同化率降低约50%。轻度缺水时，供水能使光合能力在较短时间内恢复到原来的水平。当严重缺水时，供水虽能使叶片水势得到恢复，但光合却恢复不到原来水平。因此，保持水分的正常供应，是保证光合正常进行的必要条件。在蔬菜生产中，适度亏缺灌溉不会对产量产生明显影响，但过度亏缺产量将大幅度下降，在进行亏缺灌溉时必须把握一个合适的度。

表 3-5　几种主要蔬菜的 CO_2 补偿点和 CO_2 饱和点

（张振贤等，1997）

种　类	品　种	CO_2 补偿点（μL/L）	CO_2 饱和点（μL/L）	CO_2 饱和点时的光合速率（以 CO_2 计）[μmol/(m²·s)]
黄瓜	新泰密刺	69.0	1 592.0	57.3
西葫芦	阿太一代	63.0	1 622.0	43.7
番茄	中蔬4号	55.0	1 544.0	49.3
茄子	鲁茄1号	51.0	1 276.0	38.7
辣椒	茄门椒	57.0	1 413.0	37.5
大白菜	鲁白8号	47.0	1 300.0	51.0
甘蓝	中甘11号	52.0	1 391.0	49.2
花椰菜	法国雪球	57.3	1 595.1	47.5
薹菜		53.5	1 473.0	38.7
菠菜	圆叶菠菜	42.3	978.0	28.8
大蒜	苍山大蒜	50.0	1 411.0	25.2
韭菜	791	48.5	1 247.0	39.7
莴笋	济南莴笋	53.0	1 370.0	39.3
结球莴苣	皇帝	56.7	1 376.6	
莱豆	丰收1号	52.3	1 497.0	37.3
马铃薯	泰山1号	57.5	1 470.0	36.8
生姜	莱芜姜	53.5	1 495.0	30.1
大黄		50.0	1 417.0	38.4

注：光量子通量密度范围1 050～1 370μmol/(m²·s)，CO_2 浓度 40～1 800μL/L。

5. 矿质营养　矿质营养供应不足时，叶片的光合作用就会降低。

（1）氮　在所有的矿质元素中，氮对光合作用的影响最大，因为氮是核酸、蛋白质、叶绿素等有机物质的组成部分。许多研究认为，叶片的含氮量与光合作用成正相关。植株缺氮时，首先引起叶绿体结构、光合电子传递链、色素等发生变化，同时，氮供应不足还会降低植株的光饱和点。

（2）磷　磷肥对光合作用的影响一般没有氮肥明显，但在磷肥不足的情况下，增施磷肥也可以提高光合强度。因为磷参与暗反应过程，在光合作用过程中，通过光合磷酸化作用将光能转变为化学能，使二磷酸腺苷（ADP）磷酸化产生三磷酸腺苷（ATP）。同时在 CO_2 同化成糖类物质的过程中，所有中间产物都是各种糖的磷酸酯，所以磷肥对提高光合能力也是必不可少的。

（3）钾　一般情况下，叶片中钾含量高，可以促进气孔开放和物质运转，增强希尔反应（Hill reaction）和光合磷酸化活性，从而促进光合作用。当植株缺钾时，希尔反应和光合磷酸化活性降低，而且叶片中光合产物的运转受阻，有机物积存于叶片中，叶片加速老化，光合能力降低。缺钾还会使叶片中二磷酸核酮糖（RuBP）羧化酶的活性和含量降低，进而使光合强度减弱。

（4）镁　镁是叶绿素的组成成分，因此，镁含量的多少与叶绿素含量和活性密切相关。据研究，叶片的含镁量在 50～200μg/g 范围内，光合速率随镁含量的增加而提高。此外，镁还是一些参与光合作用的重要酶的活化剂，如二磷酸核酮糖（RuBP）羧化酶等。所以植株体内镁的含量高，光合速率就高，否则就低。

光合作用除了与上述几种矿质营养有关，还与其他一些微量元素有一定的关系。如适量的硼可以提高花椰菜的光合速率。因此，根据不同蔬菜的需肥特性进行合理施肥，是提高蔬菜产量的重要技术措施。

此外，其他一些环境条件，如风、环境污染、农药的使用等，也会对蔬菜的光合作用产生一定影响，进而影响蔬菜的产量。

（三）光合产物的消耗

光合产物的消耗主要包括呼吸消耗和病虫害等。呼吸消耗包括正常呼吸消耗（也称暗呼吸）和光呼吸消耗。据研究，在一昼夜内，整个植株（包括光合组织和非光合组织）的呼吸消耗占光合生产的 20%～30%或者更多。如果环境条件好，肥水充足，昼夜温差大，呼吸消耗的量较低。由于呼吸作用的适温比光合作用的适温高，前者为 30～40℃，后者为 25℃左右，所以在设施蔬菜生产中，减少呼吸消耗的主要措施是根据天气情况调节温度，在满足作物生长的温度范围的基础上，加大昼夜温差，在加温温室进行蔬菜生产时，冬季和阴雨天要适当降低温室内夜间温度，避免高夜温引起植株徒长和过量的呼吸消耗导致蔬菜产量降低。露地栽培要合理密植，注意通风透光，避免密度过大，通风不良，群体内温度偏高而增加呼吸消耗。

（四）光合时间

其他条件相同时，适当延长光合时间，能增加光合产物，有利于提高蔬菜产量。光合时间与内外条件有关，在外界条件中，光合时间主要决定于一天中光照时间和生长期的长短。在蔬菜生产中，掌握适宜的播种期，采用育苗移栽技术使产品器官的形成期处于适宜的生态条件下，以及秋延后栽培技术等，延长作物的生育期，都是行之有效的措施。为了充分利用一天中的有效光合时间，生产中要注意畦的方向和形式。设施栽培中要注意不透明覆盖物的揭盖管理，有条件的地方在光照不足的冬季可进行人工补光等，延长光合时间。

从蔬菜作物本身考虑，光合时间与叶片寿命特别是壮龄叶的寿命密切相关。因此，生产上防止生育后期叶片早衰也是延长光合时间的有效措施。

（五）光合产物的分配

光合产物的分配与经济产量关系极大。在有较多光合产物积累的基础上，改善光合产物的分配利用，是提高经济产量的一个重要途径，通过这种方式来增产，无需增加成本，因而是最经济的增产途径。

光合产物的分配同样受内因和外因的影响。内因主要包括作物本身的遗传特性、叶位、“库”的大小等，外因则主要包括温度、水分、光照、栽培措施等。从高产栽培角度，在品种已定的条件下，主要通过外界环境的改变来提高光合产物向产品器官中的分配比例，提高经济产量。

1. 光合产物的分配与外界温度的关系　在一定温度范围内，非同化器官（C）与同化器官（F）的比（C/F），一般随温度的升高呈减小的趋势，随温度的降低呈增大的趋势。这是因为在较高的温度下，光合产物向叶片的分配率高，可使叶面积迅速扩大，但随着叶面积的继续增大及呼吸的增强，光合产物的生产量逐渐降低，所以在生育初期适当提高温度，使C/F减小，对光合产物的生产有利，但当叶面积扩大到一定程度后，适当降低温度，延迟叶片的衰老，有利于光合产物的再生产。温度过高时，分配到地上部的物质大部分消耗在叶柄和茎的伸长上，使植株徒长。

在蔬菜设施生产中，在温度尤其是夜温过高的情况下，分配到非同化器官茎和叶柄中的光合产物相对增多，造成徒长。如果植株处于刚开始坐果期，温度过高，光合产物大量分配到非同化器官中去，就会形成茎秆粗壮的徒长植株，造成大量落花、落果。

2. 栽培措施对光合产物分配的影响 栽培措施对光合产物分配的影响表现在很多方面。过度密植使群体内光照减弱，茎和叶柄伸长，C/F增大，对干物质生产不利。果菜类的整枝、摘心，减少了幼嫩器官发育的消耗，延长了壮龄叶的寿命并使光合产物更多地分配到产品器官中。支架的形式、绑蔓的方法影响叶片的受光状态，不但影响干物质的生产，而且影响干物质的分配，特别是植株下部叶片的受光状况关系到根系分配干物质的多少。

水分同样影响物质的分配和再生产，如干旱可引起番茄叶片中干物重的降低及茎中干物重的增高（Gates，1964）。

生产中氮肥施用过多，分配到地上部的光合产物比地下部多，影响根系发育。增施钾肥使C/F降低，则分配到地下部的物质增多。磷不足时妨碍新叶的发生，也会造成同化物质分配上的变化。果实是磷的重要“库”，在施用充足磷肥的基础上增施氮肥，可促进磷向果实及枝叶中运输并增加磷的总吸收量。

总之，光合作用是取得丰产的主要生理基础，一切增产措施都要从改善光合性能着眼。上述光合性能的5个方面是相互联系的，例如，光合面积的大小，可以影响群体小气候进而影响光合能力、光合时间、光合产物的分配和消耗，最后影响到产量和品质。

在光合性能的分析上，要防止表面性。从经济产量与光合性能关系的总体上看，光合面积、光合能力、光合时间和光合产物的分配利用，与产量成正相关，彼此之间也是相辅相成的，因此，似乎任何一方面的增大，都能提高产量。但实际上并不如此简单，在不同具体条件下，不但作用有主次之分，而且还有大小之别，甚至能出现正负的差别。例如，叶菜类叶面积的扩大在产量形成中始终占主导地位；以养分贮藏器官或果实为产品的蔬菜作物，生育初期扩大叶面积是高产的关键，如果在产品器官形成期叶面积过大，则会降低光合能力，在这种情况下，生物产量进一步增加，经济产量不但不能增加，反而降低。因此，在产品器官形成初期提高光合能力，延长光合时间，减少光合产物消耗及增加产品器官中光合产物的分配，是高产优质的保证。

第二节　蔬菜品质形成

蔬菜栽培的目的在于获得高产、优质的产品。随着我国人民生活水平的日益提高，在获得蔬菜高产的同时，人们更加重视产品品质的提高。

一、蔬菜品质的构成要素

日常摄入的食物中，肉类、乳类及蛋品等动物性食物是人体蛋白质和脂肪的来源，粮食等植物性食物是人体糖分和热能的主要来源，而蔬菜则是维生素、矿物质等的主要来源。

蔬菜含有人体需要的多种维生素，包括维生素C、维生素B_6、维生素B_{12}、胡萝卜素（维生素A原）等。大多数蔬菜的维生素C、胡萝卜素含量很高，它们普遍存在于蔬菜的产品器官中，而豆类及其制品的维生素B_{12}含量较高。

蔬菜中还含有人体需要的各种大量和微量元素，尤其是钙、镁、磷较丰富。目前研究发现，有些微量元素如碘、硒、铁等对人体的健康至关重要，缺碘易引起甲亢，硒对于防治癌症有独特作用，铁可以防治贫血。大蒜、洋葱、大豆和白菜含有较多的硒，海带、紫菜中含有较多的碘。此外，马铃薯、山药、芋、西瓜、莲藕、荸荠、蘑菇等含有大量的糖类和淀粉，可为人体提供大量的热能，豆类蔬菜含有大量的蛋白质。

蔬菜的摄入对维持人体内的酸碱平衡有重要作用。人体摄入的各种食物其酸碱性差异较大，肉、乳、蛋、米、面等食物由于蛋白质、脂肪和糖较多，摄入人体后在代谢过程中易产生乳酸、丙酮酸、磷酸等酸性物质而呈酸性反应。蔬菜、水果等食物因含钾、钠、钙、镁等矿物质较多，呈碱性反应，可以中和酸性物质。

此外，蔬菜中含有柠檬酸、苹果酸、琥珀酸等有机酸，辣椒、生姜、葱蒜类含有挥发性物质和辣味，茴香、芫荽、芹菜等有特殊的芳香物质，蔬菜还含有叶绿素、胡萝卜素、茄红素等，这些物质从色、香、味等方面丰富了蔬菜品质，同时还可以增进食欲。

总之，蔬菜不但含有大量对人体有益的物质，且具有重要的医疗保健作用，历来有“医食同源，食药同源”之说。如山药可健脾胃、补气，生姜可解表温里，大蒜可杀菌止痢等，这些经常食用的新鲜蔬菜对人体有很多保健作用。

蔬菜产品品质的构成要素包括感观品质、营养品质、风味品质、贮藏加工品质与安全卫生品质等（图3-1）。

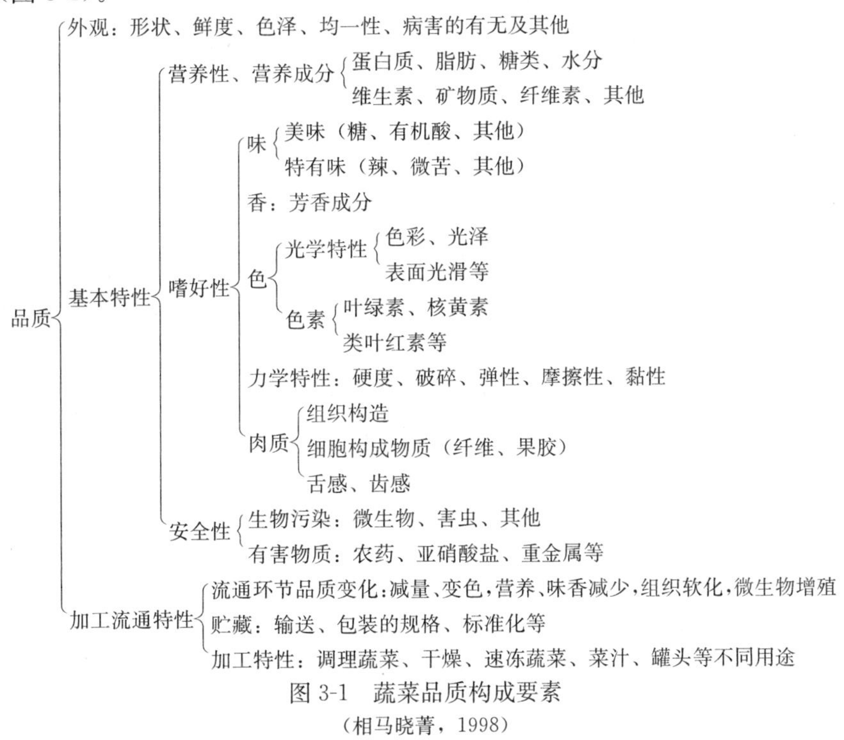

图3-1　蔬菜品质构成要素

（相马晓菁，1998）

（一）感官品质

感官品质也称商品品质，包括蔬菜产品的大小、形状、味道、色泽、口感、质地、风味等。

色泽是光的特性，在可见光（380～760mm）中，从蓝到红，有不同的光反射率（图 3-2）。决定色泽的因素是各种色素的含量。蔬菜产品的主要色素有三大类：①类黄酮素，包括花青素（anthocyanin）；②叶绿素，包括叶绿素 a 及叶绿素 b；③类胡萝卜素（从黄色到橙色），包括各种胡萝卜素及茄红素。

类胡萝卜素是脂溶性的，存在于细胞的色素体中。番茄、辣椒、南瓜的果实及胡萝卜肉质根中都大量存在。花青素则为水溶性的，存在于细胞的液泡中，在有色花瓣中大量存在，但有些紫色或红色的蔬菜，如苋菜的一些红色品种叶中也有花青素。叶绿素在叶菜类中普遍存在，但不见光时，如大白菜、甘蓝的叶球及作为软化栽培的韭菜，则很少甚至没有叶绿素。叶绿素本身并不是一种营养物质，但叶绿素与胡萝卜素一起存在于叶绿体内，因此叶绿素多的蔬菜胡萝卜素也较多，而胡萝卜素是有营养价值的。蔬菜的营养价值与蔬菜的颜色有一定关系，颜色深的蔬菜营养价值高，颜色浅的蔬菜营养价值低。所以叶色浓绿的蔬菜品种如乌塌菜，其叶绿素含量比一般白菜品种高，胡萝卜素含量也较高。

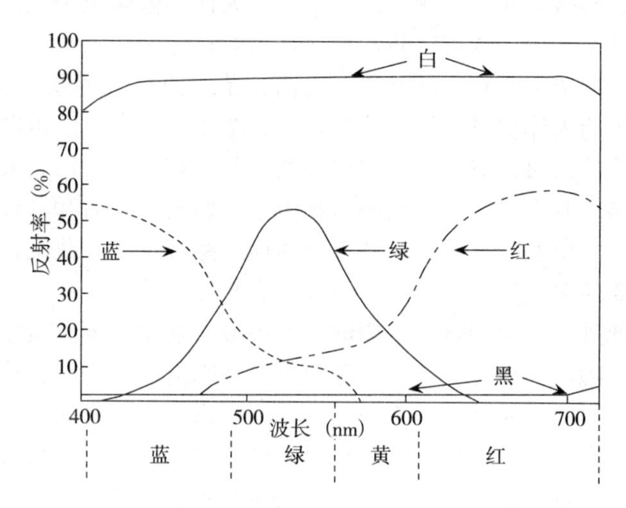

图 3-2 五种有色物质的反射曲线——白、黑、蓝、绿、红
（Kramer 和 Twigg，1970）

新鲜蔬菜产品必须具有该品种的特性。如作为加工用的番茄品种，番茄红素的含量每100g 鲜重要达到 8mg 以上，而且果实外表的颜色要均匀。各国对蔬菜产品的颜色都有其标准，对不同蔬菜的外观品质要求不同。对西瓜来说，优质的西瓜果实外观要大小均匀，整齐规则。色泽是西瓜很重要的表观属性，在西瓜达到一定成熟度时才表现出典型的色泽，如瓜皮色泽均匀，花纹条带清晰，瓜瓤色以红色、粉红色最佳，黄色品种在国外一般被消费者作为高档西瓜，但在国内生产尚少。

质地是指蔬菜内在和外表通过手、嘴等器官能感触到的某些特性，包括硬度、坚韧度、多汁性、黏度（果汁）、有无胶状物及苦味等。对于酱菜原料及叶菜的品质还要求脆嫩。以上这些质地的变化与产品的化学组成有关，如豌豆，在加工采收适期（即作为制罐原料用的适宜采收期）以后，酒精不溶性固形物迅速增加，淀粉也迅速增加，而质地读数则迅速下降（图 3-3）。

果菜类、薯芋类及豆类的种子（如豌豆）的硬度或坚韧度可用硬度计来测定。硬度的大小，一方面决定于产品的细胞组织的结构；另一方面决定于化学组成的变化，尤其是淀粉及糖的转化及果胶物质的变化。番茄采后在贮藏过程中硬度逐渐下降，淀粉含量降低。

蔬菜产品的大小及形状关系到包装的技术及商品的价值。大小可以用产品的长度、周长、直径、宽度以及重量及体积来衡量，这是采收以后最普遍的衡量品质的标准，也是分级的最基本的标准。番茄、豌豆的大小用直径衡量，黄瓜、萝卜、菜豆的大小用长度衡量，而结球叶菜类的大小用体积衡量。每种蔬菜都有其各自的大小、形状分级标准。大小低于一定的标准，就是次品，但也不是越大越好。如作为加工用的菜豆，要求品质嫩，纤维少，不要求过大，而要求短些。

蔬菜产品形状不整齐，如番茄、黄瓜的畸形果，萝卜、胡萝卜的分叉及畸形的肉质根，花椰菜的小花球，以及大白菜、甘蓝叶球的开裂、空心等现象，都会大大降低其商品价值。

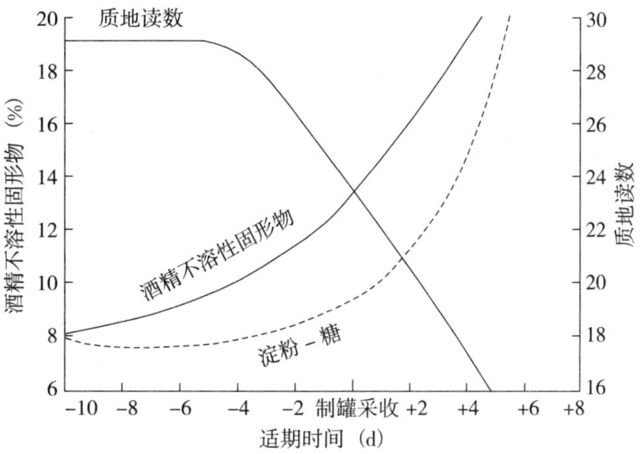

图 3-3　豌豆在成熟过程中酒精不溶性固形物及质地读数的变化
（Arthey，1975）

（二）营养品质

蔬菜的营养成分主要包括维生素、糖类、矿物质、蛋白质、脂肪及有机酸等。

蔬菜产品中的维生素大都属于水溶性的维生素 C 及 B 族维生素。其中，B 族维生素包括维生素 B_1（硫胺素，thiamine），维生素 B_2（核黄素，riboflavin），维生素 B_6 及尼克酸（niacin）。

蔬菜是人体维生素 C（即抗坏血酸）的重要来源，很多蔬菜维生素 C 的含量都很丰富。如辣椒、青花菜等，每 100g 鲜重维生素 C 的含量可达 100mg 以上；花椰菜、豌豆、番茄等，每 100g 鲜重维生素 C 含量为 20～40mg。

脂溶性的维生素 A、维生素 D、维生素 E 及维生素 K，在动物性食品中较多，但在蔬菜中含有较多的胡萝卜素，而胡萝卜素经人体消化以后，可以转化为维生素 A。1 个分子的 β 胡萝卜素可以转变为 2 个分子的维生素 A。绿色叶菜所含的胡萝卜素比淡绿色叶菜多。胡萝卜、白菜类、绿叶菜类都含有丰富的胡萝卜素。

蔬菜是矿物质的一个主要来源，其中主要的为钾、钠、钙及铁等。人体所需要的这些矿物质大都从肉类而来，但在蔬菜中也有少量存在。如甘蓝、马铃薯含有少量的钙及更少的铁，有些蔬菜产品含有较多的钾。

在蔬菜中，糖及淀粉都存在。其中薯芋类淀粉含量高，可代替粮食。而在干的豆类中，如干豌豆及干菜豆等，其有效糖每克可达 50mg。但也有些蔬菜如芹菜、莴苣等，淀粉含量很少，而维生素 C 含量较高。

蛋白质主要来自动物产品，但也从植物食品中供给一部分。豆类（尤其是大豆）及叶菜类都含有丰富蛋白质。

糖、蛋白质及脂肪是人体所需的三大营养，对于蔬菜来讲，脂肪的含量是很少的。但许多蔬菜的种子则含有丰富的脂肪。

（三）风味品质

随着经济发展和生活水平的提高，人们对蔬菜的风味品质要求越来越高。风味包括口味和气味，主要是由蔬菜组织中的化学物质刺激人的味觉和嗅觉产生的。新鲜蔬菜最重要的口味感觉有4种，即甜、酸、苦、涩，它们分别是由糖、有机酸、苦味物质和鞣酸物质产生的，其中酸味和甜味的组合是构成蔬菜风味的重要因素。如甜味是影响西瓜口味最重要的因子，主要是由西瓜中的果糖、葡萄糖与蔗糖等物质产生的，在生产中一般用果实中可溶性固形物含量代表其含糖量。西瓜果实可溶性固形物含量超过10%（一般称为10度）时，口感较甜，品质基本符合要求，若可溶性固形物超过12%时，则属品质上乘的西瓜。对番茄和黄瓜而言，糖类等产生甜味的物质、可滴定酸、糖酸比、苦味素、涩味物质等是影响风味的主要因素。酸味主要是由果蔬中的各种有机酸决定的，甜味物质和酸味物质的比值（糖酸比）也是某些果蔬风味的重要因素。

蔬菜中的气味主要是芳香味，由其所含的芳香物质所致，主要包括醇类、醛类、酮类、萜类及含硫化合物等。这些物质大多为油状挥发性物质，在室温条件下有不同程度的挥发性。气味对总体风味的形成影响较大，番茄果实中已经发现385种芳香成分，其中至少有十几种是主要特征化合物。西瓜中的许多醇醛类化合物等挥发性物质已被分离出来，这些物质的含量也会影响西瓜风味。日本网纹甜瓜果实香气成分中，乙酸乙酯占香气总量的50%～60%，表明乙酸乙酯在甜瓜的香气形成中起重要作用。

（四）贮藏加工品质

蔬菜的贮藏加工品质是指蔬菜的耐贮存性和适于各种特殊用途的属性。蔬菜产品在采收以后仍然是一个活体，还要进行呼吸作用与蒸腾作用。这些生理活动进行得快，品质的转变也快；进行得慢，品质转变也慢。

蔬菜产品来自植物的根、茎、叶、花、果实等不同的器官，由于它们的生物学特性不同，新陈代谢的强弱不同，贮藏过程中的品质变化也不同。如马铃薯、洋葱等块茎鳞茎类蔬菜，由于有明显的休眠期，其新陈代谢缓慢，所以较耐贮藏。黄瓜、菜豆、辣椒等果菜类大多原产于热带和亚热带地区，不耐寒，新陈代谢比较旺盛，易失水老化或受微生物的侵害，较难贮藏。叶菜类的表面积大，含水量高，呼吸和蒸腾作用旺盛，极易变黄、干瘪，甚至腐烂，丧失食用价值。

蔬菜在贮藏过程中，维生素C的丧失很快，尤其是在高温下丧失更快。蛋白质及糖类也会很快变质。而钙、铁、磷等矿物质含量则与维生素不同，在贮藏过程中很少变化，贮藏条件对其影响也很少，甚至没有影响。

蔬菜的加工品质主要是对一些特殊用途属性的要求，如用于加工番茄酱的番茄，对干物质和番茄红素含量的要求比较高；用于加工辣椒干、辣椒酱的则对番茄红素和辣椒素含量要求较高。

（五）安全卫生品质

近几年蔬菜品质中日益重视安全卫生品质。主要包括蔬菜中的生物污染如病菌、寄生虫卵和化学污染如硝酸盐累积、重金属富集、农药残留等，这些问题主要与生产过程中管理技术和有机肥种类、化肥用量及病虫害防治药剂种类及用量密切相关。还包括蔬菜自身产生的天然毒素如野生番茄、马铃薯发芽时产生的龙葵素，新鲜金针菜的秋水仙碱等。

二、蔬菜品质与环境

蔬菜品质形成既受遗传因素的制约，也受环境条件和栽培技术等因素的影响。遗传因素即作物的品种特性，它是蔬菜品质的决定因子，品质包括的很多性状如形状、大小、色泽、厚薄等形态品质，蛋白质、糖类、维生素、矿物质含量及氨基酸组成等理化品质，都受到遗传因素控制。由于遗传因素对品质性状的影响大多数是多基因控制和累加性的，因此很多品质性状都受到环境条件的影响，这是人们通过改善生态因子或改进栽培技术提高蔬菜品质的理论基础。环境条件包括温度、光照、降水等气候因子和水分、养分供应状况等土壤因子。

（一）温度与蔬菜品质

温度不仅影响蔬菜的生长发育，也影响其品质的形成。每种蔬菜产品器官的形成都有其最适宜的温度范围，在适温范围内，不仅产量高，其商品品质和营养品质也最好，相反，产量和品质都下降。如同一白菜品种秋季栽培产量和品质明显优于春季栽培；露地适温条件下番茄的综合品质优于温室冬季栽培的番茄；西瓜坐果及果实发育期若温度较低（<18℃），光照不足，则坐果率低，果实发育慢，易形成扁圆、皮厚、空心和含糖量不高的果实。此外，温差的大小也对蔬菜品质产生明显影响，北方地区种植的番茄、西瓜等的含糖量高于南方地区。

温度对品质的影响，除了表现在对生长发育过程的影响外，还表现在采后贮藏过程中。不同蔬菜对贮藏适温的要求不同。曾名勇（2001）研究了菠菜、黄瓜和青椒在1℃、5℃和9℃ 3种不同温度条件下贮藏时其营养品质及感官品质的变化，结果发现，菠菜、黄瓜和青椒分别在1℃、9℃和5℃条件下贮藏时其维生素C含量、叶绿素含量变化缓慢，可以较长时间维持其外观品质，保持商品性。邓义才（2004）研究了2℃、4℃、6℃、8℃ 4种不同贮藏温度对菜心营养成分和保鲜效果的影响，结果表明，菜心在不同温度条件下贮藏，随着贮藏时间的延长，除蛋白质含量变化较小外，可溶性糖、维生素C和叶绿素含量均呈逐渐下降的趋势，贮藏温度越高，下降程度越明显，产品在外观上也表现为衰老速度加快。在2℃下贮藏，叶片黄化率为7.8%；4℃下贮藏，黄化率为17.7%；6℃下贮藏，黄化率为42.4%；8℃下贮藏，叶片黄化率高达63.5%。试验还对菜心在0℃下的贮藏情况进行了观察，发现从第三天开始叶片有轻微的冻伤，以后冻伤程度越来越重，至第七天叶片基本冻成水渍状，第十天茎基部也表现冻伤症状。几种贮藏温度条件相比，以2℃贮藏的营养成分损失最小，品质保存效果及外观表现最好（表3-6）。

表3-6　菜心在不同温度贮藏过程中的营养成分及外观变化

（邓义才，2004）

贮藏温度（℃）	贮藏天数（d）	可溶性糖（%）	蛋白质（%）	维生素C含量（mg）	叶绿素（mg/g）	外观特征
—	0	0.88	2.50	71.4	2.00	叶色绿
2	20	0.70	2.52	68.2	1.90	叶基本绿
	30	0.61	2.45	61.9	1.47	叶基本绿，少量淡绿或浅黄
4	20	0.65	2.49	64.1	1.84	叶基本绿，少量淡绿
	30	0.47	2.51	48.3	1.31	叶部分浅黄
6	20	0.58	2.50	55.6	1.60	叶部分淡绿或浅黄
	30	0.42	2.43	31.7	1.02	叶部分黄或浅黄
8	20	0.50	2.51	43.9	1.15	叶大部分淡绿或浅黄
	30	0.36	2.38	13.4	0.75	茎下部叶全黄，部分腐烂

注：维生素C含量为100g鲜样的测定值。

（二）光与蔬菜品质

光环境包括光照度、光周期、光质和光分布。它们均对蔬菜品质产生影响，其中以光照度和光质对蔬菜品质形成影响最大。

不同纬度，不同季节，光的组成都会发生变化，如紫外线的成分以夏季阳光中最多，秋季次之，春季较少，冬季最少。夏季阳光中紫外线的成分是冬季的20倍，而蓝紫光比冬季仅多4倍。高纬度地区紫外线的成分远远高于低纬度地区。因此，这种光质的变化可以影响到同种作物不同生产季节的产量及品质。表3-7反映了光质对作物产生的生理效应。

表3-7 各种光谱成分对植物的影响

光谱（nm）	植物生理效应
>1 000	被植物吸收后转变为热能，影响有机体的温度和蒸腾情况，可促进干物质的积累，但不参加光合作用
1 000～720	对植物伸长起作用，其中700～800nm辐射称为远红光，对光周期及种子形成有重要作用，并控制开花及果实的颜色
720～610	为红、橙光，被叶绿素强烈吸收，光合作用最强，某种情况下表现为强的光周期作用
610～510	主要为绿光，叶绿素吸收不多，光合效率也较低
510～400	主要为蓝、紫光，叶绿素吸收最多，表现为强的光合作用与成形作用
400～320	起成形和着色作用
<320	对大多数植物有害，可能导致植物气孔关闭，影响光合作用，促进病菌感染

紫外线与维生素C的合成有关，玻璃温室栽培的番茄、黄瓜等其果实维生素C的含量往往没有露地栽培的高，就是因为玻璃阻隔紫外线的透过，但塑料薄膜温室的紫外线透过率则大多影响不大。光质对设施栽培的园艺作物的果实着色有影响，一般较露地栽培的色淡，如茄子为淡紫色，番茄、西瓜等也没有露地风味好，味淡，这均与光质有密切关系。

同样，光照度也随纬度和季节发生变化，光照度通过影响光合产物的形成量、物质的转化和分配而影响品质，因此不同地区、不同季节蔬菜品质会有差异，同蔬菜品种高纬度地区的干物质、糖分含量一般高于低纬度地区。

（三）水分与蔬菜品质

蔬菜产品大多鲜嫩多汁，产品中80%以上都是水分，有些蔬菜含水量达到95%以上，因此在栽培过程中对水分的要求比较高，水分含量的高低一方面影响蔬菜产品的外观品质，另一方面对其营养品质、风味品质和贮藏品质产生影响。一般来说，含水量降低，植物体内纤维素发达，产品组织硬化，苦味产生，从而影响品质；含水量过多，糖、无机盐的相对浓度降低，产品风味变淡，耐贮性、抗病性降低。Krystyna等（1999）的研究认为，适量灌溉处理比无灌溉处理的青花菜颜色更绿，硝酸盐含量降低，可溶性食用纤维含量增加。Branthome等（1994）利用滴灌方法研究了灌溉指标分别为田间最大水分蒸散量（MET）的0.7、1.0、1.3倍时对加工番茄产量及品质的影响，灌水为1.0MET时产量最高，但番茄果实着色、酸度、可溶性固形物含量等指标以0.7MET时最佳。适度亏缺灌溉果实含水量和鲜果的产量虽然减少，但可溶性固形物、己糖、柠檬酸的含量增加。刘明池等（2001，2005）的研究表明，水分胁迫可显著提高草莓和樱桃番茄的果实硬度、可溶性固形物含量、滴定酸度、糖酸比、维生素C含量。可溶性固形物含量、糖酸比与土壤水分含量呈显著负相关，可溶性糖和有机酸是形成番茄等果实风味的主要物质，而亏缺灌溉可显著提高果实中这两种物质的含量。May等（1994）分别于果实采收前20d、40d和60d，对加工番茄品种Brigade进行相当于田间耗水量20%、40%和60%的水分胁迫处理，结果发现：当水分胁迫为田间耗水量的60%时，可以显著降低番茄产量，但对果实可溶性固形物含量影响不大；采收前60d进行各种强度水分胁迫，均可显著降低果实可溶性固形物含量和产量；采收前20d进行水分胁迫处理，比40d、60d处理显著提高果皮可剥离果实比例，而采收前60d进行水分胁迫则有利于提高番茄酱产出率。

亏缺灌溉在提高蔬菜品质的同时，都伴随着蔬菜产量不同程度的降低。刘明池等（2001）研究了灌水量对草莓产量与品质的影响，结果表明，亏缺灌溉提高了果实内糖、有机酸、维生素等可溶物的含量以及干物质的含量，但普遍伴随着产量一定程度的降低，在土壤水分pF值不同水平，得到草莓高产不优质、优质不高产、优质又高产、品质产量均降低的不同结果，证明获得高产与提高品质是一对不可避免的矛盾（表3-8）。

表3-8　不同土壤含水量对草莓产量和品质的影响

（刘明池，2001）

土壤水分处理（pF）	小区产量（kg）	果实含水量（%）	可溶性固形物含量（%）	滴定酸度（%）	糖酸比	维生素C含量（mg/kg）
高pF（1.0～1.5）	50.51	89.2	8.3	0.55	15.09	530
中pF（1.5～2.0）	35.7	88.7	9.4	0.56	16.79	550
低pF（2.0～2.5）	14.33	88.1	9.8	0.57	17.35	690
极低pF（2.5～3.0）	2.94	88.0	9.9	0.58	17.06	780

刘明池等（2002）还进一步研究了不同含水量草莓果实中蔗糖、果糖、葡萄糖含量的变化规律，结果表明，随着果实含水量的降低，蔗糖、果糖、葡萄糖含量及可溶性总糖含量都上升，这与土壤水分对它们的影响是一致的（表3-9）。但蔗糖、葡萄糖和果糖提高的幅度不一样，从而改变了三种单糖占可溶性总糖的比例。蔗糖占的比例随着果实含水量的降低由18.20%增至26.55%，而葡萄糖和果糖分别由39.00%、42.80%降至35.92%、37.53%。说明蔗糖增加相对多一些，随果实含水量的变化更明显一些。以上结果表明，不论土壤含水量还是产品本身含水量都对蔬菜品质构成产生了重要作用。

表3-9　不同含水量果实中可溶性糖含量的变化

（刘明池，2002）

含水量范围	平均含水量	单糖含量（g/kg）			占可溶性总糖比例（%）		
		蔗糖	葡萄糖	果糖	蔗糖	葡萄糖	果糖
85%～88%	87%	23.8±2.01a	31.6±2.37a	32.9±2.45a	26.55	35.92	37.53
88%～90%	89%	17.2±1.52b	28.0±1.84b	29.8±1.79b	22.78	37.36	39.86
90%～93%	91%	11.7±1.26c	24.1±1.61c	26.3±1.63c	18.20	39.00	42.80

注：经邓肯氏新复极差法显著性测定，不同字母表示差异达到0.05显著水平。

此外，含水量还会影响蔬菜的质地（硬度）和外观（颜色），土壤和果实的含水量与果实的硬度及各种颜色指标成明显的负相关，含水量较高的果实硬度较低，颜色较浅，而且具有较高的代谢活性，而高代谢强度的果实往往具有较短的货架期，贮藏期品质下降快。

（四）矿质营养与蔬菜品质

1. 氮肥对蔬菜品质的影响　氮是植物需要量最大的矿质元素，是生物体构建的重要基础条件，因而氮肥对蔬菜品质的影响也最直接。很多研究在氮肥对改善和提高蔬菜产品外观商品品质上的结果是一致的。

氮素不足时，蔬菜叶色淡绿，严重者叶发黄，植株矮小，组织老化，视觉效果差；氮素过量时，茎长，叶大浓绿，柔软多汁，过于鲜嫩而不耐贮藏；氮素供应适量，则蔬菜外观品质好，商品价值高。此外，氮素供应不足，还影响果实着色，并常导致果实畸形。茄子植株缺氮时，花瓣颜色浅淡，花柱短小，夏季容易产生落果，冬季则由于单性结实而形成石茄。黄瓜花芽分化和开花时，氮素供应不足引起子房弯曲，产生弯果。但偏施氮肥或氮肥施用过量也会给蔬菜商品品质带来负面影响。Mondy 等（1984）报道，随施氮量增加，马铃薯表皮腐烂病的发病率明显上升。

氮肥施用量对蔬菜的营养品质如氨基酸、蛋白质、维生素 C、有机酸等的含量也产生显著的影响，一般认为，适量施用氮肥可以显著提高蔬菜产品中可溶性固形物以及含氮物质如氨基酸、蛋白质、有机酸、胡萝卜素等的含量，过量施氮则降低其非氮源营养成分如维生素 C、总糖、可溶性糖等的含量。以维生素 C 含量为例，适量施用氮肥可以增加多种蔬菜的维生素 C 含量，但用量过大则会导致其含量降低。

施氮还对蔬菜风味品质产生影响。黄科等（2002）研究认为，决定辣椒风味品质的主要指标为干物质含量、维生素 C 含量和辣椒素含量，而氮素对辣椒干物质形成起主要作用，这是由于氮参与植物体内主要代谢过程，参与蛋白质等主要成分的合成，从而能提高辣椒果实中干物质含量。挥发油是影响生姜风味的主要成分，适量增施氮肥可提高生姜挥发油及淀粉含量，降低纤维素含量，但过量施氮反而会使挥发油含量下降，风味品质下降。Van 等（1999）认为，过量施氮会导致芹菜植株内一种挥发性物质含量降低，从而影响芹菜的风味。从总体上看，对于以果实及贮藏器官为产品的蔬菜而言，适量增施氮素可以提高其风味品质，而对于叶菜类则降低其风味品质。

氮肥施用还影响蔬菜产品的耐贮性及加工品质。May 等（1994）报道，露地栽培加工番茄随着施氮量（57、168、282 和 392kg/hm^2）的增加，果皮可剥离的果实比例相应提高，有利于其加工；Carballo 等（1994）报道，高氮处理的马铃薯、甜椒等的贮藏期会相应缩短。

许多学者将硝酸盐含量作为评价蔬菜产品卫生品质的指标之一，而氮肥的施用可以显著增加其硝酸盐含量，因而往往把增施氮肥可以造成蔬菜产品卫生品质下降而简单地加以评价。大量的研究表明，增施氮肥虽然显著提高了蔬菜产品中的硝酸盐含量，但不同蔬菜种类硝酸盐含量增加的幅度却有很大不同。一般叶菜类增幅较大，而对于果菜类和花菜类而言，其含量增幅相对较小。值得注意的是，法国学者 Hirondel 等（2001）认为，就目前世界各地蔬菜生产的总体状况而言，来自于蔬菜产品及饮用水中的硝酸盐尚不足以对人体健康构成危害，且适宜的硝酸盐含量反而有利于人体健康，因而不宜将硝酸盐含量作为评价蔬菜卫生品质的指标。

不同形态氮素对蔬菜品质的影响效果不同。胡承孝等（1997）的研究表明，在施氮量为每千克土壤 0.2g 的情况下，氯化铵可显著降低小白菜茎叶和番茄果实中的维生素 C 含量，硝酸铵显著降低小白菜和番茄果实可溶性糖含量，硫酸铵、氯化铵则显著提高小白菜植株体内全氮、非蛋白氮的含量。

2. 磷、钾肥对蔬菜品质的影响 磷、钾作为植物生长发育所必需的矿质营养，其主要作用是促进植物的光合作用及 ATP 的合成，促进光合产物在体内运输及在各部分合理分配，因此磷、钾肥在提高蔬菜品质方面发挥着重要作用。现有的研究结果认为，在土壤速效磷、速效钾含量较低的情况下，增施磷、钾肥可显著促进蔬菜产品个体发育，提高产量，增加产品器官中维生素C、可溶性糖、氨基酸等的含量。但也有报道表明，磷、钾肥对蔬菜不同营养品质指标的影响效果并不完全一致。成瑞喜等（1997）的研究表明，缺磷土壤施用一定的磷可促进大蒜植株对氮、钾的吸收，并可提高植物体内大蒜素、可溶性糖含量，但有降低其维生素C和钙、镁含量的趋势。艾希珍等（1998）认为增施钾肥虽可显著提高生姜淀粉和纤维素含量，但降低了其维生素C含量，且用量越多，维生素C含量降低越明显。

多数研究表明，磷、钾肥与氮肥配合施用对提高蔬菜产品品质的效果显著。沈中泉等（1995）的研究表明，在施氮量相同的情况下，单一增施磷、钾肥或同时增施磷、钾肥均可显著提高番茄果实中总糖、维生素C、赖氨酸等营养物质的含量，而可滴定酸含量则相应下降。

三、蔬菜品质与采收

（一）蔬菜品质与采收时期

蔬菜产品，不论是叶菜、根菜或果菜类，都必须及时采收，才能获得良好的外观、品质与风味。蔬菜产品采收时期取决于产品的成熟度。对于蔬菜产品而言，其成熟的含义不同，有食用上的成熟和生物学上的成熟。

食用上的成熟是指蔬菜产品器官生长到适于食用的成熟度，具有该品种的形状、大小、色泽及品质。如茄子、黄瓜、豇豆等，采收时，它们是嫩果，种子并未成熟；白菜、萝卜、花椰菜等，采收的是它们的叶片（叶球）、肉质根或花球。

生物学上的成熟是指蔬菜产品器官是生理上成熟的果实，其种子也已经成熟。如番茄、西瓜、甜瓜，要达到最适时期采收，其产量和品质才能达到最佳，如果提早采收，产量低，品质也不好。

对于一次性采收的蔬菜种类，如大白菜、结球甘蓝、马铃薯、萝卜等，采收时间可适当延迟，只要气候适宜，适当延长生长期对品质影响不大。对于多次采收的蔬菜种类，如番茄、茄子、辣椒、黄瓜、豇豆等，在结果前期采收要勤，采收间隔要短，以促进后期果实的生长发育，协调营养生长与生殖生长的关系。

（二）蔬菜品质与采收方法及采后处理技术

对于一次采收的蔬菜种类，为了提高劳动生产效率，可以采用机械进行一次采收，如加工番茄的采收，但会对产量有一定影响。

为了避免采收后产品内温度高、呼吸旺盛、消耗快而引起产品质量下降，一般应在温度较低的早晨或傍晚采收，避免在中午前后温度高时采收。采收后，为了延长贮藏时间，应及时对蔬菜产品进行预冷，使采收时的田间热量下降得越快越好。预冷的方法很多，有条件的最好放入冷库中，也可以放到冷水中进行冷却，对于潮湿后容易腐烂的园艺产品，可以采用真空冷却技术进行冷却处理。

（三）蔬菜产品的分级与包装

蔬菜产品采收以后，进入市场以前，还要经过产品处理、修整、分级及包装。这些措施在小农经济及自给生产时代不为人们重视，发展到规模化企业式经营管理后，显得越来越重要。因为蔬菜既然是一种商品，就必须重视它的商品价值，使田间所生产的蔬菜进入市场时是能供食用的成品，而不是粗产品。

进入市场前的第一个工序是对产品进行整理与洗涤。将枯萎、腐烂、有病的部分去掉，有时，像大白菜、花椰菜、芹菜等，可以保留部分外叶作为保护之用。按照国家标准或行业标准的要求，加以分级，可以提高商品价值。有些蔬菜可以在田间收获时马上进行分级包装，有的蔬菜可以采收后在蔬菜生产企业或公司初级加工厂进行分级、包装。按照产品大小及体积进行包装，是使产品商品化的一个重要环节。远距离运输可以使用较大的包装容器，而直接销售给消费者的，可以采用小包装。随着蔬菜产业的发展和城乡居民消费水平的提高，近几年供消费者用的小包装发展很快，以满足超市自动销售的需要。这种小包装可用纸袋、纸盒或塑料包装。塑料包装既可防止产品水分蒸发与干瘪，又可以防止空气污染，同时可以控制袋里的空气组成，使自然降氧，降低呼吸强度，保持产品新鲜，延长搁置寿命（或称货架寿命）。

从采收以后的预冷、整理、洗涤、分级到包装，目前都实现了机械化、自动化操作，只需少数人力加以管理，所有这些都是蔬菜生产现代化的一个重要组成部分。

第三节　蔬菜产品安全与质量标准

一、蔬菜产品安全

蔬菜作为重要的农产品和消费品，与人们生活密切相关，随着国民经济的发展和居民生活质量的提高，目前我国的蔬菜年人均占有量已超过500kg，在市场供应充足的前提下，广大消费者对蔬菜产品质量的选择性显著增强，尤其是蔬菜产品的质量安全已成为关注和消费的重点。

我国从1993年起开始制定和颁布法律法规来规范食品安全，防止食品污染。2001年，农业部启动“无公害食品行动计划”，以确保“菜篮子”产品的安全。具体措施是以“菜篮子”为突破口，从产地和市场两个环节入手，通过对农产品实行从农田到市场全过程质量控制，用8～10年时间，基本实现主要农产品生产和消费无公害。2009年2月28日，我国颁布了《中华人民共和国食品安全法》，包括食品安全风险监测和评估、食品安全标准、食品生产经营、食品检验、食品进出口、食品安全事故处置、监督管理和法律责任等十章内容。通过《食品安全法》的实施，大大提高了人们对食品的安全意识。所谓的食品安全，国际食品卫生法典委员会（CAC）定义为：“消费者在摄入食品时，食品中不含有害物质，不存在引起急性中毒、不良反应或潜在疾病的风险。”即食品的种植、养殖、加工、包装、贮藏、运输、销售、消费等活动符合国家强制标准和要求，不存在可能损害或威胁人体健康的有毒有害物质而导致对消费者健康的不利影响或者危及消费者后代的隐患。

影响蔬菜产品安全的主要因素有农药残留、硝酸盐和亚硝酸盐积累、重金属污染和其他因素。

（一）农药残留及其影响因子

1. 蔬菜农药残留现状及危害　蔬菜农药残留是指农药使用后残存于蔬菜作物中的农药原体、有毒代谢物、降解物和反应杂质的总称，残存的数量称为残留量。

农药对蔬菜的污染，主要由农药残留的毒性所致。一般农药或多或少都有毒性，大量施用农药后，有一小部分黏附在蔬菜表面，起防治病虫害的作用；而大部分散落土壤中，其中一部分通过一系列外界环境条件和微生物的作用，逐渐转化、分解乃至消失；其余部分溶于水后被根吸收，但仍有少部分农药残留在土壤中，或残留在蔬菜体内，形成农药残留毒性危害，或渗入地下水中。造成农药对蔬菜污染的主要原因有以下两个方面：一是不按农药使用准则而滥用农药，二是任意使用国家禁用或限用的剧毒、高毒和使用不安全的农药。

目前，影响蔬菜产品安全质量的农药主要为杀虫剂类农药，在此类农药中又以有机磷类杀虫剂为甚。即“三个 70%”：使用的农药中 70%为杀虫剂，杀虫剂中 70%为有机磷类杀虫剂，有机磷类杀虫剂中 70%为高毒、高残留农药。有机磷农药残留量超标是影响蔬菜质量的主要原因。据农业部 2011 年统计，对 37 个城市、22 种农药进行检测，蔬菜农药残留监测合格率 97.4%。

2. 影响蔬菜产品农药残留的因子　影响蔬菜产品农药残留的因子主要有四个：农药种类和性质、蔬菜作物种类、农药施用技术和蔬菜作物的生长环境。

（1）农药种类和性质　全球目前注册的农药品种已有1 500多种，其中常用的有 300 种（表 3-10）。农药和蔬菜种类不同，其药害程度也不相同，如有机氯杀虫剂易使瓜类产生药害。就同一种农药而言，发生药害由重到轻的剂型顺序为油剂＞乳油＞可湿性粉剂＞粉剂＞乳粉＞颗粒剂。农药的理化性质（挥发性、水溶性和脂溶性及农药的化学稳定性）是影响农药残留量的决定因素。

表 3-10　农药的种类

分类标准	农药种类
按农药剂型分类	粉剂、可湿性粉剂、可溶性粉剂、乳粉、乳油、油剂、颗粒剂、悬浮剂
按来源分类	矿物源、生物源、化学合成
按化合物分类	无机、有机、抗生素、生物农药
按主要防治对象分类	杀虫剂、杀螨剂、杀菌剂、杀线虫剂、除草剂

（2）蔬菜作物种类　蔬菜作物种类繁多，形态各异，不管是从作物的形态结构、生理生化上，还是从生育期和对环境条件的适应性上，都有着明显的差别。由于这些差别的存在，使它们对农药的刺激有不同的反应，具体表现为不同作物对农药的附着、吸收迁移、代谢转化不同。

蔬菜作物种类不同，其吸收农药的能力也不同。一般豆类作物吸收农药的能力要大于块根类作物，而块根类作物又大于茎叶类作物，油料作物对脂溶性农药的吸收能力高于其他作物。就残留于土壤中的有机氯农药而言，比较容易吸收该类农药的作物有胡萝卜、黄瓜、花生、马铃薯等，较难吸收的有番茄、茄子、辣椒、甘蓝、洋葱、芹菜等。作物从土壤中吸收的有机氯农药主要分布于根部，其次为茎叶，籽实中最少。如葱、蒜、洋葱等以及块茎类蔬菜如马铃薯、山药等农药污染相对较小（闫实，2012）。此外，作物不同部位对农药的吸收也存在差异，一般来说作物与土壤接触的部分吸收药剂较多。

（3）农药施用技术　农药施用技术是影响蔬菜作物中农药残留的重要因素。农药的施用技术主要包括农药的施用量、施用方法、施用部位、施用时期、施药次数等。如过量施药或不均匀施药、重复施药，施药间隔期太短，多种农药混用，所选农药种类、剂型不当，稀释用水水质不良影响稀释后农药性状等，都易引发作物受害。

（4）蔬菜作物的生长环境　作用于作物表面的农药，受日光、湿度、降雨等环境因素的影响逐渐降解。如叶菜类蔬菜叶面积较大，其农药降解受日光、风吹和雨淋的影响，降解较快，其农药残留也随之减少。环境因素对农药残留的影响很大，不同气候和环境条件下的残留结果是不一样的，因此，新农药登记注册时，必须在两个不同地区进行残留测定。

影响蔬菜作物农药残留的环境因素主要有光照、水分、土壤性质。

①光照：主要包括两方面影响，一是对光不稳定性农药的直接影响；二是光照能提高温度，从而间接影响作物的农药残留。

②水分：水分条件不仅影响农药的降解速度，而且影响微生物对农药的降解作用。

③土壤性质：主要影响土壤的农药降解和作物对土壤残留农药的吸收。影响农药残留的土壤性质主要有土壤质地、酸碱性、透气性、有机质及金属离子含量、土壤含水量。

另外，蔬菜作物的栽培方式对农药残留也具有一定影响。随着设施栽培的发展，大棚蔬菜的比重迅速增加，由于设施栽培环境条件有别于露地，使得农药在设施栽培作物的残留降解和污染状况也有别于露地作物。

（二）硝酸盐和亚硝酸盐积累及其影响因子

1. 硝酸盐和亚硝酸盐积累现状及危害 硝酸盐和亚硝酸盐积累对人体健康和生态环境的危害已日益受到普遍关注。早在 1907 年，Richardson 就发现蔬菜中含有大量硝酸盐，1943 年 Wilson 指出蔬菜的硝酸盐可以还原成亚硝酸盐。研究表明，人体摄入的硝酸盐有 81.2%来自蔬菜。虽然硝酸盐本身对人体无害或毒害性相对较低，但现代医学证明，一方面，人体摄入的硝酸盐在细菌的作用下可还原成有毒的亚硝酸盐，亚硝酸盐与人体血红蛋白反应，使其载氧能力下降，从而导致高铁血红蛋白症；另一方面，亚硝酸盐可与次级胺（仲胺、叔胺、酰胺及氨基酸）结合，形成亚硝胺，从而诱发消化系统癌变，对人类健康构成潜在的威胁。

由于生产中施用氮肥，氮肥进入土壤后，除一部分被作物利用外，大部分则以铵态氮形式残留在土壤中，在氧化条件和土壤微生物的参与下产生硝化作用，转变为硝态氮形式，一部分被作物吸收，一部分随地表水分流失或渗透到土壤深部，部分在反硝化作用下以气态流入大气或在土壤中形成亚硝酸。随着氮肥施用量的增多，作物吸收氮肥的速度大于作物体内硝态氮还原的速度，硝态氮就在作物体内积累。蔬菜作物极易富集硝酸盐是由于蔬菜生长期短，对硝态氮的利用能力受光、温、水等多因素限制，不能充分同化，从而导致在体内大量积累。

1973 年，世界卫生组织（WHO）和联合国粮农组织（FAO）制定了食品中硝酸盐的限量标准，提出蔬菜中硝酸盐积累程度分为四级：一级≤432mg/kg，允许生食；二级≤785mg/kg，不宜生食，允许盐渍和熟食；三级≤1 440mg/kg，只能熟食；四级≥3 100mg/kg，不能食用（冯晓群，2011）。我国的《蔬菜中的硝酸盐限量》（GB 19338—2003）规定了各类蔬菜硝酸盐含量的标准：茄果类、瓜类和豆类≤440mg/kg，茎菜类≤1 200mg/kg，根菜类≤2 500mg/kg，叶菜类≤3 000mg/kg。上述国家标准也是参考 WHO/FAO 规定的 ADI 值制定的，即按人均每日食用新鲜蔬菜 0.5kg 计，蔬菜的硝酸盐允许量可为 432mg/kg，若将因盐渍和烹煮时分别损失的 45%和 75%计算在内，此限量又可扩大至 785mg/kg 和1 440mg/kg。将我国标准与 WHO/FAO 制定的限量标准相比可发现，多种蔬菜超过三级标准，尤其是叶菜类远远超标。

2. 影响蔬菜产品硝酸盐和亚硝酸盐积累的因子 蔬菜作物的施肥情况、光照条件、温度条件、土壤条件、作物种类、生长时期和收获时期等，都不同程度地影响蔬菜中硝酸盐的积累。

（1）施肥情况 一般蔬菜硝酸盐积累随氮肥施用量增加而增加。叶菜类中菠菜最为明显，而茄果类中硝酸盐含量不受氮肥品种和施用量的影响。在氮肥用量相同时，不同的氮肥形态可导致 NO_3^- 积累量不同，这种差异影响最大的因素是铵态氮和硝态氮的比例。高祖明等（1989）研究认为，造成叶菜类硝酸盐积累的真正原因是氮磷比过大。也有研究认为，叶菜类硝酸盐和亚硝酸盐的积累随着氮肥施用量的增加而增加，随着磷肥和钾肥的增加而降低。

（2）光照条件 光照是影响蔬菜硝酸盐累积的最主要因素之一。这是因为硝酸还原酶活性受光照度的调节，而且光合作用可提供硝酸还原的能量，使之转化为铵态氮，因此有利于减少硝酸盐的累积。由此得出，提高光照度和延长光照时间，可以降低蔬菜中的硝酸盐含量。

（3）温度条件 蔬菜作物对硝态氮的吸收速率受温度的影响。在生长适温范围内，蔬菜作物对硝态氮的吸收随温度的升高而增加。硝酸还原酶活性也随之升高，从而使作物体内硝酸盐积累减少；温度降低，硝酸还原酶活性下降，硝态氮还原减慢，导致作物体内硝酸盐积累增加。

（4）蔬菜作物的种类、植株部位、生长时期和收获时期 不同种类的蔬菜作物，由于遗传基因的差异，体内硝酸盐含量也存在差异，一般来说，根菜类＞薯芋类＞绿叶菜类＞白菜类＞葱蒜类＞豆类＞茄果类＞多年生菜类＞食用菌类。即使同种蔬菜的不同品种，由于遗传因子差异，其体内硝酸盐累积程度也不相同。同一蔬菜不同部位的硝酸盐含量大体规律是叶柄＞茎＞叶＞花果。这种积累的不均匀性，主要是由于硝酸还原酶活性和分布不同。

沈明珠等（1982）报道，叶用莴苣最好是采收前 5～10d 不施用氮肥。任祖淦等（1997）研究认为，追氮肥后 8d 为蔬菜收获上市的安全时期。对生育期较短的蔬菜，采用一次性施用基肥较后期追肥对降低硝酸盐含量更有效。同时还指出，蔬菜应采用“攻头控尾”“重基肥轻追肥”的施肥模式，有利于后期控制蔬菜硝酸盐的积累。蔬菜中的硝酸盐含量生长前期大于生长后期或成熟期，这可能与生长前期蔬菜根系活力高、吸收硝酸盐能力强，而后期根系活力低、吸收硝酸盐能力弱有关，还可能与后期植株的旺长引起的稀释效应有关。

（5）土壤条件 土壤水分、土壤盐分和土壤性质等对蔬菜硝酸盐的积累也有影响。王朝晖等（1996）的研究表明，土壤水分充足时，蔬菜的生长量可提高 109.9％～174.8％，而硝酸盐含量却降低 19.4％～25.0％，硝酸还原酶活性也明显降低，并指出，生长超前引起植物体养分稀释效应是增加土壤水分引起蔬菜硝酸盐降低的主要原因。

（三）重金属污染及其影响因子

1. 重金属污染现状及危害 蔬菜作物重金属污染主要指工业排放“三废”污染土壤、大气和水源对蔬菜生长发育的影响及重金属在蔬菜产品中的积累。一般认为，重金属是指密度大于 4.5g/cm^3 以上的金属元素。环境污染方面所说的重金属主要是指汞、镉、铅、铬及类重金属砷等生物毒性显著的元素，重金属是重要的无机污染物，重金属的危害在于它本身所表现出来的毒性作用，从毒性及对生物与人类的危害方面看，重金属的最主要特性是在水体中不能被微生物降解，只能发生各种价态之间的转化。铬、铅及类重金属砷等能被生物富集，并在食物链中传递，严重影响着生物的健康。

2. 影响蔬菜产品重金属含量的因子

（1）环境中重金属元素的特性和积累特点　重金属元素由于理化性质（如溶解性、稳定性）的差异，导致其在蔬菜作物体内的积累特点也存在不同。一般情况下，铅主要积累在蔬菜作物的根部，只有极少部分向上运输，原因在于铅主要以磷酸盐或碳酸盐形式沉淀在根细胞壁或细胞内。刘霞等（2002）的研究表明，交换态镉对小白菜干物重的影响最大，而碳酸盐结合态和铁锰氧化物结合态是小白菜吸收的主要形态。土壤中汞对作物的毒性和在作物中的积累特点在很大程度上取决于汞在土壤中的存在形态，一般而言有效态和有机结合态的汞易于被作物吸收，也易对作物产生影响。

（2）蔬菜作物的吸收特点　由于蔬菜作物种类繁多，生长特性也各不相同，因而，蔬菜作物对重金属元素的吸收和忍耐性也不同。魏秀国等（2002）的研究表明，绿叶菜类对铅的吸收和积累量最高，而白菜类、葱蒜类、瓜类和薯芋类中含量较低。

（四）其他因素

1. 有害微生物污染　从医院排出的污水以及城镇生活污水含有沙门氏杆菌、病毒、大肠杆菌等，流入菜田，造成蔬菜污染。速生叶菜生产过程中泼浇人粪尿，使有害微生物污染更为严重。

2. 激素和保鲜剂污染　果菜类蔬菜如番茄、西葫芦、甜瓜、西瓜等，为了促进坐果，常使用各种保花保果生长调节剂；为了促进果实成熟和提早上市，经常依靠激素催熟。有些蔬菜在贮存期间常使用保鲜剂，以延长保鲜期。滥用激素和保鲜剂，均会导致蔬菜产品受到污染和降低其风味品质。

还有蔬菜自身产生的毒素，如茄科蔬菜未成熟时含有龙葵素，新鲜金针菜的秋水仙碱等。

二、蔬菜生产过程中的质量控制

在蔬菜生产过程中，蔬菜产品质量标准的控制是实现蔬菜安全生产的关键。根据国家和农业行业蔬菜卫生安全要求，以蔬菜生产基地的选择和建设为基础，结合合理的栽培技术、肥水调控技术、病虫害综合防治技术和采后处理及产品检测和溯源体系的建立等，实现全程蔬菜产品质量的控制。

（一）生产基地选择与建设

1. 基地选址　大气、水源、土壤等应符合国家或全国农业行业蔬菜安全生产的产地环境质量标准的要求。具体要求有：基地周围没有污染大气的污染源；生产基地的土壤不能含有重金属元素和有毒性的有害物质和剧毒农药残留；生产用水不得含有污染物，特别是不能含有重金属元素和有毒性的有害物质。无公害蔬菜生产基地的气候、地形、地势、地貌、水文、植被和土壤肥力应较好，周边3km以内无污染源；基地周围要有便利的交通，便于产品的运输与销售。

2. 基地建设与养护　生产基地的地势要平坦，灌溉与排水方便，便于统一规划，规模生产，尽可能建立旱涝保收的水利设施；平整土地，逐步实现园田化，适当连片和适度规模经营。根据土壤理化特点、肥力状况和有害金属含量，采取多种技术措施培肥土壤，改善土壤结构。采用低富集轮作法、植物吸收法、细菌抑制法，有机质、有机肥、石灰改良法，黏合剂、土壤改良剂改良法，排土客土法等多种方法降低或抑制土壤有害金属，逐步减少土壤有害金属含量。生产基地的环境应定期进行监测并严格保护，杜绝污染源。

总之，蔬菜生产基地的农业生态环境必须经过环境监测部门检测，并在大气、水质和土壤环境质量上达到规定的指标。相关规定见表3-11、表3-12、表3-13。

表3-11　环境空气质量要求

［《无公害食品　蔬菜产地环境条件》(NY 5010—2002)］

项　目		浓度限值			
		日平均		1h平均	
总悬浮颗粒物（标准状态）(mg/m^3)	≤	0.30		—	
二氧化硫（标准状态）(mg/m^3)	≤	0.15[a]	0.25	0.50[a]	0.70
氟化物（标准状态）($\mu g/m^3$)	≤	1.5[b]	7	—	

注：日平均指任何一日的平均浓度；1h平均指任何一小时的平均浓度。

a　菠菜、青菜、白菜、黄瓜、莴苣、南瓜、西葫芦的产地应满足此要求。

b　甘蓝、菜豆的产地应满足此要求。

表3-12　灌溉水质量要求

［《无公害食品　蔬菜产地环境条件》(NY 5010—2002)］

项　目		浓度限值	
pH		5.5～8.5	
化学需氧量 (mg/L)	≤	40[a]	150
总汞 (mg/L)	≤	0.001	
总镉 (mg/L)	≤	0.005[b]	0.01
总砷 (mg/L)	≤	0.05	
总铅 (mg/L)	≤	0.05[c]	0.10
铬（六价）(mg/L)	≤	0.10	
氰化物 (mg/L)	≤	0.50	
石油类 (mg/L)	≤	1.0	
粪大肠菌群（个/L）	≤	40 000[d]	

a　采用喷灌方式灌溉的菜地应满足此要求。

b　白菜、莴苣、茄子、蕹菜、芥菜、苋菜、芜菁、菠菜的产地应满足此要求。

c　萝卜、水芹的产地应满足此要求。

d　采用喷灌方式灌溉的菜地以及浇灌、沟灌方式灌溉的叶菜类菜地应满足此要求。

（二）科学的田间管理技术

科学的田间管理技术即生产技术规程标准，主要内容包括：①合理栽培制度的建立，根据作物轮作、套作、间作原则，合理安排主栽作物的茬口，建立科学合理的轮作、套作、间作制度。②采取合理的土壤消毒、高温闷棚和地面覆盖栽培等措施，减轻病虫草害。③科学合理施肥，根据不同蔬菜的需肥特点进行施肥，科学增施有机肥。④通过施用有机肥，控制氮肥用量，合理搭配氮、磷、钾等肥料，合理利用光热以及适时采收等措施，控制蔬菜产品中的硝酸盐含量。⑤病虫害防治和农药残留控制。

在农业防治的基础上，根据蔬菜产品质量要求，依据具体情况，综合采用各种防治措施。优先采用农业防治、物理防治、生物防治，必要时使用化学防治，将蔬菜有害生物的危害控制在允许的经济阈值以下，同时蔬菜农药残留不超标，达到生产安全、优质蔬菜的目的

（表 3-14，表 3-15）。

表 3-13　土壤环境质量要求（mg/kg）

［《无公害食品　蔬菜产地环境条件》（NY 5010—2002）］

项　　目	含量限值					
	pH<6.5		pH6.5～7.5		pH>7.5	
镉　⩽	0.30		0.30		0.40[a]	0.60
汞　⩽	0.25[b]	0.30	0.30[b]	0.50	0.35[b]	1.0
砷　⩽	30[c]	40	25[c]	30	20[c]	25
铅　⩽	50[d]	250	50[d]	300	50[d]	350
铬　⩽	150		200		250	

注：本表所列含量限值适用于阳离子交换量>5cmol/kg 的土壤，若⩽5cmol/kg，其标准值为表内数值的半数。

a　白菜、莴苣、茄子、蕹菜、芥菜、苋菜、芜菁、菠菜的产地应满足此要求。

b　菠菜、韭菜、胡萝卜、白菜、菜豆、青椒的产地应满足此要求。

c　菠菜、胡萝卜的产地应满足此要求。

d　萝卜、水芹的产地应满足此要求。

表 3-14　蔬菜常用农药合理使用准则

［《农药合理使用准则》（GB/T 8321—2009），《农药安全使用标准》（GB 4285—89）］

农药名称	剂　型	每 667m² 每次常用药量	每 667m² 每次最高用药量	施药方法	每季作物最多施药次数	安全间隔期（d）
辛硫磷	50%乳油	50mL	100mL	浇施灌根	1	≥17
敌百虫	90%固体	50g	100g	喷雾	2	≥7
氯氰菊酯	10%乳油	25mL	35mL	喷雾	3	≥6
					2	≥1
溴氰菊酯	2.5%乳油	20mL	40mL	喷雾	3	≥2
甲氰菊酯（灭扫利）	20%乳油	25mL	30mL	喷雾	3	≥3
三氟氯氰菊酯(功夫)	2.5%乳油	25mL	50mL	喷雾	3	≥7
顺式氰戊菊酯（来福灵）	5%乳油	10mL	20mL	喷雾	3（叶菜）	≥3
顺式氯氰菊酯	10%乳油	5mL	10mL	喷雾	2（黄瓜）	≥3
					3	≥3
毒死蜱（乐斯本）	48%乳油	50mL	75mL	喷雾	3	≥7
甲霜灵锰锌	58%可湿性粉剂	75g	120g	喷雾	3	≥1
速克灵（腐霉利）	50%可湿性粉剂	45g	50g	喷雾	3	≥1
粉锈宁	20%可湿性粉剂	30g	60g	喷雾	2	≥3
三唑酮	16%可湿性粉剂	50g	100g	喷雾	2	≥3

表 3-15　有机肥卫生标准

［《无公害食品　蔬菜产地环境条件》（NY 5010—2002）］

项　　目		卫生标准及要求
高温堆肥	堆肥温度	最高堆温达 60～66℃，持续 6～7d
	蛔虫卵死亡率	96%～100%
	粪大肠菌值	10^{-1}～10^{-2}
	苍蝇	有效控制苍蝇滋生，肥堆周围没有活的蛆蛹或新羽化的成蝇

（续）

项　　目		卫生标准及要求
沼气发酵肥	密封贮存期	30d 以上
	高温沼气发酵温度	(63±2)℃持续 2d
	寄主虫卵沉降率	96%以上
	血吸虫卵和钩虫卵	在使用粪液中不得检出活的血吸虫卵和钩虫卵
	粪大肠菌值	普通沼气发酵 10^{-4}，高温沼气发酵10^{-1}～10^{-2}
	蚊子、苍蝇	有效地控制蚊蝇滋生，粪液中无孑孓，池的周围无活的蛆蛹或新羽化的成蝇
	沼气池残渣	经无害化处理后方可用作农肥

（三）产品溯源体系的建立

食品安全溯源体系最早是 1997 年欧盟为应对疯牛病问题而逐步建立并完善起来的食品安全管理制度。这套食品安全管理制度由政府进行推动，覆盖食品生产基地、食品加工企业、食品终端销售等整个食品产业链条的上下游，通过类似银行取款机系统的专用硬件设备进行信息共享，服务于最终消费者。一旦食品质量在消费者端出现问题，可以通过食品标签上的溯源条码进行联网查询，查出该食品的生产企业、食品的产地、具体农户等全部流通信息，明确事故方相应的法律责任。此项制度对食品安全与食品行业自我约束具有相当重要的意义。

食品安全溯源体系对农产品的整个生产过程建立完整的履历，详细记录农药、化肥使用以及一些重要农事操作，并真实透明地展现给消费者，改善食品的信息不对称现状，有助于促进食品安全。2005 年 9 月北京市顺义区在北京市率先启动蔬菜分级包装和质量可溯源制，消费者如发现购买的蔬菜存在质量问题，可登录北京市农业局网站，通过包装上的条形码，直接溯源到配送企业及生产者。天津市为了确保市民购买到可靠的无公害蔬菜，实行无公害蔬菜可溯源制，推出网上无公害蔬菜订菜服务。

三、蔬菜产品质量标准

（一）无公害蔬菜产品安全质量标准

在现代化大规模农业生产条件下，不使用农药和化肥是不可能的，关键是确保将生产出来的蔬菜产品中有害物质对人类的不利影响控制在安全范围内。

1. 无公害蔬菜的含义　农业部和国家质量监督检验检疫总局联合发布的《无公害农产品管理办法》中，对无公害农产品的概念有了明确规定，即指产地环境、生产过程和终端产品符合无公害食品标准及规范，经过专门机构监测认定，允许使用无公害食品标志的农产品。无公害蔬菜产品标准是蔬菜产品安全标准中由政府制定和推动的食品安全质量标准。该标准规定将蔬菜产品中对人体有毒、有害的农业化学品控制在安全范围内，从而对人体健康不产生危害。即“三个不超标”：一是农药残留不超标，不能含有禁用的高毒农药，其他农药残留不超过允许量；二是硝酸盐含量不超标；三是“三废”等有害物质不超标。

2. 无公害蔬菜产品安全质量标准的主要内容　2001 年 8 月国家质量监督检验检疫总局发布了《农产品安全质量　无公害蔬菜安全要求》（GB 18406.1—2001）。其主要内容包括产品质量标准、产地环境质量标准和生产技术规程标准。标准规定了无公害蔬菜的定义、要求、试验方法、检验规则及标签标志、包装、贮存。指明该标准适用于无公害蔬菜的生产、加工和销售。此标准的特点如下：

①对无公害蔬菜作了定义，即将有毒有害物质控制在标准规定的限量范围之内的商品蔬菜。

②给出了重金属及有害物质限量，包括铬、镉、铅、汞、砷、氟、硝酸盐和亚硝酸盐，其中硝酸盐还细分瓜果类、根菜类和叶菜类。

③给出了41种农药最大残留限量值，杀虫剂37种，杀菌剂4种。在杀虫剂中，有机磷类杀虫剂19种，其中对硫磷、甲拌磷、甲胺磷、久效磷、氧化乐果5种属高毒性禁止使用农药，不得检出；氨基甲酸酯类农药4种，其中克百威（呋喃丹）和涕灭威2种农药不得检出；菊酯类农药11种；几丁质合成抑制剂3种。

（二）绿色食品标准

绿色食品标准是我国的农业行业标准（由中国绿色食品发展中心制定），参照有关国际、国家、部门、行业标准制定，通常高于或等同于现行标准，有些还增加了检测项目。绿色食品产品标准包括质量标准和卫生标准两部分，其中卫生标准包括农药残留、有害金属污染。

1. 绿色食品的含义 A级绿色食品是指生态环境质量符合绿色食品标准要求，生产过程中严格按照绿色食品生产资料使用准则和生产操作规程要求，限量使用限定的化学合成生产资料，产品质量符合绿色食品标准，经专门机构认定，允许使用A级绿色食品标志的无污染、安全、优质、营养类食品。AA级绿色食品是指生态环境质量符合绿色食品标准要求，生产过程中不使用化学合成的肥料、农药、饲料添加剂、食品添加剂和其他有害于环境和身体健康的化学合成物质，按特定的生产操作规范生产，产品质量符合绿色食品AA级产品标准，经专门机构认定，允许使用AA级绿色食品标志的产品。

2. 中国绿色食品标准体系 绿色食品标准包括环境质量标准、生产操作规程、产品标准、包装标准、贮藏和运输标准及其他相关标准，是一个完整的质量控制标准体系。

在参照国外与绿色食品相类似的有关食品标准的基础上，结合我国国情，中国绿色食品发展中心将绿色食品分为两类，即AA级绿色食品和A级绿色食品。目前已发布的绿色食品蔬菜标准有《绿色食品黄瓜》（NY/T 269—1995）、《绿色食品番茄》（NY/T 270—1995）等10个标准。从标准中可以看出，绿色食品蔬菜在砷、滴滴涕、敌敌畏等20多个项目上的残留限量要严于GB 18406.1—2001。

（三）有机食品标准

1. 有机食品的含义 有机食品是指来自于有机农业生产体系，根据国际有机农业生产要求和相应的标准生产加工的，通过合法的、独立的有机食品认证机构如国际有机农业运动联盟（IFOAM）认证的食品。

2. 有机农业的概念 有机农业是指在动植物生产过程中不使用化学合成的农药、化肥、生产调节剂、抗生素和食品添加剂等物质，以及基因工程生物及其产物，而是遵循自然规律和生态学原理，采取一系列可持续发展的农业技术，协调种植业和养殖业的平衡，维持农业生态系统持续稳定的一种农业生产方式。

3. 有机食品标准 2003年7月以前，我国使用IFOAM的有机食品标准。2003年7月1日国家环境保护总局有机食品发展中心（OFDC）颁布了OEDC有机认证标准。国家质量监督检验检疫总局和国家标准化管理委员会联合发布的《有机产品》（GB/T 19630—2011）包括生产、加工、标志与销售和管理体系四部分。

（四）无公害食品、绿色食品和有机食品的异同点

1. 共同点　无公害食品、绿色食品和有机食品都是安全食品，安全是三类食品突出的共性，它们从种植、收获、加工生产、贮藏及运输过程中都采用了无污染的工艺技术，实行了从土地到餐桌的全程质量控制，保证了食品的安全性。

2. 不同点

（1）标准不同　就有机食品而言，不同国家、不同认证机构其标准不尽相同。

（2）标志不同　有机食品标志在不同国家和不同认证机构是不同的；绿色食品标志在我国是统一的，也是唯一的，它是由中国绿色食品发展中心制定并在国家工商局注册的质量认证商标；无公害食品标志在我国由于认证机构不同而不同。

（3）级别不同　有机食品不分级；绿色食品分 A 级和 AA 级两个等次；无公害食品不分级。

（4）认证机构不同　在我国，有机食品认证机构有两家最具权威性；绿色食品认证机构在我国唯一的一家是中国绿色食品发展中心，该中心负责全国绿色食品的统一认证和最终审批；无公害食品认证分产地认定和产品认证，前者由省级农业行政主管部门组织实施，后者由农业部农产品质量安全中心组织实施。

（5）产品涵盖范围不同　有机食品除食用农产品外，还涵盖纤维织品、药材等，又可称有机产品；绿色食品专指食品；无公害食品指农产品及加工品。

复习思考题

1. 影响蔬菜产量形成的生理因素有哪些？可以通过哪些途径提高蔬菜产量？
2. 蔬菜的品质包括哪些内容？简述浇水和施肥措施对蔬菜品质形成的影响？
3. 简述蔬菜栽培过程中果菜类植株调整（整枝、摘心等）的生理意义。
4. 影响蔬菜产品安全的因素有哪些？它们各自的影响因子是什么？
5. 什么是产品的溯源体系？建立溯源体系有何意义？
6. 无公害食品、绿色食品和有机食品的含义有何不同？

第四章 蔬菜生产技术基础

蔬菜生产是一种劳动密集型产业，俗话说“一亩园十亩田”，充分体现了蔬菜栽培需要精耕细作、费工费时的特点。从种子到蔬菜产品的形成、收获，需要经历若干技术环节，而且每一个技术环节都关系到蔬菜栽培的成败或影响产品的产量和品质。“好种出好苗，好苗半收成”，种子质量、育苗条件和技术决定蔬菜幼苗的优劣，也必然会影响后续的生长发育及产量形成。蔬菜作物种类繁多，产品器官一应俱全，各自所需的环境条件差异较大，在充分了解各类蔬菜作物生长发育特性的基础上，按照蔬菜作物需肥需水规律，创造良好的土壤条件，合理地施肥供水，及时有效地防治病虫草害，结合科学的农艺措施，才能实现蔬菜生产的高产、高效、优质和安全。

第一节 蔬菜作物管理

一、蔬菜种子与播种

蔬菜生产所采用的种子其含义比较广，泛指所有的播种材料。在应用中种子可以分为三类：第一类为真正的种子，即植物形态学上由胚珠经过受精以后发育而成，如瓜类、茄果类、豆类、白菜类、苋菜类等蔬菜。第二类为果实，由胚珠和子房发育而成，如菊科、伞形科、藜科等蔬菜。第三类为营养器官，即由植株营养体的一部分作为播种材料，如大蒜（鳞茎）、芋（球茎）、生姜（根状茎）、马铃薯（块茎）等蔬菜。目前，蔬菜工厂化育苗时的机械播种，主要选用具有第一、二类种子的蔬菜作物。营养器官可经特殊加工处理制作成人工种子后用于机械播种，也可将营养器官进行扦插或组织培养育苗。

（一）种子形态特征与结构

1. 种子形态特征 种子形态特征包括种子的外形、大小、色泽、斑纹、表面光洁度、毛刺、蜡质、沟棱、突起物等。由胚珠或胚珠和子房发育而成的种子，其外部形态特征是鉴别蔬菜种类、判断种子新陈和品质的重要依据。不同蔬菜种类之间其种子形态特征差异较大，如白菜类、茄果类、瓜类、豆类、葱蒜类等的种子，不论是在形状、大小，还是在色泽、斑纹等方面都有很大的差异。有些蔬菜的种或亚种之间其形态特征差异较小，如白菜类和甘蓝类种子，其形状、大小、色泽均相近，但白菜种子表面具有单沟，而甘蓝种子表面具有双沟。通常成熟的种子饱满，色泽较深，具有蜡质；幼嫩的种子则色泽浅、皱瘪。新种子色泽鲜艳，具有香味；陈种子则色泽灰暗，具霉味。

种子的形状、颜色、斑纹、沟棱等在遗传上是相当稳定的性状；而种子的大小是易变化的，种子的大小一般可用千粒重来表示。

种子大小易受繁种技术的影响，因此可以作为检验种子品质的指标之一，并可用于计算播种量或用种量。种子的大小与营养物质的含量有关，对胚的发育也有重要的作用。种子的大小还关系到播种技术、播种质量、播种后出苗的难易以及幼苗生长发育的速度。只有饱满、纯正的新种子，在适宜的条件下，才能发芽、生长良好。

2. 种子结构　蔬菜种子的结构包括种皮和胚，有些种子还含有胚乳。几种常用蔬菜种子的形态结构如图 4-1 所示。

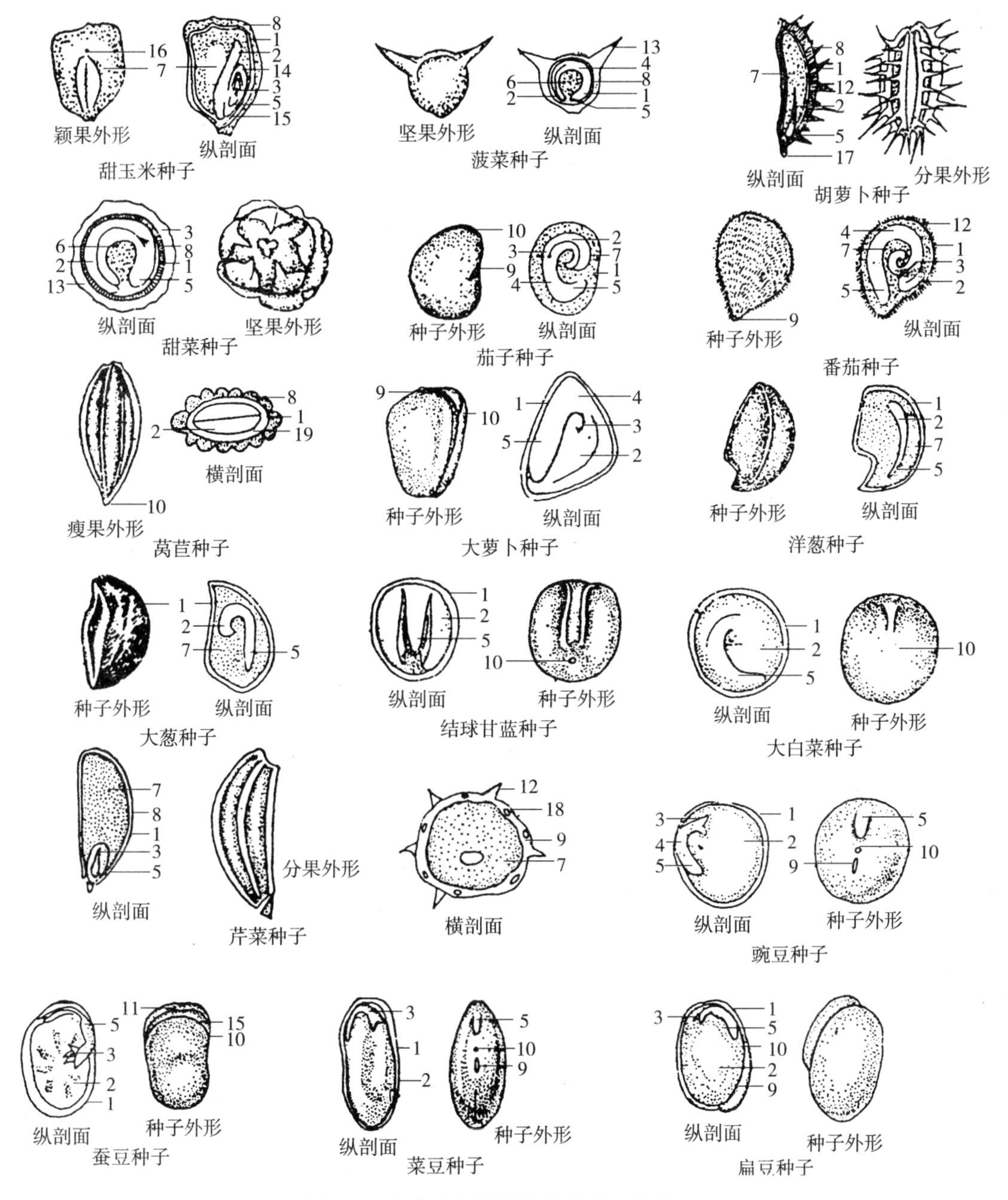

图 4-1　几种常用蔬菜种子的形态结构

1. 种皮　2. 子叶　3. 胚芽　4. 胚轴　5. 胚根　6. 外胚乳　7. 内胚乳　8. 果皮　9. 脐　10. 出芽口　11. 脐条　12. 毛刺　13. 花被　14. 胚芽鞘　15. 胚根鞘　16. 花柱残迹　17. 花柱残物　18. 油腺　19. 幼叶

（中国农业科学院蔬菜花卉研究所，2010）

（1）种皮　种皮是把种子内部组织与外界隔离开来的保护结构，是由珠被形成的。而属于果实的种子，所谓的种皮主要是由子房壁形成的果皮，而真正的种皮在发育过程中成为薄膜或被挤压破碎，紧贴于果皮的内壁而与果皮混成一体。

种皮的细胞组成和结构是鉴别蔬菜种与变种的重要特征之一，也决定育苗过程中种子吸水的速度。种皮透水容易的种子有十字花科，豆科，茄科的番茄，葫芦科的黄瓜等蔬菜；透水较困难的种子有伞形科，茄科的茄子、辣椒，葫芦科的西瓜、冬瓜、苦瓜，百合科的葱，藜科的菠菜等蔬菜。

种皮上有与胎座相连接的珠柄断痕，称为种柄（或种脐）。种柄上有一个小孔，称为种孔，种子发芽时胚根从种孔伸出，所以也叫发芽孔。发芽孔在种子发芽吸水的初级阶段即机械吸水阶段起重要作用，水分通过发芽孔可首先进入种子内部的胚和胚乳周围，加快种子内部的养分分解。

（2）胚　胚是一个极幼小的秧苗雏体，处在种子中心，由子叶、上胚轴、下胚轴、幼根和夹于子叶间的初生叶或叶原基所组成。有胚乳种子（如番茄、菠菜、韭菜等）胚埋藏在胚乳之中，无胚乳种子（如瓜类、豆类、白菜类等）胚的大部分为子叶，占满整个种子内部。种子在发芽过程中，幼胚依靠子叶和胚乳所提供的营养物质进行生长。健康的种子幼胚色泽鲜洁，胚乳白色；陈腐种子的幼胚灰暗色。胚及胚乳的营养物质中，蛋白质含量多的种子吸水快而多；以脂肪和淀粉为主的种子，吸水慢而少。育苗时的浸种时间或播种后的浇水量根据种子的种皮结构、胚与胚乳内含物的种类以及多少而定，以达到有利于出苗的最佳吸水量而不过剩，以免造成缺少氧气或养分外渗。幼苗出土后的一段时间内要依靠子叶进行光合作用合成的有机营养物质维持生长。因此，子叶在催芽与育苗过程中的完整性对培育壮苗有着十分重要的意义。

（二）种子寿命

蔬菜种子是有生命的活体，因此也有寿命或称发芽年限。种子个体的寿命是指种子在一定环境条件下保持发芽能力的时间。种子群体的寿命是指从种子收获到种子群体有50%左右个体丧失发芽能力所经历的时间。蔬菜种子寿命的长短取决于种子的遗传特性、繁育种子的环境条件、种子的成熟度以及收获与贮藏的条件等（表4-1）。

蔬菜种类的不同决定了其种皮结构特征及种子内的物质组成，种皮细胞结构的疏松与紧密、坚硬与脆薄对种子本身的新陈代谢作用、抵抗外界环境条件的变化以及防御微生物的侵害均有密切关系。凡是寿命较长的种子，一般都伴有坚硬、透水透气不良的种皮。种子内的物质组成主要是指胚内部的物质组成，一般含油量较高的种子寿命往往较短，含蛋白质较多的种子（如豆类）也易于吸湿败坏而丧失发芽能力。

采种母株生长过程中水分过多，土壤盐分浓度过高，种子遭到病虫危害都会造成种子生长发育不良，导致种子寿命缩短。如洋葱在雨季成熟采收的种子，不仅发芽力弱、发芽率低，而且不耐贮藏。种子在花序上的着生部位不同发芽率也有差异。如芹菜是伞形花序，种子的发芽率高低有明显的部位效应，顶生种子的发芽率高于下方生长种子的发芽率。同一果穗上的果实着生部位决定种子发育的先后，早开花早结实的营养供应较充足，成熟度好，种子发育良好，籽粒饱满，千粒重往往较大，发芽率也较高。

贮藏环境空气中的氧气、温度和湿度以及种子含水量对种子寿命及发芽能力都有较大的影响。种子在潮湿的环境中贮藏，种皮大量吸湿，种子含水量增加，引起种子强烈呼吸，营养物质消耗，发热生霉，使生活力减弱或完全丧失。潮湿加上高温，则种子吸水量更多，生活力丧失更快。耐寒性蔬菜如洋葱、结球莴苣在温度10℃时吸湿过程最剧烈，喜温性蔬菜如番茄则在20℃时吸湿过程最剧烈。所以使种子干燥和贮藏环境的空气干燥，对保持种子的生活力最为重要（图4-2）。

微真空干燥条件既具有维持种子正常呼吸所需要的氧气，又不具有种子酶促活动所需要的湿度，可以长期保持种子的生活力。如葱、韭菜的种子在一般室内贮藏只能保持1年左右，用真空罐藏10年以上仍能保持良好的生活力。江南地区温暖多湿，农民早就掌握了种子干燥保存的原理，他们利用陶制坛罐，内垫生石灰存放种子，坛口再盖上石灰包。这样既降低了坛罐内湿度，又可供给种子氧气，是少量种子贮存的简便良法之一。

表4-1　一般贮藏条件下蔬菜种子的寿命和使用年限

蔬菜名称	寿命（年）	使用年限（年）	蔬菜名称	寿命（年）	使用年限（年）
大白菜	4～5	1～2	番茄	4	2～3
结球甘蓝	5	1～2	辣椒	4	2～3
球茎甘蓝	5	1～2	茄子	5	2～3
花椰菜	5	1～2	黄瓜	5	2～3
芥菜	4～5	2	南瓜	4～5	2～3
萝卜	5	1～2	冬瓜	4	1～2
芜菁	3～4	1～2	瓠瓜	2	1～2
根用芥菜	4	1～2	丝瓜	5	2～3
菠菜	5～6	1～2	西瓜	5	2～3
芹菜	6	2～3	甜瓜	5	2～3
胡萝卜	5～6	2～3	菜豆	3	1～2
莴苣	5	2～3	豇豆	5	1～2
洋葱	2	1	豌豆	3	1～2
韭菜	2	1	蚕豆	3	2
大葱	1～2	1	扁豆	3	2

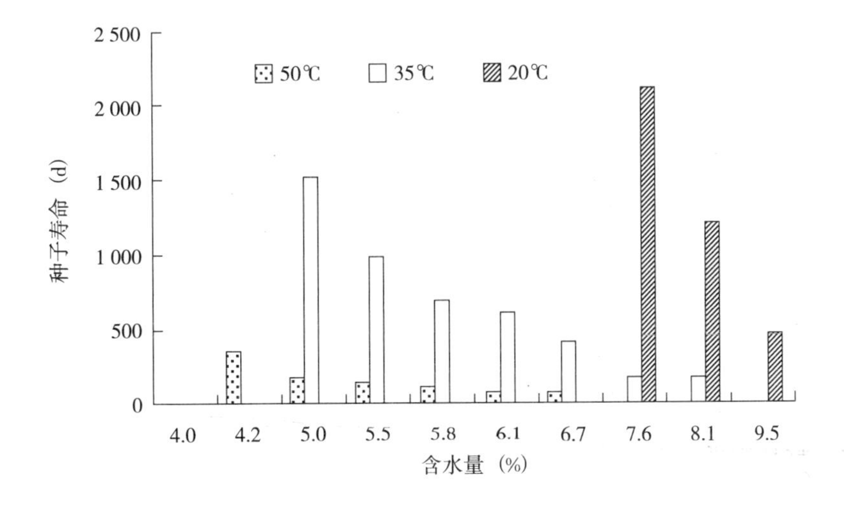

图4-2　不同含水量的莴苣种子在不同温度贮藏的寿命

（胡小荣等，2008）

（三）种子质量与检验

目前，蔬菜生产主要利用种子播种。因此，种子质量的好坏直接关系到育苗与栽培的成败。现代农业的先进育苗技术多利用智能化控制的设施设备，尤其是采用工厂化穴盘育苗作业时，对种子质量的要求更高。

1. 种子质量 种子质量是衡量种子优劣程度的术语。一般来说，蔬菜种子的质量除包括种子的外观形态、色泽、大小、纯度、净度（有无病虫危害或机械损伤、有无杂物）、含水量等以外，还包括表现种子生活力的发芽率、发芽势等状况，如播种后的出苗速度、整齐度、幼苗健壮程度等。严格地讲，蔬菜种子质量是指蔬菜种子的品种品质和播种品质。

品种品质是指蔬菜品种的种性和一致性，即种子种性的真实性和品种纯度，是种子的内在价值。种子真实性是指一批种子与附文记载所属的相符程度，即是否为具有该品种特征的种子。品种纯度是指品种的植物学和生物学典型性状的一致性程度，即具有该品种特征的种子在本批种子中所占的比率。

播种品质是指种子的净度、千粒重（饱满度）、发芽率、发芽势、种子生活力和病虫害感染率等指标，是种子的外在价值。

因此，品种品质和播种品质是科学评价种子质量高低的两个主要方面。《瓜菜作物种子》（GB 16715—2010）就是以种子纯度、净度、发芽率、水分含量等指标来评判种子的质量，并以纯度、净度、发芽率等作为种子分级的依据。

2. 种子质量检验 种子质量检验也称种子品质鉴定，包括品种品质和播种品质检验两大方面的内容。种子检验按《农作物种子检验规程》（GB/T 3543—1995）进行。

（1）品种品质检验 品种品质检验就是检测样品种子的真实性和品种纯度。真实性和品种纯度鉴定可用种子、幼苗或植株。通常将种子与标准样品的种子进行比较，或将幼苗和植株与同期种植在同一环境条件下的同一发育阶段的标准样品的幼苗和植株进行比较。以真实的本品种种子数占检测样品种子数的百分比表示。

随着生物技术的发展，种子纯度鉴定技术由传统的形态标记鉴定逐步发展到集形态标记鉴定、生化标记鉴定和DNA分子标记鉴定为一体的综合鉴定技术体系。

（2）播种品质检验 播种品质检验就是检测种子的净度、饱满度、发芽率、发芽势及种子生活力。

①净度：指检测样本中除去杂质后剩余的本品种种子的重量百分数。其他品种或种类的种子、残坏种子、花器残体、泥沙等统称杂质。即：

$$\text{种子净度}=\frac{\text{检测样本总重量}-\text{杂质重量}}{\text{检测样本总重量}}\times 100\%$$

蔬菜种子的大小因种类不同而差异较大，检测时应保证一定的样本量，以免影响检测结果。种子净度不高，则影响播种量的估算，种子安全贮藏的稳定性也会随之降低。

②饱满度：通常用1 000粒种子的重量即千粒重（g）来表示。千粒重大，种子饱满充实。根据测定结果，选取饱满粒大的种子播种，以保证幼苗生育健壮。它也是用来估计播种量的一个依据。

③发芽率：指在一定时间内检测样本中发芽种子的百分数。即：

$$\text{种子发芽率}=\frac{\text{发芽种子粒数}}{\text{检测样本种子粒数}}\times 100\%$$

发芽率检测需用经净度分析后的种子，在垫纸的培养皿、沙盘或苗钵中进行。发芽率检测结果可比较不同批次种子的质量，对田间播种量估算具有参考价值。

④发芽势：指在规定的时间内检测种子中发芽种子的百分数。即：

$$种子发芽势=\frac{规定时间内发芽的种子粒数}{检测样本种子粒数}\times 100\%$$

发芽势就是发芽初期短时间内比较集中的发芽率，在一定意义上表示了发芽的速度和整齐度，也表示了种子生活力强弱的程度。不同蔬菜种子的发芽势表示有不同的规定时间，如瓜类、白菜类、甘蓝类、萝卜、莴苣等为3～4d内的发芽率，葱、韭菜、菠菜、胡萝卜、芹菜、茄果类等为6～7d内的发芽率。

⑤种子生活力：指种子能够迅速整齐发芽的潜在能力。一般通过测定种子发芽率、发芽势等指标可以了解种子是否具有生活力或生活力的强弱。除此之外，四唑染色法（2，3，5-三苯基氯化四氮唑 $C_{19}H_{15}N_4Cl$，简称四唑，TTC）是《国际种子检验规程》测定种子生活力的方法之一。该方法的原理是有生活力种子的胚细胞内含有脱氢酶，当四唑被种子吸收后，即被还原成较为稳定的红色三苯基甲臜，而无生活力的种子没有这种反应。因此可以根据种胚是否染色和染色深浅，鉴别种子生活力的有无或强弱。凡种胚染成红色者为具有生活力的种子，染色深者为生活力强的种子，染色浅者为生活力弱的种子，种胚不染色者为不具生活力的种子。

（四）种子处理

为了促进种子播种后迅速整齐地萌发和出苗，消灭种子内外附着的病原菌，增强幼胚和秧苗的抗性，种子播前需进行处理。常用的处理方法有浸种、催芽、机械或药物处理、种子包衣或丸粒化等，包衣或丸粒化的种子不进行浸种催芽，直接播种。

1. 浸种与催芽　未经其他处理的蔬菜种子，在播种前一般均进行浸种和催芽。

（1）浸种　浸种是将种子浸泡在一定温度的水中，使其在短时间内充分吸水，达到萌芽所需的基本水量。浸种前应将种子充分淘洗干净，除去果肉物质和种皮上的黏液，以利于种子迅速充分地吸水。浸种水量以种子量的5～6倍为宜，浸种过程中要保持水质清新，可在中间换一次水。水温和时间是浸种的重要条件，一般用与种子发芽适温（20～30℃）相同的温水浸泡种子。一般浸种法对种子只起供水作用，适于种皮薄、吸水快的种子。

温汤浸种和热水烫种不仅可使种子吸水加速，还可起到杀菌消毒的作用。

温汤浸种是一种适用性广且较易做到的种子消毒方法，能够去除种子上带的大部分病原菌。将种子放入55℃左右的温水中，水量为种子量的5～6倍，不断搅拌并补充温水以保持55℃的水温10min，然后降温至25～30℃时停止搅拌，再按不同蔬菜种子浸种所需时间浸种。

一些种皮较厚、难于吸水的种子，用70～80℃热水烫种（甚至更高些），不仅有助于吸水和透气，而且具有消毒灭菌作用。70℃水温已超过花叶病毒的致死温度，而能使病毒钝化。如冬瓜种子用100℃沸水烫种也不会受到损害，但对于种皮薄的喜凉菜类，如白菜、莴苣等，水温宜取低限。热水烫种技术要点是水量不超过种子量的5倍，种子要经过充分干燥。因种子含水量越少，越能忍受高温刺激。烫种时要用两个容器，使热水来回倾倒。最初几次倾倒的动作要求快和猛，使热气散发和提供氧气。一直倾倒至水温降到55℃时再改为不断地搅动，并保持水温7～8min。当水温降到25～30℃时停止搅拌，继续浸种。

（2）催芽　催芽是将已吸足水的种子置于黑暗或弱光环境中，并给予发芽适宜温度、湿度和氧气条件，促其迅速发芽。将已经吸足水的种子用保水透气的材料（如湿纱布、毛巾等）包好，种子包呈松散状态，置于适温条件下。催芽期间一般每 4～5h 翻动种子包 1 次，以保证种子萌动期间有充足的氧气供给。每天用清水淘洗 1～2 次，除去黏液、呼吸热，补充水分。也可将吸足水的种子和湿沙按 1∶1 混拌催芽。催芽期间要用温度计随时监测温度，有条件的集约化育苗工厂应建造温湿可控催芽室。当大部分种子露白时，停止催芽，准备播种。若遇恶劣天气不能及时播种时，应将种子放在 5～10℃低温环境下，保湿待播。主要蔬菜种子的浸种、催芽适宜温度和时间见表 4-2。

表 4-2　主要蔬菜种子浸种、催芽的适宜温度与时间

蔬菜种类	浸种		催芽	
	水温（℃）	时间（h）	温度（℃）	时间（d）
黄瓜	25～30	8～12	25～30	1～1.5
西葫芦	25～30	8～12	25～30	2
番茄	25～30	10～12	25～28	2～4
辣椒	25～30	10～12	25～30	4～5
茄子	30	20～24	28～30	6～7
甘蓝	20	3～4	18～20	1.5
花椰菜	20	3～4	18～20	1.5
芹菜	20	24	20～22	2～3
菠菜	20	24	15～20	2～3
冬瓜	25～30	12＋12*	28～30	3～4

* 浸种 12h 后，将种子捞出晾 10～12h，再浸 12h。

催芽过程中，采用胚芽锻炼和变温处理有利于提高幼苗的抗寒力和种子的发芽整齐度。胚芽锻炼是将吸水萌动的种子放到 0℃环境中冷冻 12～18h，然后用凉水缓冻，置于 18～22℃条件下处理 6～12h，最后放到适温条件下催芽。锻炼过程中要保持种子湿润，变温要缓慢。经锻炼后，胚芽原生质黏性增强，糖分增高，幼苗对低温的适应性、抗寒力增强，此法适于瓜类和茄果类的种子。变温处理是在催芽过程中，每天给予 12～18h 的高温（28～30℃）和 12～6h 的低温（16～18℃）交替处理，直至出芽。

2. 机械处理　对于种皮（果皮）坚硬不能正常吸水的种子，应采取划破种子表壳、摩擦或去皮（壳）的方法，使其容易吸水发芽。如对伞形科的胡萝卜、芹菜、茴香、防风等种子进行机械摩擦，使果皮产生裂痕以利吸水。如西瓜特别是小粒种或多倍体种子，可采用嗑开种皮的方法，以利吸水发芽。

干热处理也可促进种子发芽，经 60℃干热处理 5h 的黄瓜种子，其渗透压为1 232kPa，比未处理的渗透压1 080kPa 显著提高，种子的吸水力明显增强，有助于种子在土壤水分不足或土壤溶液浓度较高的环境中吸取发芽所需要的水分。

3. 药物处理　将种子浸到一定浓度的药液中，可以达到解除休眠、促进生长和消毒杀菌的目的。

用 0.1%的硫脲或 5～10mg/L 的赤霉素处理，可打破芹菜、莴苣的热休眠。用温水浸种及过氧化氢处理后再进行变温处理，可打破茄子种子的休眠。

在高温或低温季节播种前，利用无机盐类如硝酸钾、磷酸钾、磷酸二氢钠等处理某些蔬菜种子，也具有提高种子生活力和发芽率的作用，使其发芽整齐。常用的处理浓度为1%～3%，温度条件为20～25℃，时间为7d左右。

播种前，番茄种子可先用清水浸3～4h，再用10%的磷酸三钠（或2%的氢氧化钠、或1%的高锰酸钾）水溶液浸种20～30min，可预防番茄病毒病；用100倍福尔马林溶液浸种15～20min，能防治番茄早疫病。黄瓜种子用100倍福尔马林溶液浸种30min，能预防黄瓜枯萎病和炭疽病的发生。药液处理一定要严格掌握药剂浓度和浸泡时间，否则会产生药害或影响药效。药液量一般以液面浸过种子5～8cm为宜。必须注意，药剂浸种消毒后，须立即用清水反复将种子表面的药液冲洗干净，以免发生药害。

4. 种子包衣或丸粒化　种子薄膜包衣技术从20世纪80年代开始有了重大的发展。包衣所用胶黏剂是水溶性可分散的多糖类及其衍生物（如藻酸盐、淀粉、半乳甘露聚糖及纤维素）或合成聚合物（如聚环氧乙烷、聚乙烯醇和聚乙烯吡啶烷酮），因此，种子包衣对水和空气是可以渗透的。包衣技术处理的种子小至苋菜，大至蚕豆。种子包衣处理时，可将杀虫剂、杀菌剂、除草剂、营养物质、根瘤菌或激素等混入包衣剂中，包衣剂在土壤中遇水只能吸胀而几乎不被溶解，从而使药剂或营养物质等逐步释放，延长有效期，提高播种质量，节省药、肥等。

大多数蔬菜作物种子的大小与形状是不同的，这对机械化精播是不利的。在种子处理时，可以改变种子的形状，做成整齐一致的丸粒小球（即丸粒化）便可解决问题。种子丸粒化的辅助材料主要包括泥、纤维素粉、石灰石、蛭石、泥炭和胶黏剂等，丸粒化时也可加入杀菌杀虫剂、生长促进剂等。这些丸粒化的小球可忍受播种时的物理冲击，但不妨碍种子对水分的吸收以及发芽和生长。西北欧及美国、日本等对甜菜、生菜种子普遍进行丸粒化处理后用于生产。

（五）播种

1. 播种期的确定　露地蔬菜播种期合适与否关系到产量的高低、品质的优劣和病虫害的轻重，还关系到前后茬口的安排。例如，华北地区秋播大白菜，立秋前播种则病害较重，影响产量。江淮流域洋葱9月播种育苗过早，翌春易发生早期抽薹而不形成鳞茎。要使蔬菜健壮生长，获得高产、稳产和优质，必须合理安排播种期，使蔬菜在温、光、水、肥等条件较适宜的时期生长。确定露地播种期的总原则是：根据不同蔬菜对气候条件的要求，将蔬菜的旺盛生长期和产品器官形成期安排在气候最适宜季节，以充分发挥蔬菜作物的生产潜力。根据这一原则，露地喜温蔬菜春栽，可在终霜后进行播种；不耐高温的西葫芦、菜豆、番茄等，应考虑避开高温季节；不耐涝的西瓜、甜瓜，应考虑躲开雨季；二年生半耐寒蔬菜（大白菜、萝卜）在秋季播种；葱蒜类、菠菜也可在晚秋播种；速生蔬菜可分期连续播种。进行育苗移栽的露地蔬菜，创造良好的育苗条件，可提前播种育苗，根据不同蔬菜的育苗期长短确定适宜的定植期。

设施栽培的蔬菜，可根据蔬菜种类、育苗设备、栽培设施性能、市场需求及茬口搭配等确定安全定植期，用安全定植期减去日历苗龄推算播种期。

2. 播种方法　蔬菜播种方法多种多样，应根据育苗方式、栽培方式的不同选择适宜的播种方法。目前仍以传统的、精耕细作的人工播种为主，其主要方式有撒播、条播和点播。随着设施农业的发展，设施集约化穴盘育苗发展迅速，人工点播或精量播种机播种已成为穴盘育苗的主要方法。

（1）撒播　撒播适用于生长迅速、植株矮小的速生菜类以及一些需要分苗育苗的蔬菜苗床播种。撒播可以经济利用土地，缺点是用种量大，间苗除草费工。撒播对整地做畦、撒种技术及覆土厚度要求严格。有些需要分苗育苗的蔬菜，分苗前的幼苗培育可将种子撒播在铺有育苗基质的育苗盘中，待幼苗长到一定大小时再分栽到穴盘或营养钵中。

（2）条播　条播适用于生长期较长或株距小、行距大或需要多次培土的蔬菜。条播技术较易掌握，容易做到播种深浅一致、出苗整齐，较撒播法省种、省水、省人工，且有利于机械化管理。常用于大白菜、萝卜、胡萝卜、大葱、豌豆等。

（3）点播　点播也称穴播，多用于生长期较长、植株较大的蔬菜，如南瓜、甜玉米、马铃薯等蔬菜的露地直播；也用于种子颗粒较大、需要丛植的菜豆、豇豆、蚕豆等豆类蔬菜的露地直播。此外，在种子数量不多、需要节约用种时也多采用穴播。蔬菜的穴盘育苗均为点播。点播突出的优点是节约用种，并可在播种穴中采取集中施肥等措施，以利改善局部栽培条件，促进种子发芽和幼苗健壮生长。点播时，保证播种穴的深浅一致，对于能否整齐出苗至关重要，因此对挖穴技术要求较高。目前茄果类、瓜类等蔬菜栽培育苗多采用穴盘、营养钵等，种子催芽后人工点播，然后覆土、浇水。

蔬菜播种还依播前浇水或播后浇水分为湿播和干播两种方法。应该注意的是，无论采用哪种播种方法，播种前都要求精细耕作、施足基肥、平整土地，因地因时制宜地起垄、做畦，创造良好的土壤和栽培环境条件，以利于种子播种、萌发、幼苗出土和健壮生长。另外，还应注意掌握适宜的播种深度，播种过深常导致出苗不良，或出苗后幼苗柔弱；但播种过浅，会因土壤水分蒸发过快或不足而影响出苗。一般来说，播种的适宜深度取决于种子大小、土壤质地、墒情以及天气情况等因素，如大粒种子播种宜深、小粒种子宜浅，沙质土宜深、黏质土宜浅，墒情差时宜深、墒情好时宜浅等。

（4）机械播种　机械播种一般由机动或畜力作为动力的播种机进行作业，种子为干籽或经处理的包衣、丸粒化种子。用于大白菜、萝卜、大豆、胡萝卜、根用芥菜、菠菜等蔬菜大面积栽培的播种作业，常用条播或穴播机。与人工播种相比，其播种均匀、质量好、效率高，省工、省种，且大大降低了劳动强度，尤其对播种期要求极其严格的大白菜，可做到不误农事、及时播种。但目前存在机具的通用性差、长年利用效率较低等问题，影响了播种机械化的普及。蔬菜集约化穴盘育苗的播种可由机械化自动化程度较高的精量播种机或生产线来完成。该生产线装置一般是由育苗穴盘（钵）摆放机、送料及基质装盘（钵）机、压穴及精播机、覆土和喷淋机五大部分组成，各部分连在一起成为自动生产线，拆开后每一部分也可独立作业。随着蔬菜产业专业化、规模化生产的迅速发展，育苗穴盘自动精播机及其配套生产线设备日渐普及。

3. 播种量　播种前首先要确定播种量，根据蔬菜的种植密度、单位重量种子的粒数、种子的使用价值及播种方式、播种季节等确定（表 4-3）。点播种子播种量计算公式如下：

$$\text{单位面积播种量（g）}=\frac{\text{单位面积定植苗数（穴数×每穴种子粒数）}}{\text{每克种子粒数×种子使用价值}}\times\text{安全系数（1.2～1.5）}$$

$$\text{种子使用价值}=\text{种子净度（\%）}\times\text{种子发芽率（\%）}$$

单位栽培面积所需育苗的播种床面积计算：

$$\text{单位栽培面积需播种床面积（m}^2\text{）}=\frac{\text{实际播种量（g）×每克种子粒数×每粒种子所占面积（cm}^2\text{）}}{10\,000}$$

撒播法和条播法的播种量可参考点播法进行确定，但精确性不如点播法高。播种量的安全系数应考虑育苗的技术水平、是否嫁接育苗以及嫁接成苗率等因素来确定。

表 4-3　主要蔬菜种子的千粒重

蔬菜种类	种子千粒重（g）	蔬菜种类	种子千粒重（g）
大白菜	0.8～3.2	大　葱	3～3.5
小白菜	1.5～1.8	洋　葱	2.8～3.7
结球甘蓝	3.0～4.3	韭　菜	2.8～3.9
花椰菜	2.5～3.3	茄　子	4～5
球茎甘蓝	2.5～3.3	辣　椒	5～6
大萝卜	7.0～8.0	番　茄	2.8～3.3
小萝卜	8.0～10.0	黄　瓜	25～31
胡萝卜	1.0～1.1	冬　瓜	42～59
芹　菜	0.5～0.6	南　瓜	140～350
芫　荽	6～8	西葫芦	140～200
菠　菜	8～11	西　瓜	60～140
茼　蒿	2.1	甜　瓜	30～55
莴　苣	0.8～1.2	菜豆（矮生）	500
结球莴苣	0.8～1.0	菜豆（蔓生）	180
		豇　豆	81～122

（六）种子萌发

1. 种子发芽过程　蔬菜种子经休眠以后，在一定的条件下萌动发芽。种子发芽的过程包括以下 3 个阶段。

（1）吸水膨胀　种子在一定的温度、水分和气体等条件下吸水膨胀，这是种子发芽的第一个阶段。种子吸水膨胀是一种纯物理作用，而不是生理现象，与种子是否具有生活力没有太大关系，吸收的水分主要到达胚的外围组织，吸水量占种子发芽需水总量的 1/2～2/3。此后，进入吸水的完成阶段，即依靠胚的生理活动吸水。只有具有生活力的种子，才能有胚器官吸水的功能。各阶段水分进入种子的速度和数量，取决于种皮构造、胚及胚乳的营养成分和环境条件。提高浸种水温可加速种子的吸胀，并缩短吸胀过程。吸水完成阶段除受温度影响外，还与氧气有关。

种子在吸胀过程中会释放出一定的热量，称为吸胀热。大量种子浸种催芽时，要防止因温度过高而影响发芽。

（2）萌动　具有生活力的种子，随着吸水膨胀，酶的活性加强，贮藏的营养物质开始分解、转化和运转，胚部的细胞开始分裂、伸长。胚根首先从发芽孔伸出，这就是种子的萌动，俗称“露白”或“露根”。环境条件不适宜，会使种子延迟萌动，甚至不能发芽。萌动的种子对环境条件敏感。

（3）发芽　种子“露根”以后，胚根、胚轴、子叶、胚芽的生长加快。生产上一般认为，当子叶出土并展开以后，发芽阶段便告结束。种子在发芽期间呼吸等新陈代谢作用旺盛，如供给的氧气不足，就会引起代谢失调，无氧呼吸会产生乙醇，造成胚芽窒息，以至死亡。此外，不饱满种子本身的营养物质较少，发芽时由于能量不足，其子叶常不能顶出土面，即使子叶能出土，其生长势也较弱。种子发芽有子叶出土和子叶不出土之分。子叶出土是下胚轴首先伸长，将子叶和幼芽顶出土面，如茄果类、瓜类等；子叶不出土是由于下胚轴不伸长，而由上胚轴伸长，将幼芽顶出土面，子叶则留在土中，贴附在下胚轴上，如葱、韭菜及豆类中的豌豆和蚕豆等。

2. 种子萌发条件 水分、温度、氧气是种子萌发的三个基本条件，也有些蔬菜种子在一定的散射光条件下发芽更好。

（1）水分 水分是种子萌发的重要条件，种子萌发的第一步就是吸水。一般蔬菜种子浸种 8～12h 即可完成吸水过程，提高水温（温汤浸种、高温烫种）可使种子吸水速度加快。土壤育苗种子吸水过程与土壤溶液渗透压及水中气体含量有密切关系。土壤溶液浓度高、水中氧气不足或二氧化碳含量增加，可使种子吸水受抑制。种皮的结构影响种子吸水，如十字花科蔬菜种皮薄，浸种 4～5h 可吸足水分，黄瓜则需 4～8h，葱、韭菜需 12h，茄子需 20h 以上。

（2）温度 蔬菜种子发芽要求一定的温度，不同蔬菜种子发芽要求的温度不同。喜温蔬菜种子发芽要求较高的温度，适温一般为 25～30℃；耐寒、半耐寒蔬菜种子发芽适温为 15～20℃。在适温范围内，发芽迅速，发芽率也高。

（3）氧气 种子贮藏期间呼吸微弱，需氧量极少，但种子一旦吸水萌动，对氧气的需要急剧增加。种子发芽需氧浓度在 10%以上，无氧或氧不足，种子不能发芽或发芽不良。

（4）光照 根据种子发芽对光的要求，可将蔬菜种子分为需光种子、嫌光种子和中光种子三类。需光种子发芽需要一定的光，在黑暗条件下发芽不良，如莴苣、紫苏、芹菜、胡萝卜等；嫌光种子要求在黑暗条件下发芽，有光时发芽不良，如苋菜、葱、韭菜及其他一些百合科蔬菜种子；大多数蔬菜种子为中光种子，在有光或黑暗条件下均能正常发芽。

二、蔬菜育苗

（一）蔬菜育苗的目的意义

蔬菜育苗是指可以移植栽培的蔬菜在苗床中从播种到定植的全部过程，它是一项重要的、技术比较复杂的蔬菜栽培环节。蔬菜育苗是在人为创造的适宜环境条件下实现的，可以改变蔬菜生长的早期环境，这种改变对蔬菜的幼苗期乃至整个生长发育过程都会产生较显著的影响。蔬菜育苗的生物学意义在于使蔬菜提前生长发育，即由于气候或茬口等原因或为了增加复种茬次而无法在定植的地块按计划时间栽培的情况下，创造可以提前或按时栽培的条件，以达到能按正常期栽培或提早栽培的目的。育苗的生产意义可以概括为：

①缩短蔬菜在定植田中的生育期，提高土地利用率，增加单位面积产量。

②提早成熟，增加蔬菜早期产量，提高经济效益。

③节省用种，提高蔬菜成苗率，节约生产成本。

④有利于防除病虫害、防止或减少自然灾害对蔬菜早期生长的影响，提高秧苗质量。

⑤便于蔬菜茬口安排与衔接，有利于周年集约化栽培的实现。

⑥蔬菜秧苗体积小，便于运输，可选择资源条件好、育苗成本低的地区异地育苗。

⑦高度集中的蔬菜商品苗生产可以带动蔬菜产业和一些相关产业的发展。

⑧蔬菜商品苗生产的发展，可减轻菜农生产秧苗的负担及技术压力，促进蔬菜商品性生产的快速发展。

（二）蔬菜育苗的方式方法

蔬菜的育苗方式依据育苗场地设施的有无可分为露地育苗和设施育苗，依据育苗是否以土为介质可分为营养土（土块）育苗和无土育苗。以营养体繁殖育苗的方法包括扦插育苗、嫁接育苗和组织培养育苗等。

1. 依据育苗场地设施的有无分类

（1）露地育苗　露地育苗是指不用特殊的防护设施，利用自然条件进行育苗。目的是充分利用土地，利于集中管理，节约用种，有利于增加复种茬次等。和设施育苗相比，露地育苗管理比较容易、省工、成本低。但露地育苗易受各种自然灾害、病虫危害，也因为整地不细或土壤板结等造成种子发芽、出苗不齐等现象。

（2）设施育苗　设施育苗又可分为冬春季节保温、增温育苗和夏秋季遮阳、降温育苗两种类型。

在我国北方地区，历代农民创造了许多保温、增温育苗设施和方法，如风障畦育苗、冷床育苗、温床育苗、土温室育苗等。中国传统育苗方法的主要特点是以利用太阳光热和有机物酿热增温为主，辅之以人工短期加温培育出健壮幼苗，是一种节能型育苗方式。到了近代，塑料棚、日光温室、大型连栋温室等逐渐成为育苗的主要设施。和露地育苗相比，保护地育苗需要一定的设施条件，所以投资较大，育苗技术难度及育苗费用较高。其技术关键是合理选用育苗设施，提高设施的采光和保温性能；选用适当的加温方法，力促提高热效率；加强苗期管理，创造适宜的生长发育环境；设施和设备的充分利用等。

遮阳、降温育苗的设施要求及育苗技术难度不大，中国传统的方法是采用苇帘、秸秆、竹竿等搭建荫棚、防风障等。现代则采用遮阳网、水帘等进行遮阳、降温育苗。在夏季可用于芹菜、白菜、莴苣、甘蓝等喜冷凉的蔬菜育苗，也可用于番茄、辣椒、黄瓜等喜温蔬菜的秋季或秋延后栽培的育苗。

2. 依据育苗是否以土为介质分类

（1）营养土块（床土）育苗　营养土块育苗是我国普遍采用的育苗方法，主要采用较肥沃的园田土添加优质有机肥，充分混匀后填入育苗床，播种前浇足水，待水将要渗完时，用刀按照育苗营养面积划成不同大小的方块，水渗完后播种育苗。机械化营养土块育苗是用由机械压制而成的营养土块，流水线播种后由传送带送上拖车，运到育苗地点。营养土块育苗因土壤的缓冲性较强，营养较齐全，不易出现明显的缺素障碍。但育苗土需要用大量的有机肥或有机质与土壤配制，消毒较为困难；苗坨重量大，不便于运输，所以适合较小规模的就地育苗、就地使用。

（2）无土育苗　无土育苗是采用人工配制的育苗基质或特殊的固定材料和营养液来代替土壤和肥料的育苗方法，又称营养液无土育苗，如目前推广的营养钵、穴盘育苗法。无土育苗所用的基质必须具有物理化学性状较稳定，通透性、保水性良好，重量轻，便于长途运输和不易变形等特点。采用无土育苗有利于实现育苗的标准化、规模化生产和管理，对营养液的配制和供给、基质的选用、育苗设施及其育苗环境的调控等有较高的要求，否则易出现幼苗徒长，缺素、根系缺氧等生理障碍。

3. 以营养体繁殖育苗的方法

（1）扦插育苗　扦插育苗是利用蔬菜作物的某些器官，如枝条、叶片等，经过适当处理后，在一定条件下促其发根、成苗的一种繁殖方法。采用扦插育苗可加速种苗的繁殖速度。扦插育苗的技术关键是促其生根的基质、环境条件调控以及生长调节剂的应用等。扦插用的基质可以选择床土、水、沙、炉渣、蛭石等。在发根过程中不需要供给营养，但应有适宜的温度和氧气，保证水分供应，光照不宜太强，可适当遮阴。常用的生长调节剂有萘乙酸（500mg/L）、吲哚乙酸（1 000mg/L）、生根剂（粉）等。

（2）嫁接育苗　嫁接育苗的主要目的是利用砧木根系的吸收特性及抗土传病害等的能力，增强嫁接蔬菜植株的抗逆性、抗病性，提高产量，在瓜果类、茄果类蔬菜防土传病害和抗低温栽培上广泛应用。嫁接育苗的技术关键是选择砧木、砧木和接穗苗播种期确定、适宜的嫁接方法以及提高嫁接苗成活率和成苗率的环境调节等。常用的嫁接方法有插接法、靠接法、劈接法等，可根据蔬菜种类、嫁接技术的熟练程度等选用。

（3）组织培养（试管）育苗　组织培养育苗是在人工控制无菌条件下，将蔬菜作物组织如茎（尖）、叶或花药等，在试管内的人工培养基上进行离体培养，形成具有根、茎、叶的幼苗后，再经试管外驯化成苗。这种育苗方法对于难以得到种子、能结种子而种子量过少的蔬菜种类以及通过营养体繁殖的蔬菜的快速繁殖，是一种很好的方法。组织培养育苗最早应用于育种过程中，目前，已广泛应用于蔬菜作物的秧苗扩大繁殖，如马铃薯、生姜、大蒜等脱毒后的快速繁殖。在试管内培养基上形成的幼苗极弱，移到试管外后需要在优良的环境条件下精细管理，才能逐渐驯化成健壮的成龄苗。

（三）现代蔬菜育苗技术

所谓现代育苗技术，是与长期惯用并以经验为主的传统育苗技术相比较而言的，是一个相对的概念。其含义：一是用现代农业科学技术和工业技术培育幼苗；二是用现代经营管理理念和方式组织蔬菜育苗生产，使蔬菜育苗真正做到规模化生产、产业化经营，育苗技术达到标准化、机械化或自动化水平。

1. 现代蔬菜育苗的几种类型

（1）节能、省力型的集约化人工育苗　在有一定规模的生产条件下，冬春季育苗多利用节能日光温室，夏秋季育苗多利用日光温室或塑料大棚，育苗环境基本靠人工控制，多以穴盘为育苗容器，人工充填基质、精细播种、覆土及喷水，建有可控温的简易发芽室，在日光温室或塑料大棚设施内炼苗培养。在环境控制方面注重保温和日光能、电热能等的合理利用，在育苗技术方面大多都是人工操作，如配制高质量的育苗床土或基质、营养液、人工嫁接、种子处理消毒等，以降低生产成本。这种育苗技术体系不但节能，而且技术容易掌握、成本低、效果好。目前我国采用的蔬菜育苗技术体系基本属于这种类型。

（2）机械化穴盘育苗　20 世纪 70 年代以后，机械育苗技术开始在美国和欧洲各国迅速发展，并逐渐成为蔬菜等园艺作物育苗的主要技术。北京于 80 年代中期引进机械化穴盘育苗技术，在花乡建起了中国第一座机械穴盘育苗生产场。该育苗场从美国引进的设备主要是穴盘育苗的精量播种生产线，自 1987 年投入运行之后，商品苗产量稳步上升，质量不断提高。与中国传统育苗技术相比，劳动生产效率提高了 8～10 倍，每 100 株苗的能耗只相当于传统育苗的 1/3，成本明显下降。90 年代后，随着我国农业现代化的进程，机械化穴盘育苗在北京、上海、广州等大城市郊区及其蔬菜主产区得到了进一步应用，也为中国菜农展示了现代高效、集约化农业的广阔发展前景。

机械化穴盘育苗以草炭、蛭石、珍珠岩等轻质材料为育苗基质，以穴盘为育苗容器，从基质搅拌、填穴盘、压穴、精量播种、覆盖基质、喷淋等采用机械化生产流水线，然后放入多层催芽床架，再进入温湿度、通风可控制的催芽室，发芽的幼苗放在环境可控制的智能化连栋温室，直至成苗。

机械化穴盘育苗有以下主要特点：

①机械化程度较高，技术管理规范。除补苗需手工操作外，其他日常管理如喷水、施肥、打药等均进行机械化或自动化作业，并建立了一套相应的标准化操作规范和管理制度。

②提高了土地利用率和生产效率。与传统的营养钵育苗相比较，育苗效率由100株/m^2提高到500株/m^2以上，节省电能2/3以上，显著降低了育苗成本。

③节省种子，成苗率高。由于采用了精量播种技术，一穴只播一粒种子，节省了种子用量，提高了播种效率和成苗率。

④可集中育苗，长距离运输，异地分散供苗。由于采用轻基质育苗，且不易散坨伤根，故有利于异地育苗、长途运输、成批出售，对发展蔬菜种苗集约化生产、规模化经营十分有利。

⑤幼苗苗龄较小，定植后缓苗快。由于受穴盘穴孔的限制，与传统育苗相比，蔬菜幼苗的苗龄一般都偏小（或称半成苗）。种子播在穴盘的穴孔中并一次成苗（不分苗），故幼苗根系发达，与基质紧密黏结成“根钵”，定植时不伤根系，容易成活，缓苗很快。

（3）工厂化育苗　在人工创造的优良环境条件下，运用机械化、自动化、工程化和智能化手段，采用标准化技术措施，快速而又稳定地成批生产蔬菜优质幼苗。工厂化育苗和机械育苗方式有相同之处，但其要求则更高、更严格。不但强调工艺流程上的工厂化特点，而在环境的调控上更是要求标准化，特别是幼苗出土后直至成苗，整个过程的温、光、气、营养等，都是按照蔬菜幼苗生长发育的要求严格控制。也可以说，蔬菜幼苗就是在人工气候室内育成，是蔬菜现代育苗的高层次的育苗方式，但其能耗、成本较高。最具代表性的工厂化育苗技术是日本的闭锁型育苗系统。

工厂化育苗的基本特点是：

①育苗的主要或全部环节实行机械化或自动化作业，并向全自动化发展。

②主要育苗环境因子完全或基本上按育苗要求进行调节与控制。

③育苗技术规程实现完全标准化。

④实现秧苗的全年专业化、商品化生产。

2. 机械化穴盘育苗的设施与设备

（1）机械化穴盘育苗的设施　机械化穴盘育苗的设施一般由播种车间、催芽室、育苗温室和包装车间及附属用房等组成。

①播种车间：播种车间主要放置精量播种机流水线和一部分基质、肥料、育苗盘、育苗车架等。播种车间占地面积视育苗数量和播种机的体积而定，一般为150～200m^2。播种车间要求有足够的空间，便于播种作业，使操作人员和育苗车的出入快速顺畅，不发生拥堵，同时要求车间内的水电暖设备完备。

②催芽室：催芽室设有加温、增湿和通气等自动控制和显示系统，室内温度在20～35℃范围内可以调节，相对湿度能保持在85％～95％，催芽室内外、上下的温、湿度在误差允许范围内保持相对均匀一致。

③育苗温室：我国冬春季育苗温室多采用节能日光温室或连栋加温温室，夏秋季育苗也可用塑料大棚。规模化的育苗企业要求建设现代化的连栋温室作为育苗温室。温室要求南北走向、透明屋面东西朝向，保证光照均匀。

（2）机械化穴盘育苗的主要设备

①穴盘精量播种流水线：穴盘精量播种流水线是机械化育苗的核心设备，包括基质搅拌、基质装盘、刮平、压穴、精量播种、覆盖基质、喷淋等全过程的组成设备。该生产流水线的设备为单体组装，根据操作需要每一单体也可分离使用。

②设施环境自动控制系统：主要指育苗过程中设施温度、湿度、通风、光照等调节与控制系统，包括保温、加温、降温、通气、排湿、遮阳、补光及喷淋等设备。我国多数地区的蔬菜育苗安排在冬季和早春低温季节或夏季高温季节，外界环境条件不适于蔬菜幼苗的生长，设施内在没有调控设备的情况下，某些环境条件或某一阶段的环境条件也不可能达到蔬菜育苗所要求的标准，必须通过相应的设备进行调节和控制，使之满足对温、光、湿、气及营养环境条件的要求，培育优质壮苗。

③灌溉和营养液补充设备：机械化穴盘育苗必须有高精度可调控的自动喷灌设备，并能兼顾营养液的补充和喷施农药。一般根据蔬菜幼苗的生长速度、生长量、叶片大小以及环境温湿度状况决定育苗过程中的灌溉时间和灌溉量。

④育苗穴盘：因选用材质不同，穴盘可分为PS吸塑盘、PE吸塑盘及PS发泡盘三类。我国多采用PS吸塑盘，目前选用的穴盘规格多为50、72、128和288孔。番茄、茄子、黄瓜育苗一般选用72孔穴盘，辣（甜）椒、甘蓝、花椰菜选用128孔穴盘，莴苣、芹菜、球茎茴香、芥蓝宜选用288孔穴盘。

⑤运苗车与育苗床架：运苗车包括播种后穴盘转移车和成苗转移车。穴盘转移车将播种后的穴盘运往催芽室，其结构为可移动的多层发芽苗床架，高度、宽度及层高根据穴盘的尺寸、催芽室的空间等确定。该转移车进入催芽室后，待蔬菜种子发芽结束将穴盘移至育苗温室。成苗转移车主要根据商品幼苗的高度确定放置架的多层高度，单个架体不必过大，以利于不同种类蔬菜幼苗的搬运和装卸为宜。育苗床架一般由固定支撑架和移动式穴盘摆放床架组成。移动式床架可通过在设置牢固的支撑架上放置滚轴使其来回移动，以减少走道面积，扩大苗床的面积，可使育苗温室的有效面积利用率提高20%以上。

（四）嫁接育苗技术

嫁接技术是中国春秋战国时期园艺技术的重大成就之一，最初应用在果树、花木上。汉代嫁接技术已被应用到蔬菜生产中。西汉《氾胜之书》（公元前1世纪后期）在区种法中说："下瓠子十颗……既生，长二尺余。便总聚十茎一处，以布缠之五寸许，复用泥泥之。不过数日，缠处便合为一茎。留强者，余悉掐去，引蔓结子。"这是我国文献中有关蔬菜嫁接栽培的最早记载。20世纪20年代以后，日本等国开始将嫁接技术广泛应用于蔬菜生产。邢禹贤于70年代在我国的冬季温室西瓜生产中首次引入嫁接技术，成功地解决了西瓜连作重茬的障碍问题。70年代中期，中国农业科学院蔬菜研究所等单位引进日本黄瓜嫁接育苗技术，并取得成功。80年代以后，蔬菜嫁接育苗在我国得到迅速发展，现今已广泛应用于黄瓜、西瓜、甜瓜、茄子、番茄、甜椒等蔬菜的设施栽培中。目前，我国的蔬菜嫁接育苗基本是采用手工操作，每人每天嫁接苗量一般为400～600株，技术熟练者可达800株，成活率在90%以上。在日本、荷兰等发达国家，传统幼苗嫁接的手工操作已逐渐被机械（智能化机器人）所代替，其比手工嫁接能提高工效几十倍。长春裕丰自动化技术有限公司利用日本、韩国专利技术开发的蔬菜自动嫁接机每小时可嫁接240～540株苗，成活率在90%以上。

1. 瓜类蔬菜嫁接方法

（1）靠接　靠接也称舌接，适用于黄瓜、甜瓜、西瓜、西葫芦、苦瓜等蔬菜，尤其适用于胚轴较细的砧木嫁接，以黄瓜、甜瓜应用较多。嫁接适期为：砧木子叶全展，第一片真叶显露；接穗第一片真叶始露至半展。嫁接过早，幼苗太小操作不方便；嫁接过晚，成活率低。砧穗幼苗下胚轴长度5～6cm利于操作。

通常，以南瓜为砧木嫁接黄瓜，黄瓜比南瓜早播2～5d，黄瓜播种后10～12d嫁接；以瓠瓜为砧木嫁接西瓜，西瓜比瓠瓜早播3～10d，以新土佐为砧木，比新土佐早播5～6d，前者出土后播种后者；以南瓜为砧木嫁接甜瓜，甜瓜比南瓜早播5～7d，若采用甜瓜共砧需同时播种。幼苗生长过程中保持较高的苗床温、湿度有利于下胚轴伸长。同时注意保持幼苗清洁，减少沙粒、灰尘污染。嫁接前适当控苗使其生长健壮。

嫁接时首先将砧木苗和接穗苗的基质喷湿，从育苗盘中挖出后用湿布覆盖，防止萎蔫。取接穗，在子叶下部1～1.5cm处呈15°～20°向上斜切一刀，深度达胚轴直径3/5～2/3；去除砧木生长点和真叶，在其子叶节下0.5～1cm处呈20°～30°向下斜切一刀，深度达胚轴直径1/2；砧木、接穗切口长度0.6～0.8cm。将砧木和接穗的切口相互套插在一起，用专用嫁接夹固定或用塑料条带绑缚。将砧穗复合体栽入营养钵中，保持两者根茎距离1～2cm，以利于成活后断茎去根（图4-3）。

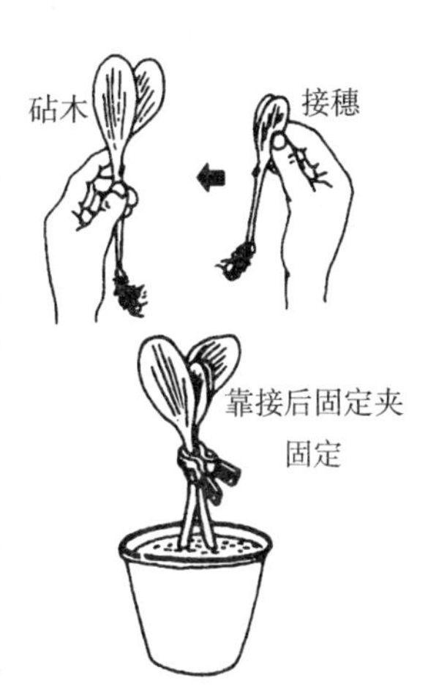

图4-3　黄瓜靠接示意图

靠接苗易管理，成活率高，生长整齐，操作容易。但此法嫁接速度慢，接口需要固定物，并且增加了成活后断茎去根工序；接口位置低，易受土壤污染和发生不定根，幼苗搬运和田间管理时接口部位易脱离。采用靠接要注意两点：一是南瓜幼苗下胚轴是一中空管状体，髓腔上部小，下部大，所以南瓜苗龄不宜太大，切口部位应靠近胚轴上部，砧穗切口深度、长度要合适。切口太浅，砧木与接穗接合面小，砧穗接合不牢固，养分输送不畅，易形成僵化幼苗，成活困难；切口太深，砧木茎部易折断。二是接口和断根部位不能太低，以防栽植时被基质或土壤掩埋再生不定根或者髓腔中产生不定根入土，失去嫁接意义。

（2）插接　插接适用于西瓜、黄瓜、甜瓜等蔬菜嫁接，尤其适用于胚轴较粗的砧木种类。接穗子叶全展，砧木子叶展平、第一片真叶显露至初展为嫁接适宜时期。根据育苗季节与环境，南瓜砧木比黄瓜早播2～5d，黄瓜播种后7～8d嫁接；瓠瓜砧木比西瓜早播5～10d，即瓠瓜出苗后播种西瓜；南瓜砧木比西瓜早播2～5d，西瓜播种后7～8d嫁接；采用共砧则同时播种。育苗过程中根据砧穗生长状况调节苗床温湿度，促使幼茎粗壮，砧穗同时达到嫁接适期。砧木胚轴过细时可提前2～3d摘除其生长点，促其增粗。

嫁接时首先喷湿接穗、砧木苗钵（盘）内基质。取出接穗苗，用水洗净根部放入白瓷盘，湿布覆盖保湿。砧木苗不需挖出，直接摆放在操作台上或在穴盘内，用竹签剔除其真叶和生长点，要求干净彻底，避免再次萌发，并注意不要损伤子叶。左手轻捏砧木苗子叶节，右手持一根宽度与接穗下胚轴粗细相近、前端削尖略扁的光滑竹签，紧贴砧木一片子叶基部内侧向另一片子叶下方斜插，深度0.5～0.8cm，竹签尖端在子叶节下0.3～0.5cm出现，但不要穿破胚轴表皮，以手指能感觉到其尖端压力为度。插孔时要避开砧木胚轴的中心空腔，插入迅速准确，竹签暂不拔出。然后用左手拇指和无名指将接穗2片子叶合拢捏住，食指和中指夹住其根部，右手持刀片在子叶节以下0.5cm处呈30°向前斜切，切口长度0.5～

0.8cm，接着从背面再切一刀，角度小于前者，以划破胚轴表皮、切除根部为度，使下胚轴呈不对称楔形。切削接穗时速度要快，刀口要平、直，并且切口方向与子叶伸展方向平行。拔出砧木上的竹签，将削好的接穗插入砧木小孔中，使两者密接。砧穗子叶伸展方向呈十字形，利于见光。插入接穗后用手稍晃动，以感觉比较紧实、不晃动为宜（图 4-4）。

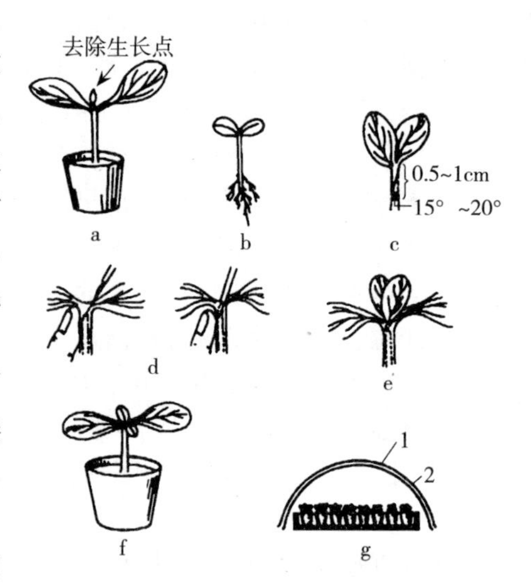

图 4-4　黄瓜插接示意图

a. 砧木苗　b. 接穗苗　c. 削成的接穗苗　d. 插入竹签　e. 插入接穗　f. 嫁接苗　g. 嫁接苗苗床

1. 小拱棚　2. 日间高温时遮阳物

插接时，用竹签剔除其真叶和生长点后也可向下直插，接穗胚轴两侧削口可稍长。直插嫁接容易成活，但往往接穗由中部向下易生不定根，影响嫁接效果。

插接法砧木苗不需取出，减少嫁接苗栽植和嫁接夹使用等工序，也不用断茎去根，嫁接速度快，操作方便，省工省力；嫁接部位紧靠子叶节，细胞分裂旺盛，维管束集中，愈合速度快，接口牢固，砧穗不易脱裂折断，成活率高；接口位置高，不易再度污染和感染，防病效果好。但插接对嫁接操作熟练程度、嫁接苗龄、成活期管理水平要求严格，技术不熟练时嫁接成活率低，后期生长不良。

（3）劈接　适宜嫁接时期为接穗两片子叶充分展开，砧木第一片真叶出现。砧木比接穗提早 3～8d 播种。嫁接时将砧木心叶摘除，然后用刀片在胚轴正中央或一侧垂直向下纵切，切口长 1～1.5cm，再把接穗胚轴削成楔形，削面长短与砧木切口长度相对应，将接穗插入砧木切口，用嫁接夹固定或用塑料带缠绑。

以瓠瓜为砧木劈接西瓜成活率高，生长发育好，但需固定接口，嫁接速度慢、效率低，接后管理烦琐；以南瓜为砧木劈接西瓜效率稍低，接后要求管理精细，但幼苗生长发育良好，较易普及推广。

（4）断根插接　保留砧木胚轴适当长度，切断后嫁接，并促其生根长成完整植株，嫁接采用插接法。用新土佐作砧木嫁接时常用此法；黑籽南瓜胚轴太短，子叶太大，应用较少。根据嫁接时的温度条件，砧木比接穗提前 2～3d 播种或砧穗同时播种，砧木第一片真叶 0.5～1cm、接穗第一片真叶约 0.5cm 时嫁接。接前 1～2d 适当降温控水，促使胚轴硬化，嫁接当天苗床充分浇水，使植株吸足水分，最好喷洒一次低浓度杀菌剂。嫁接时在砧木子叶节下留 5～6cm 将胚轴切断，越靠近根部胚轴生根能力越强，接穗于子叶节下 2～3cm 切断，将两者分别放入湿润的容器中，用湿布覆盖防止萎蔫。一次性剪取砧木、接穗数量不宜过多，最好随剪断随嫁接。插接完毕后将砧穗复合体插栽入装有基质的育苗钵（盘）中，插栽深度 2～3cm，扣棚密闭遮光。

断根插接法操作简单、省力，砧木和接穗完全不附着泥土，嫁接效率高。幼苗重新生根，侧根数量多，植株长势旺盛，利于提高产量。但嫁接后的环境管理要求较严格。

2. 茄果类蔬菜嫁接方法　茄果类蔬菜嫁接不仅是为了避免土传病害的发生，而且还由于砧木比接穗具有更为发达的根系，可促进幼苗及植株的旺盛生长，最终提高产量。番茄、茄子的嫁接方法有多种，如插接、靠接、劈接等，但两者各有侧重，番茄以靠接较简便，茄子则以劈接为主。

（1）靠接　靠接主要应用于番茄。番茄砧木提早 2～5d 播种，播后 10～15d 幼苗 2 片真叶时将砧木和接穗双双栽入同一营养钵中，砧木居中，接穗靠一侧，浇水使之正常生长。砧木 3～4 片真叶、茎粗 0.3～0.4cm，接穗 3 片真叶时嫁接为宜。接前控制浇水，以利于嫁接操作和接后成活。嫁接时砧木与接穗切口选在第一片真叶与第二片真叶之间，或者子叶与第一片真叶之间，砧木由上向下切，接穗由下向上切，切口角度 30°左右，长度 0.5～0.8cm，深度达茎粗 1/2，最多不超过 2/3，然后将砧穗切口套接在一起用夹子固定。茄子接穗早播 5～6d，砧穗 2～3 片真叶时嫁接。砧穗均在第一片真叶下方 1cm 处切口，切口长度约 0.5cm，深度为茎粗的一半，然后将两者相接后固定。成活后断掉接穗根系并去除砧木顶部叶片（图 4-5）。

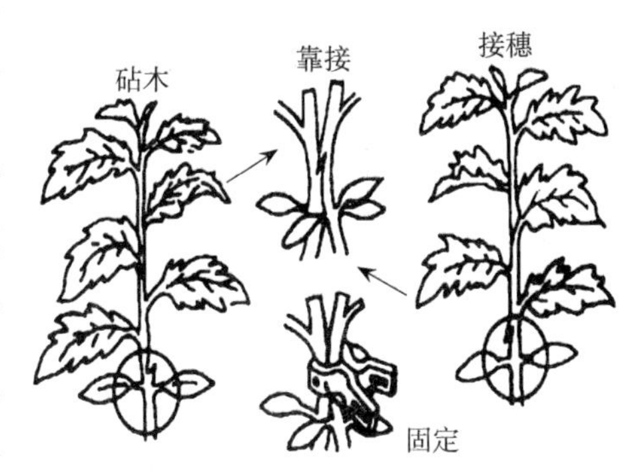

图 4-5　番茄靠接示意图

靠接法保留砧穗根系，成活后再将砧木根系切除，操作简易，成活率高，幼苗生长整齐健壮，但嫁接效率低。选择生长一致的砧木和接穗幼苗，轻轻削去接穗切口背面表皮并使砧穗切口密接有利于提高成活率。

（2）插接　番茄砧木比接穗提早播种 7～10d，砧木 3～4 片真叶、接穗两叶一心时嫁接。砧木苗嫁接前 2d 浇水，使生长旺盛挺拔，接穗苗则要适当控制浇水，力求秧苗壮而不过旺。嫁接时在砧木第一片真叶上方横切，除去腋芽，用特制的竹签从砧木苗切口处向第一片真叶斜插，深度约 0.5cm，竹签尖端在第一片真叶叶柄基部下方显露。然后将接穗子叶下胚轴切成楔形，接穗苗较大时可于第一片真叶下削成楔形，最后拔出竹签将接穗插入。有时用竹签沿第一片真叶叶腋向茎部斜下扎孔嫁接。

茄子插接时要求砧木生长至 2～3 片真叶，接穗 2 片真叶，砧木留一片真叶横切，用竹签斜向插孔，竹签粗度与接穗大体相同，扎孔深度以扎透另一侧表皮为准，然后将接穗苗子叶以下削成楔形，切口长度约 0.5cm，去除子叶，插入砧木已用竹签扎好的孔中。

插接法适用于幼嫩苗大批量嫁接，不需夹子固定，嫁接效率高。

（3）劈接　茄子嫁接主要采用劈接。砧木提前 7～15d 播种，托鲁巴姆则需提前 25～35d。砧木、接穗 1 片真叶时进行第一次分苗，3 片真叶前后进行第二次分苗，此时可将其栽入营养钵中。砧木和接穗约 5 片真叶时嫁接。接前 5～6d 适当控水促使砧穗粗壮，接前 2d 一次性浇足水分。嫁接时首先将砧木于第二片真叶上方截断，用刀片将茎从中间劈开，劈口长度 1～2cm。接着将接穗苗拔出，保留两片真叶和生长点，用锋利刀片将其基部削成楔形，切口长为 1～2cm，然后将削好的接穗插入砧木劈口中，用夹子固定或用塑料带活结绑缚。番茄劈接时砧木提早 5～7d 播种，砧木和接穗约 5 片真叶时嫁接。保留砧木基部第一片真叶切除上部茎，从切口中央向下垂直纵切一刀，深 1～1.5cm，接穗于第二片真叶处切断，并将基部削成楔形，切口长度与砧木切缝深度相同，最后将削好的接穗插入砧木切缝中，并使两者密接，加以固定。砧木苗较小时可于子叶节以上切断，然后纵切（图 4-6）。

劈接法砧穗苗龄均较大，操作简便，容易掌握，嫁接成活率也较高。

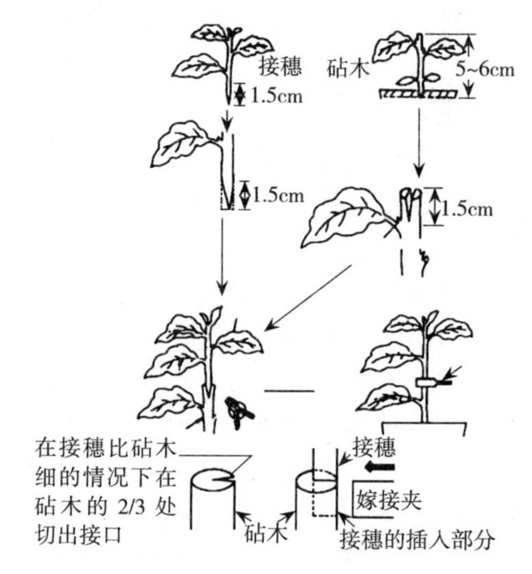

图 4-6　茄子劈接示意图

3. 适于机械化作业的嫁接方法　机械化嫁接过程中，要解决的重要问题是胚轴或茎的切断、砧木生长点的去除和砧、穗的把持固定方法。平、斜面对接嫁接法是为机械切断接穗和砧木、去除砧木生长点以及使切断面容易固定接合而创造的新方法，根据机械的嫁接原理不同，砧、穗的把持固定可采用套管、嫁接夹或瞬间接合剂等方法。

（1）套管式嫁接　套管式嫁接适用于黄瓜、西瓜、番茄、茄子等蔬菜。首先将砧木的胚轴（瓜类）或茎（茄果类，在子叶或第一片真叶上方）沿其伸长方向 25°～30°斜向切断，在切断处套上嫁接专用支持套管，套管上端倾斜面与砧木斜面方向一致。然后，瓜类在接穗下胚轴上部、茄果类在子叶（或第一片真叶）上方按上述角度斜着切断，沿着与套管倾斜面相一致的方向将接穗插入支持套管，尽量使砧木与接穗的切面很好地压附靠近在一起。嫁接完毕后将幼苗放入驯化设施中保持一定温度和湿度，促进伤口愈合。瓜类接穗和砧木播种时，种子胚芽按纵向一致的方向排列，便于嫁接时切断、套管及接合操作。砧木、接穗子叶刚刚展开，下胚轴长度 4～5cm 时为嫁接适宜时期。砧木接穗过大，成活率降低；接穗过小，虽不影响成活率，但以后生育迟缓，嫁接操作也困难。茄果类幼苗嫁接，砧木、接穗幼苗茎粗不相吻合时，可适当调节嫁接切口处位置，使嫁接切口处的茎粗基本相一致（图 4-7）。

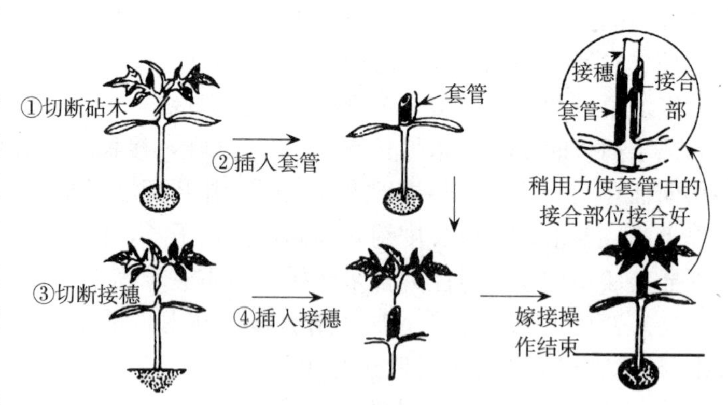

图 4-7　番茄套管式嫁接示意图

套管式嫁接操作简单，嫁接效率高，驯化管理方便，成活率及幼苗质量高，很适于规模化的手工嫁接，也适于机械化作业和工厂化育苗。砧木可直接播于营养钵或穴盘中，无需取出，便于移动运送。由于瓜类幼苗的嫁接部位在砧、穗下胚轴处以及砧木子叶切除，因而初期生育缓慢，整个生育期延迟，故需相应提早播种。同时由于嫁接时要求幼苗处于较幼嫩时期，适宜嫁接时间短，一般仅为 1～2d（黄瓜 1d，西瓜 2d），所以对播种期要求严格。茄果类砧、穗可同时播种或砧木提前 1～7d 播种，2～6 片真叶时嫁接。

采用套管式嫁接要求接前使幼苗充分见光，适当控制浇水，避免徒长；嫁接时尽量扩大嫁接接合面，保持适当压力压合接面，并防止接面干燥；嫁接后保持驯化环境高湿，避免强光照射，合理通风管理，这样有利于提高嫁接成活率。

（2）单子叶切除式嫁接　为了提高瓜类幼苗的嫁接成活率，人们还设计出砧木单子叶切除式嫁接法。即将南瓜砧木的子叶保留一片，将另一片和生长点一起斜切掉，再与在胚轴处斜切的黄瓜接穗相接合的嫁接方法。南瓜子叶和生长点位置非常一致，所以把子叶基部支起就大体确保把生长点和一片子叶切断。砧、穗的固定采用嫁接夹比较牢固，也可用瞬间黏合剂（专用）涂于砧木与接穗接合部位周围。单子叶切除式嫁接适于机械化作业，也可用手工操作（图 4-8）。

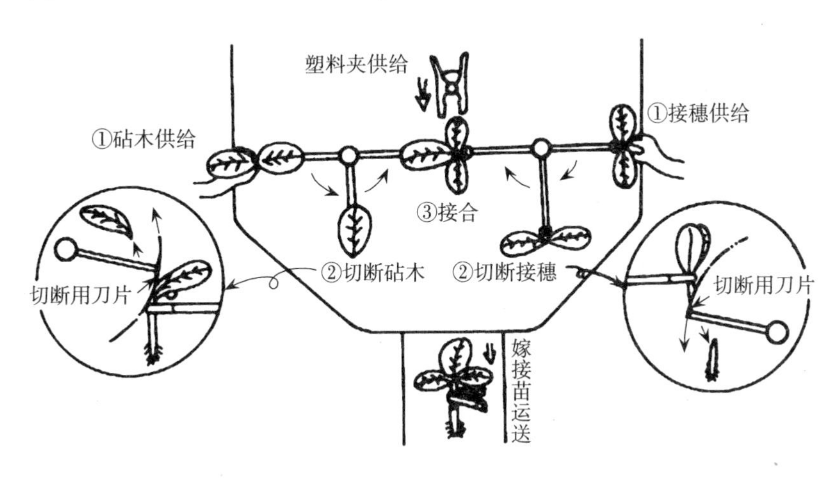

图 4-8　砧木单子叶切除智能嫁接示意图

（3）平面智能机嫁接　平面智能机嫁接法是由日本小松株式会社研制成功的全自动式智能嫁接机完成的，本嫁接机要求砧木、接穗的穴盘相同（均为 128 穴）。嫁接机的作业，首先有一台砧木预切机，将穴盘培育的砧木从子叶以下把上部茎叶切除，育苗穴盘在行进中完成切除工作。然后，将切除了砧木上部的穴盘与接穗的穴盘同时放在全自动式智能嫁接机的传送带上，嫁接的作业由机械自动完成。砧木穴盘与接穗穴盘在嫁接机的传送带上同速行至作业处停住，一侧伸出一机械手把砧木穴盘中的一行砧木夹住，同时，切刀在贴近机械手面处重新切一次，使其露出新的切口，紧接着另一侧的机械手把接穗穴盘中的一行接穗夹住切下，并迅速移至砧木切口之上并将两切口平面对接，然后由喷头喷出的黏合剂将接口包住，再喷上一层硬化剂把砧木、接穗固定。

平面智能机嫁接操作完全是智能机械化作业，嫁接效率高，每小时可嫁接上千株；驯化管理方便，成活率及幼苗质量高，由于是对接固定，砧木、接穗的胚轴或茎粗度稍有差异不会影响其成活率。砧木在穴盘中无需取出，便于移动运送。平面智能机嫁接法适于子叶展开的黄瓜、西瓜和 1～2 片真叶的番茄、茄子。

4. 嫁接后管理

（1）愈合期管理　蔬菜嫁接后，对于亲和力强的嫁接组合，从砧木与接穗接合、愈伤组织增长融合，到维管束分化形成需 10d 左右。高温、高湿、中等强度光照条件下愈合速度快，成苗率高，因此，加强该阶段的管理有利于促进伤口愈合，提高嫁接成活率。研究表明，嫁接愈合过程是一个物质和能量的消耗过程，二氧化碳施肥、叶面喷葡萄糖溶液、接口用促进生长的激素（NAA、KT）处理等措施均有利于提高嫁接成活率。

①光强：嫁接愈合过程中，前期尽量避免阳光直射，以减少叶片蒸腾，防止幼苗失水萎蔫，但要注意让幼苗见散射光。嫁接后2～3d内适当用遮阳网、草帘、苇帘或沾有泥土的废旧薄膜遮阴，光照度4 000～5 000lx为宜；3d后早晚不再遮阴，只在中午光照较强一段时间临时遮阴，以后临时遮光时间逐渐缩短；7～8d后去除遮阴物，全日见光。

②温度：嫁接后保持较常规育苗稍高的温度可以加快愈合进程。黄瓜刚刚完成嫁接后提高地温到22℃以上，气温白天25～28℃、夜间18～20℃，高于30℃时适当遮光降温；西瓜和甜瓜气温白天25～30℃、夜间23℃，地温25℃左右；番茄白天23～28℃，夜间18～20℃；茄子嫁接后前3d气温要提高到28～30℃。为了保证嫁接初期温度适宜，冬季低温条件下温室内要有加温设备，无加温设备时采用电热温床育苗为好。嫁接后3～7d，随通风量的增加降低温度2～3℃。1周后叶片恢复生长时说明接口已经愈合，开始进入正常温度管理。

③湿度：将接穗水分蒸腾减少到最低限度是提高嫁接成活率的决定性因素之一。每株幼苗完成嫁接后立即将基质浇透水，嫁接后立即将幼苗放入已充分浇湿的小拱棚中，用薄膜覆盖保湿，嫁接完毕后将四周封严。前3d相对湿度最好保持在90%～95%，每日上、下午各喷雾1～2次，保持高湿状态，薄膜上布满露滴为宜。喷水时喷头朝上，喷至膜面上最好，避免直接喷洒嫁接部位引起接口腐烂。在薄膜下衬一层湿透的无纺布则保湿效果更好。4～6d内相对湿度可稍微降低，85%～90%为宜，一般只在中午前后喷雾。嫁接1周后转入正常管理。断根插接幼苗保温保湿时间适当延长以促进发根。为了减少病原菌侵染，提高幼苗抗病性，促进伤口愈合，喷雾时可配合喷洒丰产素或杀菌剂。

④通风：嫁接后前3d一般不通风，保温保湿。断根插接幼苗高温高湿下易发病，每日可进行两次换气，但换气后需再次喷雾并密闭保湿。3d以后视作物种类和幼苗长势早晚通小风，以后通风口逐渐加大，通风时间逐渐延长，10d左右幼苗成活后去除薄膜，进入常规管理。

（2）成活后管理　嫁接苗成活后的环境调控与普通育苗基本一致，但结合嫁接苗自身特点需要做好以下几项工作。

①断根：嫁接育苗主要利用砧木的根系。采用靠接等方法嫁接的幼苗仍保留接穗的完整根系，待其成活以后，要在靠近接口部位下方将接穗胚轴或茎剪断，一般下午进行较好。刚刚断根的嫁接苗若中午出现萎蔫可临时遮阴。断根前一天最好先用手将接穗胚轴或茎的下部捏几下，破坏其维管束，这样断根之后更容易缓苗。断根部位尽量上靠接口处，以防止与土壤接触重生不定根引起病原菌侵染失去嫁接防病意义。为避免切断的两部分重新接合，可将接穗带根下胚轴再切去一段或直接拔除。断根后2～4d去掉嫁接夹等束缚物，对于接口处生出的不定根及时检查去除。

②去萌蘖：砧木嫁接时去掉其生长点和真叶，但幼苗成活和生长过程中会有萌蘖发生，在较高温度和湿度条件下生长迅速，一方面与接穗争夺养分，影响愈合成活速度和幼苗生长发育；另一方面会影响接穗的果实品质，失去商品价值。所以，从通风开始就要及时检查和清除所有砧木发生的萌蘖，保证接穗顺利生长。番茄、茄子嫁接成活后还要及时摘心或去除

砧木的真叶及子叶。

幼苗成活后及时检查，除去未成活的嫁接苗，成活嫁接苗分级管理。对成活稍差的幼苗以促为主，成活好的幼苗进入正常管理。随幼苗生长逐渐拉大苗距，避免相互遮阴。苗床应保证良好的光照、温度、湿度，以促进幼苗生长。番茄嫁接苗容易倒伏，应立杆或支架绑缚。幼苗定植前注意炼苗。

（五）幼苗的生长特性与苗期管理

蔬菜可以育苗栽培的种类很多，叶菜类育苗的幼苗管理相对比较简单，而果菜类育苗的幼苗管理则较复杂，育苗期管理对果实产量影响较大。下面以果菜类蔬菜幼苗为例介绍幼苗管理。

1. 幼苗的生育时期

（1）发芽期　发芽期是指从种子萌动后的露根、露心、子叶展开至第一片真叶露心的整个阶段。此期内，幼苗干重呈以出苗时为最低点的V形变化，即种子萌发出土以前，完全依靠内部贮存的养分降解得到能量，种子干重逐渐降低；当幼苗子叶展开并转绿以后，向独立生活的自养阶段过渡，出土后小苗的干重逐渐增加，至第一片真叶开始出现时，其干重接近于原来种子的干重水平。

从子叶微展到第一片真叶显露是幼苗逐步过渡到独立生活的关键时段，管理在于控水降温，防止胚轴徒长，形成所谓的“高脚苗”（下胚轴过长）。这一时期生长中心在胚轴，降温可以控制胚轴伸长而促进子叶肥大厚实，控水可以促进根系扩展和养分积累，从而促进生长锥中叶原基的分化。此时段要防止高温高湿、通风不良而成徒长苗。子叶的正常生长将为培育壮苗打下良好的基础，也为果菜类花芽的分化准备充分的物质条件。一些试验表明，茄果类蔬菜幼苗子叶的作用主要在子叶展开后2周内表现明显，此后随着真叶的出现及叶面积的扩大，子叶逐渐失去作用。所以，注意保护子叶是培育壮苗的基础。此期是瓜类蔬菜嫁接的最佳时期。

（2）基本营养生长期　从第一片真叶露心至花芽开始分化（茄果类一般为3～4叶）为基本营养生长期。此阶段地上部生产量不大，根系重量逐渐增大。真叶展开后，茎高生长速度不快，茎粗生长比较明显，说明光合产物有所积累。随着真叶的陆续展开与叶片的生长，叶面积不断增大，只有当叶面积发展到一定程度时，果菜类才开始花芽分化。这一时期生长锥即大量分化叶原基，对于果菜类是由营养生长向生殖生长转变的过渡阶段。如茄果类、矮生菜豆、毛豆等生长锥开始突起形成花原基，蔓性的豆类和瓜类则在腋芽孕育花芽。这一时期生长中心在根、茎、叶，管理上既要保证根、茎、叶的生长正常，又要适当控制，来促进叶原基大量发生和果菜花芽的及时分化。

此时，3～4叶的瓜类、豆类蔬菜即可定植，需要分苗的茄果类蔬菜可行分苗。茄果类蔬菜的嫁接在此期进行。

（3）迅速生长发育期　秧苗迅速生长发育期是指花芽开始分化至第一花序现蕾。这一时期无论生长量还是生长速度都在上升，秧苗重量的90%～95%都在这一时期形成，是决定秧苗大小和质量的关键时期，应创造良好的环境条件促进秧苗正常生长而不能过于抑制，防止相对生产率急剧下降及老化苗的形成。

在秧苗生长过程中，叶面积的扩大具有重要意义，因为它不仅关系到干物质的积累，而且关系到果菜类蔬菜作物的花芽分化。番茄幼苗一般在3叶展开期开始花芽分化，在正常情况下，每2～3d分化1个花序，如果培育8片真叶现蕾的大苗，则第4花蕾的花芽已开始分化，并可明显观察到第1花穗下侧枝上的花芽。辣椒和茄子的花芽分化规律基本与番茄相似。

保证秧苗正常健壮的生长，是花芽分化、花器发育及提高花芽分化质量的基础。如果秧苗徒长或老化，则不但花芽数少，而且花芽质量差，易落花或产生畸形果。

2. 幼苗对环境条件的要求

（1）温度　温度对茄果类蔬菜幼苗的影响主要有两个方面：一是影响生长速度及生产量，二是影响幼苗质量。一般果菜类蔬菜幼苗生长的适宜温度为20～25℃，西瓜、甜瓜要求的温度高于黄瓜，茄子、辣椒的适宜温度高于番茄。以番茄为例，为促进光合作用上午的适温为20～25℃，下午为15～20℃；夜晚前半夜13～16℃可保证营养物质的正常运转，后半夜可降至10～12℃以减少养分的消耗。阴雨天时白天的适温标准应控制在低限；天气晴好，光照充足，营养、水分等条件适宜，应适当提高温度，以促进幼苗的生长发育。

土壤温度影响幼苗根系的发育及吸收能力。一般来说，果菜类蔬菜幼苗生长的适宜地温为20～23℃，根系生长的最低温度为10℃±2℃，西瓜、甜瓜、黄瓜、茄子、辣椒等要偏高一些，番茄、南瓜等可偏低些，而根毛发生的最低地温还要增高2℃。当气温较高、地温也在适温下限以上时，地温高低对幼苗生长影响不大，地温稍低反而有利于提高秧苗质量。相反，在春季设施育苗中，当气温、地温都较低时，适当提高地温可明显促进幼苗生长，起到一定补偿作用。

（2）光照　蔬菜幼苗的生育要求一定的光照时间与光照度，例如茄果类蔬菜幼苗，在短光照条件（8h）下可以降低花序的着生节位，特别在低温、短光照条件下更为显著。适当延长光照时间，可增加同化量及营养物质的积累，促进幼苗生长，从而能使花芽分化及开花时间提前。大多数黄瓜品种在短日照下能促进雌花的形成，特别在低温、短日照下效果更加明显。

果菜类蔬菜幼苗在20～30klx的光照度下即可基本满足培育壮苗的要求，叶菜类蔬菜幼苗对光照度的要求可以更低一些。在自然光照度不足或幼苗密度较大的情况下，常使幼苗群体内的光强减弱，以致幼苗植株中碳素营养水平降低，对幼苗的生长、发育造成很大影响，并导致幼苗徒长、花芽分化期延迟、花芽数减少、花芽质量下降、落花率增高等。

生产上常采用人工补光延长光照时数和增加光照度，但应注意补光技术对幼苗生长发育的影响。上海市农业科学院园艺研究所（1981）试验指出，应用人工光源，在番茄、黄瓜、甜椒的苗期进行补光处理，对促进幼苗生长、提早生育期、增加早期产量和总产量都有良好的效果。也有报道指出，每天补光时间过长时会引起番茄幼苗黄化等生理障碍。此外，日光中的紫外线具有抑制幼苗徒长、促进角质层发达以及花青素形成等作用，从而能促进幼苗的健壮生长。透明塑料薄膜比玻璃能透过较多的紫外线，所以，在温、湿度相同的条件下，应用塑料薄膜覆盖育苗，幼苗生长较健壮。

（3）水分　土壤或基质中的水分含量多少不仅影响幼苗对水分的吸收，同时也关系到土壤或基质的温度及通气条件。一般而言，水分过少，幼苗正常生理活动受到干扰，甚至会使幼苗的生长发育明显受到抑制。反之，水分过多，在光照不足及较高的温度条件下幼苗极易徒长。早春育苗如果土壤或基质水分过多，则通气性差，温度低，不仅影响根系发育及其吸收作用，而且也易发生病害。

不同蔬菜幼苗的生长对土壤或基质水分的要求不同。黄瓜根系发育较弱，叶片蒸发量较大，对床土水分的要求比较严格。在茄果类蔬菜中，茄子幼苗生长对床土水分的要求比番茄要高，只有在保水性能较好的土壤或基质中育苗，才能为茄子壮苗的培育创造良好的条件。适于蔬菜育苗的土壤或基质的相对含水量一般为60%～80%。水分并不是造成幼苗徒长的直接因素，只有在光照不足、温度过高时，较高的土壤或基质含水量才可能成为造成蔬菜幼苗徒长的因素。

育苗时如空气湿度过低，幼苗水分蒸发量过大，也会影响其正常生长发育，甚至会出现一些明显的生理障碍。相反，如果空气湿度过高，则也会抑制蒸腾作用而影响根系吸收的机能。在较高的气温及较弱的光照条件下，较高的空气湿度也会促进幼苗徒长，同时也极易导致病害的发生。

（4）土壤及营养　蔬菜育苗对土壤或基质的质量要求较高，它关系到地温、土壤通气性、土壤水分、营养等诸多因素，从而影响幼苗的发育及其根系的吸收功能。具备良好的物理性质与化学性质、不携带病虫的土壤或基质是培育壮苗的基础。适于蔬菜幼苗生长的土壤或基质，其固相、气相和液相三相比一般为4∶3∶3左右，总孔隙度为60%左右。土壤或基质应含有较多的有机质，丰富的速效氮、磷、钾且pH适宜。蔬菜育苗所采用的人工配制培养土，其有机质含量为5%～7%，pH为6～7。

总之，蔬菜幼苗的生长发育明显地受环境条件的影响，而苗期的各种环境条件之间又相互关联，因此，必须做好苗期的综合环境条件调控才能培育出适龄壮苗。

（六）壮苗与壮苗指标

育苗的目的是培育壮苗。幼苗的质量对蔬菜的早熟性和产量影响显著，与徒长苗或老化苗相比，壮苗的早期产量和总产量都高。尤其是果菜类蔬菜，因其花芽在苗期已形成，所以幼苗质量对生产的影响更大。农谚有“壮苗五成收”之说，说明培育壮苗是获得蔬菜早熟与丰产的基础。

1. 苗龄与幼苗质量　苗龄有生理苗龄和日历苗龄两种描述方法。生理苗龄指幼苗的生理年龄，是表示幼苗实际生长发育到的形态阶段或生育程度，如子叶苗、四叶苗、现蕾苗等。日历苗龄指幼苗生长发育所经历的日历时间，与生理苗龄有显著的相关性，但不完全相同。幼苗在一定的条件下，经历一定时间后达到所要求的形态阶段或生育程度，且生长发育正常，称为适宜苗龄。幼苗质量的标志除适宜苗龄外，还要看其健壮程度。掌握适当的日历苗龄（即苗期）十分重要，苗期的长短涉及幼苗生长发育的阶段和幼苗质量，但在很大程度上受育苗设备和育苗温光条件的制约（表4-4），同时也关系到育苗的成本与能源的消耗。

表4-4　几种代表性蔬菜幼苗的苗龄和所需积温数

蔬菜种类	生育过程								苗龄（d）	积温（℃）
	催芽（d）	积温（℃）	出苗（d）	积温（℃）	子叶期（d）	积温（℃）	苗期（d）	积温（℃）		
瓜类	1～3	30～90	3	70	7	110～120	20	360～380	31～33	570～660
番茄	4	130	3	70	8	130	35	685	50	1 015
茄子、辣椒	6	180	5	110	8	140	41～44	820～880	60～65	1 250～1 310

（续）

蔬菜种类	生育过程								苗龄（d）	积温（℃）
	催芽（d）	积温（℃）	出苗（d）	积温（℃）	子叶期（d）	积温（℃）	苗期（d）	积温（℃）		
豆类	—	—	3	80	—	—	17	270	20	350
结球甘蓝、花椰菜	1	22	2	50	5	75	38	684	46	831
结球生菜、莴苣	2	40	3	70	5	75	32	545	42	730
芹菜	5	100	5	100	10	150	40	680	60	1 030

2. 壮苗及其指标　壮苗是指适宜苗龄、生长健壮、无病虫危害、生活力强、定植后能适应栽培环境条件的优质幼苗。蔬菜生产中应该掌握一个原则，就是在定植时幼苗刚好达到适宜苗龄和壮苗标准。绝不能赶时间，让幼苗生长过快，形成瘦弱的徒长苗；也不能过早育苗，让秧苗长期生长停滞，形成小老苗，俗称“僵苗”。

壮苗的判断标准：一是生态的，即长相；二是生理的，即适应力。

（1）生态标准　壮苗的生态标准包括：长势健壮，茎粗、节短；叶片完整无损、色泽浓深，叶厚、坚挺、保护组织（角质、蜡质）形成较好，叶柄短粗、具韧性，无病虫；根系粗壮，侧根发达。以下是一些蔬菜的适宜苗龄形态标准：茄果类、瓜类的花器发育的初始阶段（花蕾）已基本完成，茄果类秧苗花蕾明显可见，即待开花，瓜类秧苗 4 片真叶展足；豆类具 1 对初生叶和 1 片真叶；叶菜、花椰菜、莴苣则具有 3 叶 1 心。

（2）生理标准　根、茎、叶中含有丰富的营养物质，束缚水含量多；对定植环境（如低温、霜冻、病害、干热风等）的适应性、抗逆性强，生理活动旺盛，定植后能迅速恢复生长。

三、蔬菜植株调整

植株调整的作用表现在以下几个方面：通过促进或抑制某一器官的生长，使植株发育协调；改变发育进程，促进产品器官形成与肥大，使其获得优质、高产；促进植株器官的新陈代谢，改变植株对自然生产要素的有效利用率；减少机械伤害和病虫草害发生。

植株调节包括整形、定向和生态环境调节等内容。整形按照植株部位和器官的不同，主要包括整枝、打杈、摘心、摘叶、束叶、断根、捻曲、疏花疏果、切割等方法；定向包括压蔓、支架、绑蔓、牵引、落蔓、盘茎等方法；生态环境调节主要通过以上作业直接改变植株各器官间的存有量，协调植株生育过程中的各种关系，创造一个适宜于通风透光的群体结构，利用环境因素对生育过程的不同影响程度来实现其调节目的。

（一）整枝、摘心、打杈

番茄、茄子、甜椒和瓜类等蔬菜，如任其自然生长，则枝蔓繁生，结果不良。为了控制它们生长，促进果实发育，使每一植株形成最适的果枝数目（如单干或双干）的整枝方法，摘除无用的腋芽叫打杈，摘除顶芽叫摘心（摘顶）。

瓜类和茄果类都是热带原产的植物，在热带地区有较长的生长期，这些植物借着顶芽和侧芽的生长，发生繁茂的枝叶。这种强大的继续不断生长的同化器官，有利于茄果类、瓜类长期结果。但是在温带，由于这些植物的生长期受到霜期的限制，到生长后期同化器官的不断生长，反而会影响产量。因为在形成同化器官上，植株要消耗一部分营养物质，减少果实发育所需要的营养物质的供应。由于喜温蔬菜的开花结果比枝叶的生长需要较高的温度，所以在温度逐渐降低时，开花、结实首先停止，而新蔓和新叶还能继续形成，以致大量消耗营养物质。因此，栽培这些蔬菜时，需要进行摘心和打杈来控制后期枝叶的生长，促进果实发育。

进行摘心和打杈以后，调整了植株的同化器官与结实器官的比例，提高单位叶面积的光合效率。因此，可以缩小营养面积，增加单位面积株数，提高产量。

（二）摘叶、束叶

在植株体上不同成熟度叶子（即叶龄）的生产率（光合强度）是不同的。刚展开的叶子，不仅不能积累同化作用的产物，而且还得借助于植株其他部分的贮藏物质来生长。生长在植株下部各层的老叶子，其同化作用微弱，以致同化物质的合成少于其本身呼吸作用的消耗，因此，这些叶子在自然情况下逐渐衰老。在栽培上，番茄、茄子、菜豆等蔬菜于其生长后期将下部的老叶子摘去一部分，以减少同化物质的消耗，且利于植株下部空气流通，减少病虫害蔓延。

根据研究，黄瓜的叶子在充分的光照条件下，自展开后 30～35d 其同化功能迅速下降，经过 45～50d 的叶子对黄瓜植株本身基本无益了，摘除老叶是非常必要的。当然对于同化作用旺盛的叶子是应该保护的，摘去功能叶会明显影响产量。

束叶适用于花椰菜和大白菜等，花椰菜束叶可以保护花球洁白柔嫩，大白菜束叶可以防寒，促进叶球软化，并可使植株间通风透光良好。不过这项措施不能进行过早，以免影响叶子的光合作用。

（三）疏花疏果与保花保果

大蒜、马铃薯、莲藕、百合、豆薯等蔬菜，摘除花蕾有利于地下产品器官的肥大。对番茄、西瓜、甜瓜等蔬菜作物，去掉部分畸形、有病的果实，可促进留存的果实正常肥大，同时生产上应通过肥水管理等措施，进行保花、保果，增加结果数。

疏花和疏果对植物的影响是不同的，而且摘去一朵已经开放的花和摘去一个花蕾的意义也是不同的。在植物的生殖生长过程中，有两个时期可以刺激营养生长。一个是联会期，表示同源染色体的相互并拢与同化，会引起营养生长的加强；另一个是受精期，是雌、雄配子的结合与相互同化，会使植株有更大的同化外界环境能力。例如，除去黄瓜的花蕾，这时还没经过联会期和受精期，对植株的影响不大。除去黄瓜刚开放的花朵，这时花朵已经过联会期，但尚未经过受精，对促进植株营养生长有一定的作用。除去已经受精的幼果，对促进植株生长的作用更大。

当果实发育，尤其是种子发育时，需要植株供应大量营养物质。例如，许多茄果类、豆类及瓜类，如能做到及时采摘食用期的果实，可以延长植株的营养生长期，并延长果实的采收期和增加产量。若不及时采收，让其留在植株上老熟，由于消耗了植株的大量营养物质，反而会使新枝的发生和后期果实的发育受到影响，产量就会降低。

（四）压蔓、落蔓

蔓性蔬菜如南瓜、冬瓜等爬地生长，经压蔓后，可使植株排列整齐，受光良好，管理方便，促进果实发育，增进品质，同时可促进发生不定根，有防风和增加营养吸收的能力。

对支架栽培的蔓性、半蔓性蔬菜作物，如黄瓜、番茄等，在生长后期，基部的老叶、老枝经整枝和摘叶已完全去除，其果实也早已收获，形成群体基部过疏，而对于群体顶部来说，植株在支架或牵引绳上已没有多大攀缘空间，这时可将植株茎蔓盘旋向下放，降低整个群体的高度，使植株上部茎叶有一个良好的生长空间，这种作业称为盘茎落蔓。盘茎落蔓可以较好地调节生长期较长的蔬菜作物中后期群体内的通风透光。

（五）支架、牵引、绑蔓

黄瓜、番茄、菜豆和薯芋等蔓性或匍匐茎蔬菜作物，如不进行支架栽培，塌地而长，则容易感病，群体叶面积指数小，产量较低。采用支架栽培后可以更好地利用光能，并使通风透光良好，减少病虫害发生，可以增加单位面积栽培株数，提高产量。因此对蔓性和匍匐茎蔬菜，大多数地区均采用支架栽培。支架的形式因条件而不同，有篱壁架、人字架、三脚架和棚架等。

牵引是指设施栽培下对一些蔓性、半蔓性蔬菜的茎蔓进行攀缘引导的方法。牵引一般用塑料捆扎绳或其他化纤绳作材料，一端系在植株的茎、蔓基部，另一端则与设施的顶架结构物相连，也可以与在设施顶部专门设置的引线相接。从其空间形态上看，有直立式牵引和人字形牵引。随着植株逐渐长高，将其主茎环绕在牵引线上即可保证其向上生长。牵引所用的引线需有一定的强度，否则不易承担整个植株的重量。

对于采用支架栽培的蔬菜作物，无论用竹竿或枝条作架材，植株在向上生长过程中依附架材的能力并不是很强，除豆类和有卷须的蔬菜外，需要人为将主茎捆绑在架材上，以使植株能够直立向上生长。

四、蔬菜化学调控

蔬菜的化学调控，主要是指用植物生长调节剂来调节蔬菜的生长发育，使其达到良好生长发育的目的。在生产上大量应用的激素是人工合成的化合物，其功能类似天然植物激素，所以称为生长调节剂。这些化合物在植物体中并不存在，但却有调节植物生长发育的作用，类似于天然的激素。

目前已知的天然植物激素有生长素（auxin）、赤霉素（GA）、细胞分裂素（CTK）、脱落酸（abscisic acid，ABA）、乙烯（ethync，ETII）和油菜素内酯（brassinolide，BL）。由于激素对植物生长和发育起着重要的作用，人们在 20 世纪 40 年代就模拟这些天然植物激素，人工合成并筛选出一些与天然植物激素有类似分子结构和生理效应的有机化合物，如α-萘乙酸（NAA）、吲哚丁酸（IBA）、乙烯利（CEPA）等。此外，还合成了一些结构与天然植物激素完全不同但有类似生理效应的有机化合物如矮壮素（CCC）、三碘苯甲酸（TIBA）、马来酰肼（MH）等生长抑制剂，其中有些生长调节剂的生理功能比天然植物激素还要好，而且来源丰富。

植物生长调节剂在蔬菜生产上的应用是多种多样的，如促进扦插生根、调控休眠与发芽、控制植株的生长与器官的发育等。此外，在贮藏保鲜及除杂草方面也有很多应用。

（一）促进扦插生根

生长素在生产上最早应用于促进扦插生根。早期的应用，多限于木本观赏植物及林木，其后也应用到草本花卉上，在蔬菜栽培上很少应用。对于甘蓝、大白菜等，可利用叶芽扦插繁殖，用作保持良种株系及增加繁殖系数。大白菜和甘蓝的叶、芽扦插时最好采用萘乙酸（2 000mg/L）快速浸蘸法，以砻糠灰、沙、珍珠岩作为扦插基质，经过 10～15d 可以生根及发芽。用萘乙酸处理时，以蘸到茎组织的底面即可。吲哚丁酸（IBA）2 000mg/L 也有相同的效果（促进生根），而且比萘乙酸（IAA）的效果好。

（二）调控休眠与发芽

1. 打破休眠，促进发芽　马铃薯收获后要经过一段时间休眠才能萌芽，在二季作区域春马铃薯收后作秋茬种薯时，往往因休眠期未过推迟了播种期，即使播种出苗也不齐，影响秋薯的产量。播种前将种薯切块后，浸入 0.5mg/L 赤霉酸（GA_3）中约 10min，捞出后晾干，放在潮湿沙床上进行催芽，当芽长到 3cm 时取出放在散射光下绿化处理 1～3d，即可播种，能有效促使其苗齐苗壮。莴苣一些品种的种子需要光的刺激才能发芽，用赤霉素处理，可以提高其发芽率。乙烯利具有打破休眠、促进发芽的作用，如马铃薯用 50～200mg/L 乙烯利浸种，可使芽数增加，处理生姜也可促进其萌芽和增加分枝。

2. 抑制抽芽，延长休眠　利用生长调节剂可以有效抑制蔬菜作物贮藏器官如块茎、鳞茎等在贮藏期间发芽。如用 100mg/L 萘乙酸甲酯（MENA）在马铃薯薯面上喷洒，可以抑制马铃薯在贮藏期间发芽，可在室温下贮存 3～6 个月。另外，马来酰肼（MH）处理马铃薯也有同样效果，在收获前 3～4 周用 MH 2 500mg/L 叶面喷洒，可使其在 1 年内不发芽。甜菜、胡萝卜、芜菁等肉质根类也可用此法抑制发芽。但洋葱、大蒜等鳞茎防止发芽需用 MH 才有效，留种用的不能用此法处理。

（三）控制植株的生长与器官的发育

1. 抑制徒长，培育壮苗　应用生长延缓剂来防止果菜类的徒长以及由于徒长所引起的不结实现象，是生长调节剂的一大成功应用。延缓作用的机理一般认为是抑制赤霉素的生物合成。

番茄和黄瓜等无限生长类型的蔬菜种类在多肥水条件下容易徒长，应用矮壮素 250～500mg/L 进行土壤浇灌，每株用量 100～200mL。处理后 5～6d 茎的生长减缓，叶片变厚，叶色变绿，植株变矮，其作用可持续 20～30d，此后又恢复正常。茎的生长减缓和叶片变厚有利于开花结实，也增强了植株抗寒、抗旱能力。

乙烯利也有抑制生长作用，甘蓝、芹菜、胡萝卜、萝卜、茄子、番茄、南瓜等在 1～4 叶时喷 240～960mg/L 乙烯利，会使植株生长速度减慢，随后停止生长。

2. 促进生长，增加产量　赤霉素对促进茎的伸长、增加植株高度有明显作用，芹菜、莴苣、茼蒿、苋菜、蕹菜等应用赤霉素处理，均加速生长，增加产量。一般在收获前 10～20d 全株喷 20～25mg/L 赤霉酸 1～3 次，可增产 10%～30%。经赤霉素处理的植株叶色较淡，有一时失绿现象，几天后即可恢复正常，但促进生长的作用也随之消失，需要再次喷洒才能保持其作用。

3. 控制抽薹与开花　二年生蔬菜作物一般要求经过一段低温和一定长度光期与暗期交替之后才能抽薹开花，如在越冬前喷洒 50～500mg/L 赤霉酸，可使白菜、芹菜、甘蓝等不经过低温而抽薹开花。同样用 500mg/L 赤霉酸每隔 1～2d 滴一次花椰菜花球，同样可以促进花梗伸长而开花，菠菜、萝卜、莴苣等均可用此法诱导开花。甘蓝、莴苣结球前用 10～25mg/L 2，4-D 处理也可促进开花，增加种子产量。

在生产上还可应用生长调节剂抑制抽薹开花。用 100mg/L 邻氯苯氧丙酸（CIPP）处理芹菜，可延缓抽薹，但需低温期间喷洒才有效。如在花芽已开始分化后处理，则反倒促进抽薹开花。甘蓝需用 250mg/L、春大白菜用1 250～2 500mg/L 的 MH，每株喷 30mL，可以抑制开花，促进结球。

4. 控制瓜类的性别分化 瓜类蔬菜作物是雌雄同株异花，在雌、雄花分化过程中，除品种基因表达的主要因素外，激素水平不同会影响到性别的分化。瓜类蔬菜在花芽未分化时采用乙烯利处理能明显地增加雌花数，一般用 150mg/L 乙烯利在黄瓜 1～5 叶、南瓜 1～4 叶、甜瓜 2 叶时在叶面上喷 1～3 次。黄瓜 1～3 叶时喷 50～250mg/L 乙烯利 1～3 次则可以起到杀雄作用，一般用于黄瓜田间制种。

另外，赤霉素对黄瓜性别的表现与乙烯利相反，即用赤霉素处理黄瓜幼苗能促进雄花形成，而对雌花形成有抑制作用，由此可以诱导黄瓜全雌系形成雄花达到制种和保种的目的。一般瓜类用 50～100mg/L 喷幼苗，雌性系采用 100～200mg/L 喷幼苗。

5. 防止器官脱落 蔬菜作物受不良环境条件影响而发生花、果、叶片等器官脱落，应用 2，4-D、防落素（PCPA，也称番茄灵）、萘乙酸及赤霉素等可防止茄果类、瓜类、豆类蔬菜的落花、落果，效果明显。对防止大白菜、甘蓝贮藏期间脱叶也有效果。一般使用 2，4-D 10～20mg/L 蘸花或喷花，但要切记勿沾到嫩芽嫩叶上，否则会产生药害。使用防落素 25mg/L 等比较安全。使用生长调节剂时，要注意气温条件，温度低时浓度可高些，温度高时浓度宜低些。

6. 促进果实成熟 促进各种果实成熟的有效的生长调节剂是乙烯利。试验证明，果实在自然成熟过程中，其本身会产生乙烯（C_2H_4）。乙烯可以调节果实中酶、核酸及呼吸代谢等一系列活动，促进果实的成熟。当乙烯利溶液渗入植物体以后，随细胞液 pH 不同，会以不同的速度释放乙烯，加速果实的成熟。番茄处理的方法是对转色期的尚未转红的果实涂果，浓度为2 000～4 000mg/L，可提早 4～6d 红熟，但比较费工。如果实转色前在植株上喷洒乙烯利，可以提早红熟 5～6d，但浓度要低些，以 500～1 000mg/L 为宜，否则容易引起黄叶及落叶。

在辣椒果皮变色时，用乙烯利1 000～4 000mg/L 浸果，可加速果实成熟和转色。也可用1 000mg/L 乙烯利在田间喷洒催熟，但易引起落叶。西瓜的催熟，在果实已充分长大而未熟前喷 300～500mg/L 的乙烯利，可以使果实提早 5～7d 成熟。由于西瓜果实较大，喷药时只喷果实，一般不会引起药害。

7. 保持产品新鲜状态，延长贮藏期 新鲜的农产品包括水果、蔬菜等，在运输贮藏过程中容易变质腐烂，应用激动素类物质，可以抑制组织中蛋白质及叶绿素的降解，因而可以防止绿叶蔬菜的变色与衰老。激动素类物质中，应用最多的是苄基腺嘌呤（BA）。对于芹菜、花椰菜、莴苣等，采收后用 10～20mg/L 的 BA 蘸浸处理，可以保持新鲜状态，延长运输贮藏时间。采收后蘸浸一般比采收前田间喷洒效果要好。BA 之所以能保持产品的新鲜状态，主要是由于抑制了离体产品的呼吸代谢，维持核酸的合成水平，抑制 DNA 及 RNA 的降解，结合消毒剂及贮藏条件的使用，可增加保鲜的效果。

（四）使用植物生长调节剂应注意的问题

1. 使用方法 根据使用目的和生长调节剂的性质确定使用方法。叶面喷洒时，油剂进入植物体内的速度最快，原酸类次之，水溶性盐类较慢。土壤浇施时有机化合物易被土壤吸收。

2. 使用时期 在不同生育期内，蔬菜作物对生长调节剂的反应有很大的差别。只有在最适宜的时期内应用，才能达到预期的效果。

3. 使用的浓度与次数 使用的浓度过大会导致蔬菜作物代谢紊乱，任意降低或提高使用浓度，均会影响其效果。另外，使用目的不同、蔬菜作物生长环境不同，都会对使用浓度有较大的影响。因此，必须慎重使用。在一般情况下，施用1次即可。如为了延长药效，可采用低浓度连续分次处理，一般为2～3次。

4. 使用部位　蔬菜作物的不同部位对生长调节剂反应的敏感性有很大差别。同样的浓度，对根有抑制作用，对茎则可能有促进作用；对茎有促进作用的浓度，对果实膨大生长有促进作用，但对幼芽却有明显的抑制作用。

5. 环境影响　叶面喷洒时，在温度较高的情况下，药液渗透性增强，因此，使用浓度可以稍低；而温度较低时，使用浓度可稍高。同样，较高的空气湿度有利于提高药效，但降水会使药剂丧失处理效果。在光照较好的条件下，叶片对药液的吸收效果较阴天好。

鉴于人们对化学合成的植物生长调节剂过量使用的忧虑，选育单性结实的番茄品种、无（少）侧枝（蔓）的瓜类品种、熊蜂授粉等替代技术研发日益发展。

第二节　蔬菜土肥水管理

一、蔬菜土壤管理

（一）土壤特性

土壤是陆地表面由矿物质、有机质、水、空气和生物组成，具有肥力且能生长植物的未固结层。土壤在蔬菜作物生长发育中有不可取代的作用，固定和支持蔬菜根系和整个植株，提供蔬菜所需矿质营养，蓄贮水分以满足蔬菜生育和蒸腾对水分的需要。

1. 土壤的组成　自然界土壤由矿物质及有机质（土壤固相）、土壤水分（液相）和土壤空气（气相）三相物质组成，这决定了土壤具有孔隙结构特性。土壤水含有可溶性有机物和无机物，又称土壤溶液。土壤空气主要由氮气（N_2）和氧气（O_2）组成，并含有比大气中高得多的二氧化碳（CO_2）和一些微量气体。土壤三相之间是相互联系、相互制约、相斥作用的有机整体，矿质土壤中固相容积与液相和气相容积一般各占一半，由于液相和气相经常处于彼此消长状态，即当液相容积增大时，气相容积就减少，反之亦然，两者之间的消长幅度为15%～35%；按重量计，矿物质可占固相部分的95%以上，有机质占5%左右。

2. 土壤酸碱度　土壤酸碱性是指土壤溶液的反应，直接影响作物的生长、微生物的活动以及土壤的其他性质与肥力状况等。土壤酸碱性是土壤胶体的固液相性质的综合表现，反映土壤溶液中H^+浓度和OH^-浓度比例，同时也决定于土壤胶体上致酸离子（H^+或Al^{3+}）或碱性离子（Na^+）的数量及土壤中酸性盐和碱性盐类的存在数量。

根据引起土壤酸性反应的H^+和Al^{3+}的存在形式，可将土壤酸度分为活性酸度和潜在酸度两大类。活性酸度是由溶液中H^+的浓度所引起的酸度，用pH表示。依据土壤活性酸度的大小，可将土壤划分为强酸性（pH＜5.0）、酸性（pH5.0～6.5）、中性（pH6.5～7.5）、碱性（pH7.5～8.5）、强碱性（pH＞8.5）。潜在酸度是由土壤胶体或吸收性复合体的交换性H^+和Al^{3+}所引起的酸度。这种酸度只有在土壤胶体上的H^+被其他阳离子交换而进入土壤溶液后才显示出来。

3. 土壤缓冲性能　土壤溶液抵抗酸碱度变化的能力叫土壤缓冲性。土壤缓冲性能主要通过土壤胶体的离子交换作用、强碱弱酸盐的解离等过程来实现。缓冲体系必须具备缓冲对，而不同土壤成分形成不同的缓冲体系，各缓冲体系又有其一定的缓冲范围。土壤的酸碱缓冲体系主要有碳酸盐体系、硅酸盐体系、交换性阳离子体系、铝体系和有机酸体系。

当施肥或淋洗等作用而增加或减少土壤的 H^+ 或 OH^- 时，土壤溶液的 pH 并不相应降低或增高，这是因为土壤本身对 pH 的变化有缓冲作用，使之保持稳定，这对微生物的活动和作物根系的生长是有益的，但也给土壤改良带来了困难。土壤的缓冲性能越大，改变酸性土（或碱性土）pH 所需要的石灰（或硫黄、石膏）的数量越多。

4. 土壤有机质 土壤有机质是指存在于土壤中的所有含碳的有机物质，包括土壤中各种动植物残体、微生物体及其分解和合成的各种有机物质。

在自然土壤中，地面植被残落物和根系是土壤有机质的主要来源，如树木、灌丛、草类及其残落物，每年都向土壤提供大量有机残体。耕作土壤中，表层有机质的含量一般在 5% 以下。

土壤有机质的基本组成元素是碳、氢、氧、氮，碳占 52%～58%、氧占 34%～39%、氢占 3.3%～4.8%、氮占 3.7%～4.1%，其次是磷和硫，C/N 为 10～12。土壤有机质化合物组成十分复杂，一般可分为腐殖物质和非腐殖物质两大部分，其中腐殖物质占土壤有机质的 60%～80%，非腐殖物质占 20%～30%。非腐殖物质是一些较简单、易被微生物分解、并具有一定物理化学性质的物质，如糖类、有机酸和一些含氮的氨基酸、氨基糖等。腐殖物质是经土壤微生物作用后，由酚类和醌类物质聚合为芳香环状结构和含氮化合物、糖类化合物组成的复杂的多聚体，性质稳定，为新形成的暗棕色的高分子化合物。腐殖物质是土壤有机质的主体，也是土壤中比较难分解的物质。

土壤有机质在土壤肥力、环境保护、农业可持续发展等方面都有着很重要的作用和意义。一方面，土壤有机质含有植物生长所需要的各种营养元素，是土壤微生物生命活动的能源，对土壤物理、化学和生物学性质都有着深刻的影响。另一方面，土壤有机质对重金属、农药等各种有机、无机污染物的行为都有显著的影响，而且土壤有机质对全球碳平衡起着重要作用，被认为是影响全球“温室效应”的主要因素。

5. 土壤肥力 肥力是土壤的基本属性和质的特征，肥力是土壤从营养条件和环境条件方面，供应和协调植物生长的能力。土壤肥力是土壤物理、化学和生物学性质的综合反映。

土壤肥力有自然肥力和人为肥力的区别。自然肥力是指土壤在自然因子即五大因素（气候、生物、母质、地形和年龄）的综合作用下发育而来的肥力，它是自然成土过程的产物；人为肥力是土壤耕作熟化过程中发育而来的肥力，是在耕作、施肥、灌溉及其他技术措施等人为因素影响作用下所产生的结果。

农业土壤又称为耕作土壤、耕种土壤，既具有自然肥力，又具有人为肥力，就其发生而论可以区分，但极难分出各自的权重。在农业生产上，土壤肥力由于受到环境条件、土壤管理技术水平以及植物对养分的利用特点等的限制并不能完全表现出来。因此，将在一定农业技术措施下反映土壤生产能力的这部分肥力称为土壤有效肥力，又称为经济肥力；受环境条件和科技水平限制暂不能被植物利用的那部分肥力称为潜在肥力，土壤潜在肥力在一定条件下可转化为有效肥力。

土壤中的植物生产性能还可以用土壤生产力即土壤产出农产品的能力加以描述。土壤生产力高低除受土壤肥力的影响外，还受环境条件及植物本身因素的影响。土壤肥力仅仅是土壤生产力的基础之一，要提高土壤生产力，既要重视土壤肥力的研究，也要研究土壤—植物—环境间的相互关系。

（二）土壤耕作

1. 土壤耕作的作用　耕作是指使用农具以改善土壤耕层构造和表面状况的技术措施的总称。土壤耕作主要有以下几方面的作用：

①改良土壤耕作层的物理状况，调整其中的固、液、气三相比例，改善耕层构造和地表状况，协调土壤中水分、养分、空气、温度等因素间的关系。

②翻混肥料，清除杂草，控制病虫害。

③控制土壤水分的保持和蒸发，防止水土流失。土壤耕作为作物播种、出苗、生长发育、丰产丰收提供良好的土壤环境。

④将地表弄平或做成某种形状（如开沟、做畦、起垄、筑埂等），以利于种植、灌溉、排水或减少土壤侵蚀。

⑤将过于疏松的土壤压实到疏密适度，以保持土壤水分并有利于根系发育。

⑥改良土壤，将质地不同的土壤彼此易位。例如，将含盐碱较重的土壤上层移到下层，或使土壤上、中、下三层中的一层或两层易位以改良土质。

⑦清除田间的石块、灌木根或其他杂物。

2. 土壤耕作措施与耕作制度

（1）土壤耕作措施　土壤耕作措施包括土壤的基本耕作措施（如犁耕、深耕等）和表土的耕作措施（如浅耕灭茬、耙地、耱地、镇压等）。

①深耕：深耕是播前整地的中心环节。其作用是改善土壤结构，增加土壤底墒；有利于消除杂草和病虫害；促进根系发育，增加产量；可深层施肥。此外，在盐渍土地上，深耕可以防止盐渍化作用的加重，或克服已发生的盐渍化的危害。

深耕应遵循的原则是“熟土在上，生土在下，不乱土层”。深耕要逐次加深，与土壤改良措施相结合，应力求及早，全面安排。

耕翻深度要根据土壤特性、种植作物种类等情况灵活掌握。如土层厚的可耕深一些，土层浅的耕深不宜过深；土质黏重的宜深一些，土质轻松的宜浅一些。深耕在春、夏、秋季均可进行，一般以秋耕比较好。秋耕通过日晒、秋雨等作用，能促进土壤熟化，便于碎土整地，同时还可更好地蓄存秋冬季和春季的雨水，有利于保墒。

②浅耕灭茬：浅耕灭茬是在前作收获后至犁地前的一项作业。其主要作用是消灭残茬和杂草，疏松表土，减少蒸发，接纳降雨，减少耕地阻力，为翻耕创造条件。休闲地效果最好。收后即耕，宜早不宜迟。在前作收获后进行播种或复种，或在天气已冷时一般均不进行灭茬，可直接翻耕。

③耙地：耙地是主要的表土耕作措施，有平整土地、耙碎土块、混拌土肥、疏松表土、消除杂草和促进根茎繁殖等作用。在耕前、耕后、播前、播后进行。

④耱地：耱地也叫盖地或耢地，起重要的保墒作用。常在犁地、耙地后进行，用以平整地面、耱实土壤、耱碎土块、利于保墒，为播种和出苗提供良好条件。播种后的耱地，有覆土和轻微镇压的作用。

⑤镇压：在干旱、多风的地区或季节，越是疏松的土壤，水分损失越快。镇压可减少土壤中的大孔隙，降低气态水的扩散，达到保墒的作用。播种后镇压使种子紧密接触土壤，有

利于种子吸收水分和养料，正常萌发生长。

⑥中耕：中耕的主要目的是疏松表层土壤，保蓄水分，消除杂草。中耕深度在土壤表层下 5～10cm，不宜过深。俗话说“头遍浅，二遍深，三遍五遍不伤根”，要适时中耕，经常保持土层疏松，没有杂草。特别是在灌溉后或雨后更要及时中耕，以破除土块，防止板结，保蓄水分。中耕作业要尽量与开沟灌溉（或排水）、培土、追肥相结合。

⑦开沟、培土、做畦与做垄：开沟、培土、做畦与做垄是保证灌溉效果的必要措施。开沟要直，培土能增强作物抗倒伏能力，有利于块根、块茎的生长，一般与中耕结合进行。做畦可以提高地温，便于排灌。

（2）土壤耕作制度　土壤耕作制度是指根据作物种植制度对土壤的要求和土壤的特性，采取一系列土壤耕作措施的合理组合。采用机械或非机械方法改善土壤耕层结构和理化性状，为每种作物创造较适宜的土壤环境，既满足作物高产的要求，又能低耗高效，达到提高土壤肥力、消灭病虫草害的目的。

制订合理土壤耕作制度的原则如下：①根据作物特性、前后茬作物间的关系和水、肥、病虫害、杂草等情况，合理安排耕作措施的程序、时间、深度、使用的方法和农具。②根据气候、地形和土壤特点，有针对性地采取适宜的耕作措施，以趋利避害。③在为作物创造适宜土壤环境的前提下，尽量采用联合作业，以减轻多次作业对土壤结构的破坏，减少能耗，降低成本，提高经济效益。

蔬菜作物土壤耕作制度主要有清耕法、免耕法、覆盖法和休闲轮作。

①清耕法：在生长季内多次浅清耕，松土除草，一般灌溉后或杂草长到一定高度即中耕。清耕法在果树、蔬菜和花卉栽培中均可应用。其优点是经常中耕除草，作物间通气好；采收产品较干净，如叶菜类栽培适宜采用此法；春季土壤温度上升较快，有利于育苗。其缺点是土肥水流失严重，尤其是在有坡度的种植园；长期清耕，土壤有机质含量降低快，增加了对人工施肥的依赖；犁底层坚硬，不利于土壤透气、透水，影响作物根系生长；无草的种植园生态条件不好，作物害虫的天敌减少；劳动强度大，费时费工。因此，实施清耕法时应尽量减少耕作次数，或者在长期采用免耕法、生草法后进行短期性清耕。总之，清耕法弊病较多，不应再提倡使用。

②免耕法：播种前不单独进行土壤耕作，直接在茬地上播种，作物生长期不进行土壤管理的耕作方法。广义免耕包括少耕，传统的免（少）耕技术在中国耕作史上出现较早。20 世纪 40 年代，美国进行了少耕研究，发现残茬覆盖有保护土壤的作用。60 年代美国开始将免耕法应用于玉米、高粱、大豆和烟草等作物的生产，以后逐渐为各国所重视和采用。免耕法在果树、蔬菜和花卉栽培中均可使用。免耕法的优点是保持土壤自然结构，避免多次机械作业而压实、破坏土壤结构；降低成本和能耗；地面保存残茬覆盖，有利于蓄水保水，提高土地利用率。其缺点是在长期免耕条件下，土壤有机质含量下降快，增加了对人工施肥的依赖；同时受除草剂种类、浓度等限制，易形成除草剂胁迫现象。因此，近年在发达国家主张采用半杀性除草，即只控制杂草的有害时期或过旺生长，保持杂草的一定数量，以增加土壤有机质含量，此法称为改良免耕法。

③覆盖法：利用各种材料，如作物秸秆、杂草、藻类、地衣、塑料薄膜、沙砾等覆盖在土壤表面，代替土壤耕作，可有效防止水土流失和土壤侵蚀，改善土壤结构和物理性质，抑制土壤水分的蒸发，调节地表温度。

在蔬菜栽培中，常用厚0.01～0.02mm的塑料薄膜紧贴地面进行覆盖，可提高地温，保持土壤水分，改善土壤物理性状，加速有机质分解，减少肥料流失，提高土壤肥力，对蔬菜的生长发育极为有利。尤其是早春覆盖可使出苗整齐，缓苗快，开花结果早，一般比露地提早收获10～20d，增产20%～30%，对缓解春季蔬菜生产淡季起到显著作用。棚室内也可应用地膜覆盖，可节省能源，提高地温，减少灌溉次数，有利根系生长；提早成熟，延长生长期和结果期，提高单产。因此，地膜覆盖是现代蔬菜生产中最有效的增产、增收技术措施。

④休闲轮作：种植某种园艺作物后休闲一段时间，具有使土壤肥力自然恢复和提高、减轻作物病虫草害、合理利用农业资源、经济有效地提高作物产量的优点。我国因土地资源紧张、人口众多而不宜推广应用，不过近年已在我国北方干旱地区开始试行。对于蔬菜栽培而言，休闲轮作周期要依各种蔬菜病原菌在栽培环境中存活和侵染的情况而定，相隔2～3年的有马铃薯、山药、姜、黄瓜、辣椒等，相隔3～4年的有茭白、芋、番茄、大白菜、茄子、冬瓜、甜瓜、豌豆、大蒜、芫荽等，西瓜则宜在6～7年。一般十字花科、百合科、伞形科较耐连作，但以轮作为好。茄科、葫芦科（南瓜例外）、豆科、菊科连作危害较大。芹菜、甘蓝、花椰菜、葱蒜类、慈姑等在没有严重发病的地块上可连作几茬，但需增施基肥。

3. 蔬菜对菜田土壤的要求　菜田土壤的结构及理化性质要满足蔬菜生长发育的要求：

①土壤中固相、液相、气相的比例为40%、32%、28%。

②土壤质地为壤土，土壤容重为1.1～1.3g/cm^3，高于1.3g/cm^{3}时根系生长受到抑制。

③土壤应富有团粒结构，这样其保肥、保水、通气条件较好。

④富含有机质，土壤有机质含量最好能达到3%～4%。

⑤土壤含有较高速效养分，碱解氮90mg/kg，速效磷50mg/kg，速效钾115mg/kg，氧化钙1～1.4mg/kg，氧化镁150～240mg/kg，以及一定量的硼、锰、锌、钼、铁、铜等微量元素。含盐量不得高于4g/kg。

⑥土壤pH是蔬菜栽培必须考虑的条件，不同种类蔬菜对土壤酸碱度的要求不同，大体可以分为以下5种类型：大多数种类蔬菜适宜在酸性至中性土壤上生长，主要有黄瓜、西瓜、南瓜、甜瓜、番茄、辣椒、菜豆、豇豆、豌豆、大白菜、结球甘蓝、芥蓝、花椰菜、菠菜、莴苣、芹菜、芥菜、大葱、韭菜、大蒜、萝卜、胡萝卜等；适宜在中性土壤上生长的主要蔬菜有茄子、结球莴苣、牛蒡等；适宜在酸性土壤上生长的主要蔬菜有马铃薯、洋葱等；适宜在中性至碱性土壤上生长的蔬菜有蚕豆；芋可以在各种土壤中生长。

⑦土壤中不含有毒、有害物质，土壤耕层要有一定深度，一般在25cm以上，使作物根系有伸展、活动的场所。

二、蔬菜养分管理

蔬菜生产的收成很大程度上取决于土壤生产力和施肥水平。俗话说："有收无收在于水，收多收少在于肥。"肥料是蔬菜作物的"粮食"，化肥和平衡施肥技术的出现是第一次农业科学技术革命的产物和重要特征，但由于化肥使用不当或使用过量，不但造成浪费，而且导致环境污染和产品质量的下降，因此了解蔬菜所需营养、掌握施肥技术十分重要。

蔬菜作物生长发育过程中不仅需要二氧化碳和水，还要不断地从外界环境中获得大量的矿质营养，以满足自身生长发育的需要。土壤中具有一定的营养物质，但远远不能满足蔬菜作物高产、优质的生产要求，因此要根据土壤肥力状况、蔬菜营养特点与生长发育的需要及肥料自身的特性，科学施肥，才能使肥料真正起到增产的效果。

（一）蔬菜的需肥特性

蔬菜作为一类高度集约化栽培的作物，其生长发育特性和产品收获器官各有差别，但有以下几方面的共同特点：

1. 养分需要量大 将各种蔬菜吸收养分的平均值与小麦吸收养分量进行比较，一般蔬菜氮、磷、钾、钙、镁的平均吸收量比小麦分别高 4.4、0.2、1.9、4.3、0.5 倍。

2. 带走的养分多 蔬菜除留种者外，均在未完成种子发育时即行收获，以其鲜嫩的营养器官或生殖器官作为产品供人们食用。因此，蔬菜收获期植株中所含的氮、磷、钾均显著高于大田作物，因为蔬菜属收获期养分非转移型作物，所以茎叶和可食器官之间养分含量差异小。

3. 对一些养分具有特殊需求

（1）蔬菜是喜硝态氮的作物　多数农作物能同时利用铵态氮和硝态氮，但蔬菜对硝态氮特别偏爱。土壤铵态氮供应过量时，则可能抑制其对钾的吸收，使蔬菜生长受到影响，产生不同程度的生育障碍。一般蔬菜生产中硝态氮与铵态氮的比例以 7∶3 较为适宜。当铵态氮施用量超过 50%时洋葱产量显著下降；菠菜对铵态氮更敏感，在 100%硝态氮供应条件下产量最高。因此，在蔬菜栽培中应注意适当控制铵态氮的用量及比例，铵态氮一般不超过氮肥总量的 1/3。

（2）蔬菜是嗜钙作物　蔬菜作物一般喜硝态氮，如施用硝酸钠或硝酸钙的作物吸钙量都很高，有的蔬菜作物体内含钙可高达干重的 2%～5%。

（3）蔬菜对缺硼和缺钼比较敏感　蔬菜作物比谷类作物吸硼量多，是谷类作物的几倍到几十倍。由于蔬菜作物体内不溶性硼含量高，硼在蔬菜体内再利用率低，易引起缺硼症，如甜菜的心腐病、芹菜的茎裂病、芜菁及甘蓝的褐腐病、萝卜的褐心病等。豆类蔬菜对钼比较敏感，因为钼不仅直接影响根瘤菌的活性，也影响根瘤菌的形成和发育。缺钼时豆科蔬菜的根瘤菌数量少，发育不良，固氮能力弱。

（4）大多数果菜对钾需求量大　茄果类、瓜类等蔬菜吸收矿物质元素中，钾素营养占第一位。在蔬菜生产中，许多植物吸钾量明显超过氮素吸收量。蔬菜缺钾通常是老叶叶缘发黄，逐渐变褐，焦枯似灼烧状。叶片有时出现褐色斑点或斑块，但叶片中部叶脉和靠近叶脉处仍保持绿色。有时叶呈青铜色，向下卷曲，表面叶肉组织凸起，叶脉下陷。根系受损害最为明显，短而少，易早衰，严重时根腐烂，易倒伏。后期果实发育不正常，如番茄出现棱角果、黄瓜出现大头瓜等。

（二）蔬菜的需肥类型

蔬菜作物种类繁多，栽培类型多样，在养分吸收方面具有共同特点，但具体到每种蔬菜，还要根据不同的生物学特性和养分要求采用不同的施肥措施。一般可将蔬菜需肥类型分为三类：

1. 变量需肥型 变量需肥型蔬菜初期生长缓慢，需肥量小，中后期随着根或果实的膨大，进入施肥关键期，植株长势旺盛，需肥量增大。瓜类、根菜类等生育期长、采收期短的蔬菜，大都属于这种类型。如西瓜进入膨大期后，藤蔓节间迅速伸长，侧蔓分生加速，叶面积扩大，到成熟期如果浇水不当，常发生裂瓜现象。

变量需肥型蔬菜在施肥方法上，应少施基肥，特别是少施氮肥，如果前期施氮肥过多，常引起植株徒长，茎秆纤弱，抗逆性差。施肥重点放在追肥上，多补充钾肥。随着进入坐瓜（坐果）期、膨大期渐次加大施肥量，防止脱肥影响产量和品质。同时还要注意植株调整，疏掉部分无用枝叶，减少消耗，保证产品器官生长。

部分作物中后期枝叶繁茂，不便施肥，可以在施基肥时采取深施或穴施等方法，加大肥料与根系的空间，避免初期肥效过大，影响作物后期生长。

2. 稳定需肥型　稳定需肥型蔬菜生育期和采收期都较长，需要肥效维持较长时间，达到稳产增产目的。番茄、黄瓜、茄子等茄果类和芹菜、大葱等叶类菜都属于这种类型。这种类型蔬菜生长前期要保证根系发育良好，培育健株，以此为基础，长期维持收获期间的植株长势。

稳定需肥型蔬菜在施肥方法上基肥、追肥同等重要，通常比例为 4∶6。磷肥可一次底施，氮肥不宜过多，防止植株徒长。追肥主要是氮、钾肥，次数根据采收期长短而定，每次数量基本相同。如采收期过长，可适时追施磷肥，保证作物生长需要。

3. 早发需肥型　早发需肥型蔬菜全生育期较短，总需肥量不大，在生育初期就开始迅速生长，如菠菜、小白菜等一次性收获的叶菜类。这种类型蔬菜喜氮肥，前期要充分保证氮肥供应，但生长后期如果氮肥过多，则植株叶片变薄，产品硝酸盐浓度上升，品质恶化。

早发需肥型蔬菜在施肥方法上以施基肥为主，施肥位置相对要浅，离根要近，以保证良好的初期生长，追肥以氮肥为主，次数 1～2 次。结球甘蓝、花椰菜等蔬菜为了使其结球结实，后半期也需要有一定的长势，可适当补充钾肥。

（三）蔬菜的施肥

1. 蔬菜养分管理的原则　蔬菜养分管理应遵循以下几个原则：土壤中养分的输入输出平衡，以有机肥为主，以底肥为主，测土配方施肥，农家肥及人畜粪便应充分腐熟或堆制达到无害化应用，注意培肥地力和有利于改良土壤。

2. 蔬菜养分供应方式　在了解蔬菜作物生长发育特性的基础上，采取科学、合理的施肥技术，把握施肥时期、施肥种类和数量、施肥方式，是保证蔬菜作物高产、优质、高效的重要技术环节。

（1）施肥时期的确定　确定蔬菜适宜施肥时期，首先应了解不同营养型蔬菜的生长发育特性，蔬菜大致分为三种营养类型（表 4-5）。

表 4-5　不同营养型蔬菜生长发育特性

营养类型	代表作物	生长周期	主要施肥特点
变态营养器官为养分贮藏器官	结球白菜、花椰菜、萝卜、洋葱等	发芽期、幼苗期、扩叶期和养分积累	营养供应是否充足直接影响后期养分积累的多少
生殖器官为养分贮藏器官	番茄、辣椒、菜豆、黄瓜、西瓜等	发芽期、幼苗期、开花着果期和结果期	平衡调节营养生长与生殖生长的需肥矛盾是管理的关键
绿叶为产品	菠菜、生菜、茼蒿等	发芽期、幼苗期和扩叶期	生长期短，生长速度快，产量高，肥水管理比较简单

施肥时期的确定还应掌握肥料的性质，速效肥在需要前追肥，长效肥则要早施，且多作基肥。

（2）肥料种类　蔬菜种类繁多，生长发育特性及产品器官不同，对营养物质的需求也存在差异，因此，必须合理施肥才能达到优质、高效的生产目的（表4-6）。

表4-6　安全蔬菜生产允许使用的肥料类型与种类

肥料类型	肥料种类
农家肥	堆肥、厩肥、沼气肥、绿肥、作物秸秆、泥肥、饼肥等
生物菌肥	腐殖类肥料、根瘤菌肥料、磷细菌肥料、复合微生物肥料等
无机矿物质肥料	矿物钾肥、硫酸钾、矿物磷肥等
微量元素肥料	以铜、铁、硼、锌、锰、钼等微量元素及有益元素为主配制的肥料
其他肥料	骨粉、氨基酸残渣、家畜加工废料等

（3）肥料施用量　施肥量应根据蔬菜种类、物候期、土壤状况、气候条件及肥料种类确定。基肥以有机肥为主，基肥施用量为总施肥量的50%～60%。通常情况下菜地土壤中有机质的含量要求3%左右，如果有机质含量超过3%，只需补充矿质营养，如果有机质含量低于3%，则同时补充有机质和矿质营养。追肥可施用稀薄粪尿或化肥，也可采用0.2%～0.5%尿素进行根外追肥。蔬菜整个生长周期中需要充足的氮肥，尤其是以绿叶为产品器官的蔬菜，需要指出的是，在氮肥充足的情况下配施一定比例的磷、钾肥尤为重要。

（4）肥料供应方式　主要分为土壤施肥和根外追肥两种方式。

①土壤施肥：土壤施肥分为基肥和追肥。基肥在播种或定植前整地做畦做垄时施入，促进根系深入生长，一般为有机肥或少量的速效性化肥，可以采用撒施，施后翻入土中即可。追肥是在蔬菜生长期间依生育周期不同而相应补充营养的施肥方式，采用穴施、条施、随水追施等方式。肥料以粪肥或化肥为主，但浓度要低，追肥时要保持肥料与根系的距离，以免烧根。

②根外追肥：蔬菜主要是采用叶面喷施，见效快，适宜在傍晚叶片气孔开放时进行。

三、蔬菜水分管理

水对于蔬菜作物生产至关重要。水分管理是蔬菜生产中一项经常性的工作，而且随着灌溉水资源的急剧减少，对蔬菜作物灌排水技术的要求不断提高。依据蔬菜作物的生物学特性、生长发育规律等，合理利用有限的水资源，适时排灌，积极发展节水农业，对缓解我国水资源缺乏的压力尤为重要。

（一）蔬菜的需水特性

蔬菜多柔嫩多汁，而且多为鲜食，因此供应充足的水分是保证蔬菜优质高产的关键。各种蔬菜的水分需求特性主要由吸收水分能力与消耗水量决定，根据蔬菜水分需求特性将蔬菜作物分为以下五类：

（1）消耗水量最多，要求生长在水中　这类蔬菜离开水就不能生长，因此又叫水生蔬菜，如莲藕、菱角、慈姑等，这类蔬菜根系特别不发达，叶子又很大，离开水就会干死。

（2）消耗水量大，要求土壤经常潮湿，同时空气湿度也比较高　如黄瓜、甘蓝、白菜、芹菜、莴苣、菠菜、水萝卜以及一些生长快的绿叶菜类，必须经常灌水。

（3）对土壤水分消耗量大，但要求空气湿度较小　如番茄、茄子、辣椒、豆角、西葫芦等，这类蔬菜从开花坐果后，必须经常灌水。

（4）消耗水量小，但要求土壤湿润，空气湿度小　这类蔬菜根系短，叶子呈带状或筒状，如韭菜、葱、蒜、洋葱等，栽培中必须常浇水。

（5）耐旱性蔬菜　这类蔬菜根系发达，叶裂刻深，上面有茸毛，对土壤水分要求少，空气湿度也不能高，如西瓜、甜瓜等。栽培中如果浇水太多，空气湿度高，则品质差、含糖量低。

（二）蔬菜的浇水

1. 蔬菜水分管理的原则　蔬菜水分管理应掌握节水增效、适量适时的原则。对大白菜、黄瓜等根浅、喜湿、喜肥的蔬菜，应做到肥多、水勤。对茄果类、豆类等根系较深的蔬菜，应先湿后干。对速生蔬菜应保证经常肥水不缺。对营养生长和生殖生长同时进行的果菜，避免始花期浇水，要“浇菜不浇花”；对单纯生殖生长的采种株，应见花浇水，收种前干旱，要“浇花不浇菜”；对越冬菜要浇冻水。

2. 蔬菜灌溉时期的确定　植物体内生长发育活跃部分的含水量达到80%以上，没有水植物便无法进行正常的光合作用，代谢过程受阻。一般来说，蔬菜产品的含水量为80%～95%，水分供应不足就会出现萎蔫现象，大大降低产品的商品价值，适时灌溉对蔬菜生长发育非常重要。

不同蔬菜种类由于生育特性、环境因子、栽培条件不同等原因，造成适宜灌溉期之间存在着差异。灌溉时期一般应根据如下因素确定：

（1）蔬菜的需水规律　不同种类、品种的蔬菜对水分需求差异较大，同种蔬菜不同生育期需水量也存在差别。一般蔬菜种子萌发时要有充足的水分。幼苗期根系小，吸水量不多，对土壤湿度要求严格，要经常浇水。各种蔬菜移苗前后应多浇水，在形成柔嫩多汁的食用器官时要多浇勤浇水，开花时则水分不宜过多，果实生长时要大量浇水，营养贮藏器官收获前要严格控制浇水。种子成熟时要适当保持干燥，否则会影响种子质量。

（2）当地气候条件（尤其是降水量）和气象特点　在我国北方地区，冬春季节外界温度较低，光照较弱，作物生长缓慢，蒸腾蒸发量较小，所以应少灌或不灌水。此阶段即使植株确实缺水、土壤含水量较低，也应小水灌溉，同时为防止造成土温大幅度下降引起寒根，应尽量选择晴天中午灌溉，为避免沤根，阴雨（雪）天忌灌水。3～6月，随着外界温度的上升，作物生长量增加，蒸腾蒸发量增大，灌水量应逐渐增大。6～9月，主要是防雨降温栽培，灌溉要根据降雨情况而定，若雨水较多，空气湿度较大，应少灌，同时要防涝排涝；若雨水少，空气干燥，在土壤不产生积水的情况下，适当增加灌水次数和灌水量，从而降低地温，促进作物生长。9月中旬至立秋后，外界温度逐渐下降，应根据作物生长情况，灌水量逐渐减少。

（3）土质特点　沙性土宜增加灌水次数，并施有机肥改良土质以利保水，实行小水勤灌；黏土地采取暗水播种，浇沟水，忌灌大水；盐碱地强调河水灌溉，明水大浇，洗盐洗碱，浇排结合；低洼地小水勤浇，排水防碱。

3. 蔬菜灌溉方式

（1）全面灌溉　灌溉时湿润整个农田根系活动层土壤，传统的常规灌水方法都属于全面灌溉，比较适合于密植作物，主要有地面灌溉和喷灌两类。

①地面灌溉：灌溉水从地表面进入田间，并借重力和毛细管作用浸润土壤，所以也称重力灌水法，是最古老也是目前应用最广泛、最主要的一种灌水方法。按其湿润土壤的方式不

同，可分为畦灌、沟灌和淹灌。

畦灌：用田埂将灌溉土地分隔成一系列小畦，灌水时，将水引入畦田后，在畦田上形成很薄的水层，沿畦长方向流动，在流动过程中主要借重力作用逐渐湿润土壤。主要适用于密植窄行距植物。

沟灌：在植物行间开挖灌水沟，水从输水沟进入灌水沟后，在流动过程中主要借毛细管作用湿润土壤。和畦灌比较，其明显的优点是不会破坏植物根部附近的土壤结构，不导致田面板结，能减少土壤蒸发损失，适用于宽行距的中耕植物。

淹灌：又称格田灌溉，是用田埂将灌溉土地划分成许多格田，灌水时，使格田保持一定深度的水层，借重力作用湿润土壤，主要适用于水生蔬菜及无土栽培植物。

②喷灌：利用专门设备将有压力的水输送到灌溉地段，并喷射到空中分散成细小的水滴，像天然降雨一样进行灌溉。其突出优点是对地形的适应性强，机械化程度高，灌水均匀，灌溉水利用系数高，尤其适合于透水性强的土壤，并可调节空气湿度和温度。但基建投资较高，而且受风的影响大。

（2）局部灌溉　局部灌溉的特点是灌溉时只湿润植物周围的土壤，远离植物根部的行间或棵间的土壤仍保持干燥。一般灌溉流量比全面灌溉小得多，因此又称微量灌溉，简称微灌。其主要优点是：灌水均匀，节约能量，灌水流量小；对土壤和地形的适应性强；能提高作物产量，增强耐盐能力；便于自动控制，明显节省劳力。比较适合于瓜类等。局部灌溉或微灌主要有以下五类。

①渗灌：利用修筑在地下的专门设施（地下管道系统）将灌溉水引入田间耕作层，借毛细管作用自上而下湿润土壤，所以又称地下灌溉。近年来也有在地表下埋设塑料管，由专门的渗头向植物根区渗水。其优点是灌水质量好，蒸发损失少，少占耕地，便于机耕。但地表湿润差，地下管道造价高，容易淤塞，检修困难。

②滴灌：由地下灌溉发展而来，是利用一套塑料管道系统将水直接输送到每棵植物的根部，水由每个滴头直接滴在根部上的地表，然后渗入土壤并浸润作物根系最发达的区域。其突出优点是非常省水，自动化程度高，可以使土壤湿度始终保持在最优状态。但需要大量塑料管，投资较高，滴头极易堵塞。将滴灌管布置在地膜下面，可基本上避免地面无效蒸发，称为膜下浇灌。

③微喷灌：又称微型喷灌，用很小的喷头（微喷头）将水喷洒在土壤表面。微喷头的工作压力与滴头大致相同，但喷洒孔口稍大，出流流速比滴头大，所以堵塞的可能性大大减小。

④涌泉灌：通过置于植物根部附近开口的小管向上涌出的小水流或小涌泉将水灌到土壤表面。灌水流量较大（但一般也不大于220L/h），远远超过土壤的渗吸速度，因此，通常需要在地表形成小水洼以控制水量的分布。适用于地形平坦的地区，其特点是工作压力很低，与低压管道输水的地面灌溉相近，出流孔口较大，不易堵塞。

⑤膜上灌：近几年我国新疆试验研究的灌水方法，使灌溉水在地膜表面的凹形沟内借助重力流动，并从膜上的出苗孔渗入土壤进行灌溉。减少了渗漏损失，又可减少地面无效蒸发。

（3）调亏灌溉　调亏灌溉是国际上在20世纪70年代中后期以来出现的一种新的节水灌溉技术，利用非充分灌溉技术，提高灌溉水的利用效率，是水资源匮乏地区节水农业的主要措施之一。调亏灌溉制度是根据研究对象的生长发育规律以及生产的实际需要，有目的地不充分供给水分，使作物经受水分胁迫，在特定时期限制作物某些方面的生长，达到既节水又增产的目标。

（三）排水

园艺作物正常生长发育需要不断供给水分，在缺水情况下生长发育不良，但土壤水分过多时影响土壤通透性，氧气供应不足又会抑制植物根系的呼吸作用，降低水分、矿质元素的吸收功能，严重时可导致地上部枯萎，落花、落果、落叶，甚至根系或植株死亡。所以处理好排水问题也是植物正常生长发育的重要内容。

积水一般主要来自雨涝、地下水异常上升与灌溉不当的淹水等方面。目前生产上应用的排水方式主要有 3 种，即明沟排水、暗沟排水和井排。

1. 明沟排水　明沟排水是目前我国大量应用的传统方法，是在地表面挖沟排水，主要排除地表径流。在较大的种植园区可设主排、干排、支排和毛排渠 4 级，组成网状排水系统，排水效果较好。但明沟排水工程量大，占地面积大，易塌方堵水，养护维修任务重。

2. 暗沟排水　暗沟排水多在不易开沟的栽植区使用，一般通过地下埋藏暗管来排水，形成地下排水系统。暗沟排水不占地，不妨碍生产操作，排水效果好，养护任务轻，但设备成本高，根系和泥沙易进入管道引起堵塞，目前国内应用较少。

3. 井排　井排对于内涝积水的排水效果好，黏土层的积水可通过井内的压力向土壤深处的沙积层扩散。

此外，机械抽水、排水和输水管系统排水是目前比较先进的排水方式，但由于技术要求较高且不完善，所以应用较少。

第三节　蔬菜病虫害综合防治

蔬菜多为柔嫩多汁作物，生长环境温暖高湿，且生产茬次多，易连作，故病虫害较重。蔬菜与其病原物或害虫在环境因素的作用下，相互适应和竞争导致了病虫害的发生和发展。蔬菜病虫害防治就是通过人为干预来改变蔬菜、病原物或害虫与环境因素三者间的相互关系，减少病原物或害虫数量，削弱其致病性或危害性，保持与提高蔬菜的抗病虫能力，优化生态环境，以达到控制病虫害的目的，从而减少蔬菜因病害或虫害流行而遭受的损失。

蔬菜病虫害防治的途径很多，按照其作用原理，通常分为回避、杜绝、铲除、保护、抵抗和治疗。每种防治途径又发展出许多防治方法和防治技术，分属于植物检疫、农业防治、生物防治、物理防治和化学防治等不同领域。蔬菜病虫害的种类很多，发生和发展的规律不同，防治方法也因其性质不同而异。有些病害或虫害只要用一种防治方法就可得到控制，但大多数病害都要几种措施相配合，才能得到较好的效果。过度地依赖单一防治措施可能会导致灾难性的后果。早在 20 世纪 50 年代我国就提出了“预防为主，综合防治”的植保工作方针。在综合防治中，要以农业防治为基础，同时因地制宜、合理运用化学防治、生物防治和物理防治等措施，兼治多种有害生物。1986 年又将综合防治解释为：综合防治是对有害生物进行科学管理的体系，是指从农业生态系统总体出发，根据有害生物和环境之间的相互关系，充分发挥自然控制因素的作用，因地制宜地协调应用必要的措施，将有害生物控制在经济受害允许水平之下，以获得最佳的经济效益、生态效益和社会效益。

一、植物检疫

植物检疫又称为法规防治，其目的是利用立法和行政措施防止或延缓有害生物的人为传播。植物检疫的基本属性是其强制性和预防性。

植物的有害生物除自然传播途径外，还可随人类的生活、生产和贸易活动而传播，称为人为传播。人为传播的主要载体是被有害生物侵染或污染了的种子、苗木、农产品、包装材料和运输工具等。其中种子、苗木和其他繁殖材料尤为重要，因为种苗是重要的生产资料，人类引种和调种的范围广、种类多、数量大，传带有害生物的概率高，而且种苗传带病原物和其他有害生物的效率高。种苗自身就是有害生物自然传播的载体，人为传播使其延长了距离，扩大了范围，加快了速度。种子、苗木传播与其他传播方式如气流、昆虫介体和土壤传播等互相配合和衔接，危险性更大。因此，种子苗木检疫具有特殊的重要性。

在植物病原物和其他有害生物中，只有那些有可能通过人为传播途径输入未发生地区的种类才具有检疫意义。人为传播的有害生物很多，还必须通过科学分析，确定检疫的重点。那些在国内尚未发生或仅局部地区发生，传入概率较高，适应性较强，对农业生产和环境有严重威胁，一旦传入可能造成重大危害的有害生物，在检疫法规中规定为检疫性有害生物，是检疫的主要目标。植物检疫是由政府主管部门或其授权的检疫机构依法强制执行的政府行为，实施植物检疫的基本原则是在检疫法规规定的范围内，通过禁止和限制植物、植物产品或其他传播载体的输入（或输出），以达到防止传入（或传出）有害生物、保护农业生产和环境的目的。根据上述原则，植物检疫主要采取下述措施：

1. 禁止进境 针对危险性极大的有害生物，严格禁止可传带该有害生物的活体植物、种子、无性繁殖材料和植物产品进境。土壤可传带多种危险性病原物和其他有害生物，也被禁止进境。

2. 限制进境 提出允许进境的条件，要求出具检疫证书，说明进境植物和植物产品不带有规定的有害生物，其生产、检疫检验和除害处理状况符合进境条件。此外，还常限制进境时间、地点，进境植物种类及数量等。

3. 调运检疫 对于在国家间和国内不同地区间调运的应行检疫的植物、植物产品、包装材料和运载工具等，在指定的地点和场所（包括码头、车站、机场、公路、市场、仓库等），由检疫人员进行检疫检验和处理。凡检疫合格的签发检疫证书，准予调运，不合格的必须进行除害处理或退货。

4. 产地检疫 种子、无性繁殖材料在其原产地，农产品在其产地或加工地实施检疫和处理，这是国际和国内检疫中最重要和最有效的一项措施。

5. 国外引种检疫 引进种子、苗木或其他繁殖材料，事先需经审批同意，检疫机构提出具体检疫要求，限制引进数量，引进后除施行常规检疫外，还必须在特定的隔离苗圃中试种。

6. 旅客携带物、邮寄和托运物检疫 国际旅客进境时携带的植物和植物产品需按规定进行检疫。国际和国内通过邮政、民航、铁路和交通运输部门邮寄、托运的种子、苗木等植物繁殖材料以及应施检疫的植物和植物产品等需按规定进行检疫。

7. 紧急防治 对新输入和定核的病原物与其他有害生物，必须利用一切有效的防治手段，尽快扑灭。我国国内植物检疫规定已发生检疫对象的局部地区，可由行政部门按法定程序设为疫区，采取封锁扑灭措施。还可将未发生检疫对象的地区依法划定为保护区，采取严格保护措施，防止检疫对象传入。

二、农业防治

农业防治又称栽培防治，其目的是在全面分析寄主蔬菜、病原物及其他有害生物和环境因素三者相互关系的基础上，运用各种农业技术综合措施，调整和改善蔬菜作物的生长环境，以增强蔬菜作物对病虫害的抵抗力，创造不利于病原物、害虫生长发育或传播的条件，以控制、避免或减轻病虫的危害。主要措施有选用抗病虫品种、使用无病虫繁殖材料、建立合理的种植制度、搞好田园卫生、加强栽培管理等。

（一）选用抗病虫品种

选育和利用抗病虫品种或砧木是防治蔬菜病虫害最经济、最有效的途径。在长期的育种过程中，蔬菜的抗病育种取得了显著的成效，选育出了具有高抗枯萎病的西瓜、黄瓜、茄子等的新品种或砧木，高抗根结线虫病的番茄、黄瓜新品种或砧木，高抗花叶病毒病的黄瓜、番茄新品种以及高抗番茄黄化曲叶病毒的新品种。蔬菜的抗虫育种在抗虫机理、抗性遗传、鉴定筛选及基因工程等方面的研究，虽然有了一定的进展，但蔬菜的抗虫成分常有毒性，而人类的食用部分与害虫的嗜食部分是一致的，因此很难在蔬菜育种中直接应用。蔬菜抗病品种的防效高，一旦推广使用，就可以代替或减少杀菌剂、杀虫剂的使用，大量节省田间防治费用。因此，使用抗病虫品种不仅有较高的经济效益，而且可以避免或减轻因使用农药而造成的残毒和环境污染问题。

（二）使用无病虫繁殖材料

生产和使用无病虫种子、苗木、种薯以及其他繁殖材料，可以有效地防止病虫害的传播和压低初侵染接种体数量。为确保无病虫种苗生产，必须建立无病虫种子繁育制度。种子生产基地需设在无病虫或轻病地区，并采取严格的防病虫和检验措施。以马铃薯无病毒种薯生产为例，原种场应设置在传毒蚜虫少的高海拔或高纬度地区，生长期需喷药治虫防病，及时拔除病株、杂株和劣株。原种薯供种子田繁殖用，种子田应与生产田隔离，以减少传毒蚜虫，种子田生产的种薯供大田生产用。

商品种子应实行种子健康检验，确保种子健康水平。带病种子需施行种子处理，通常用机械筛选、风选或用盐水、泥水漂选等方法汰除种子间混杂的菌核、菌瘿、粒线虫虫瘿、病蔬菜残体以及病秕籽粒。对于表面和内部带菌的种子则需施行热力消毒或杀菌剂处理。

热力消毒和植株茎尖培养已用于生产无病毒种薯。马铃薯茎尖生长点部位不带病毒或病毒浓度很低，可在无菌条件下切取茎尖0.2～0.4mm进行组织培养，得到无病毒试管苗，再将无病毒试管苗扩繁，可以得到大规模的无病毒试管苗。由试管苗驯化收获无病毒微型薯用于生产。

（三）建立合理的种植制度

合理的种植制度有多方面的防病虫作用，既能调节农田生态环境、改善土壤肥力和物理性质，从而有利于作物生长发育和有益生物繁衍，又能减少有害生物存活、中断病虫害循环。

轮作是一项古老而有效的防病虫措施。实行合理的轮作制度，有害生物因缺乏寄主而迅速消亡，中断了传播。制订轮作计划时，原则上应尽量避免将同科作物连作，因为同科作物常感染相同的病虫害，每年调换种植管理性质不同的蔬菜，从而使病虫失去寄主或改变生活条件，达到减轻或消灭病虫害的目的。如粮菜轮作、水旱轮作对于控制土壤传染性病害有明显效果。

用葫芦科以外的作物轮作 3 年能有效防治瓜类镰刀菌枯萎病和炭疽病。若病原菌腐生性较强，或能生成抗逆性强的休眠体，则可能在缺乏寄主时长期存活，只有长期轮作才能表现防治效果，因而很难付诸实施。实行水旱轮作，旱田改水田后病原菌在淹水条件下很快死亡，可以缩短轮作周期。防治茄子黄萎病和十字花科蔬菜菌核病需行 5～6 年轮作，但改种水稻后只需 1 年。

各地作物种类和自然条件不同，种植形式和耕作方式也非常复杂，如轮作、间作、套作、土地休闲和少耕免耕等具体措施对病害的影响也不一致。例如，在陕西关中，线椒单株定植病毒病害严重发生，但若线椒双株定植，四行线椒间作一行玉米，在高温季节玉米为辣椒遮光降温，减少了病害发生。各地必须根据当地具体条件，兼顾丰产和防病的需要，建立合理的种植制度。

（四）搞好田园卫生

田园卫生措施包括清除收获后遗留田间的植株残体，生长期拔除病株与铲除发病中心，施用净肥以及清洗消毒农机具、工具、架材、农膜、仓库等。这些措施都可以显著减少病原物接种体数量。

作物收获后彻底清除田间病株残体，集中深埋或烧毁，能有效减少越冬或越夏菌源数量。这一措施对于多年生作物尤为重要。露地和保护地栽培的蔬菜，多茬种植，菌源接续关系复杂，应在当茬蔬菜收获后下茬播种前清除病残体。病虫严重发生的多年生牧草草场，往往采用焚烧的办法消灭地面病残株。此外，还应禁止使用蔬菜病残体沤肥、堆肥，有机肥应在充分腐熟后使用。

多种蔬菜病毒及传毒昆虫介体在野生寄主上越冬或越夏，铲除田间杂草可减少毒源。有些锈菌的转主寄主在病害循环中起重要作用，也应清除。深耕深翻可将土壤表层的病原物休眠体和带菌蔬菜残屑掩埋到土层深处，是重要的田园卫生措施。拔除田间病株，摘除病叶和消灭发病中心，能阻止或延缓病害流行。例如，马铃薯晚疫病、黄瓜疫病、番茄溃疡病等，一旦发现中心病株就要立即人工铲除或喷药封锁。摘除病株底部老叶，已用于防治蔬菜菌核病。

（五）加强栽培管理

加强栽培管理、改进栽培技术、合理调节环境因素、改善立地条件、调整播期、优化水肥管理等都是重要的农业防治措施。

合理调节温度、湿度、光照和气体组成等要素，创造不适于病原菌侵染和发病的生态条件，或不利于害虫的繁殖和存活，对于设施生产和贮藏期的病虫害防治都有重要意义。需根据不同病害的发病规律，妥善安排。例如，黄瓜黑星病发生需要高温高湿，塑料大棚冬春茬黄瓜栽培前期以低温管理为主，通过控温抑病，后期以加强通风排湿为主，通过降低棚内湿度和减少叶面结露时间来控制病情发展。在秋冬季栽培中采取相反措施，先控湿后控温。高温闷棚是多种蔬菜叶部病害的有效生态防治措施。大棚在晴天中午密闭升温至 44～46℃保持 2h，隔 3～5d 后再重复一次，能减轻黄瓜霜霉病和番茄叶霉病等病害发生。播种期、播种深度和种植密度等不适宜都可能诱发病害或有利于虫害的发生及传播，为了减轻病虫害发生，提倡合理调节播种期、播种深度与合理密植。

水肥管理与病害消长关系密切，必须提倡合理施肥和灌水。合理施肥就要因地制宜地科学确定肥料的种类、数量、施肥方法和时期。在肥料种类方面，应注意氮、磷、钾配合使用，平衡施肥。氮肥过多，往往加重发病。增施有机肥和磷、钾肥，一般都有减轻病害的作用。微肥对防治某些特定病害有明显的效果，例如，喷施硫酸锌可减轻辣椒花叶病，喷施硼酸和硫酸锰水溶液可抑制茄科蔬菜青枯病。施肥时期与病害发生也有密切关系。一般来说，增施基肥、种肥，前期重施追肥效果较好，追施氮肥过晚过多会加重多种病害的发生。灌水不当，田间湿度过高，往往是多种病害发生的重要诱因。在地下水位高、排水不良、灌溉不当的田块，田间湿度高，结露时间长，有利于病原真菌、细菌的繁殖和侵染，多种根病、叶病和穗部病害严重发生。因此，水田应浅水灌溉，结合排水烤田。旱地应做好排水防渍，排灌结合，避免大水漫灌，提倡滴灌、喷灌和脉冲灌溉。防治蔬菜疫病等对湿度敏感的病害，还可采用高畦栽培，保持畦面干燥。

三、生物防治

生物防治是利用一种生物对付另外一种生物的方法，也就是利用有益生物对有害生物的各种不利作用，来减少有害生物的数量和削弱其致病性和危害，达到防治蔬菜病虫害的目的。对于蔬菜病害的生物防治迄今所利用的主要是有益微生物（也称拮抗微生物或生防菌），通过调节蔬菜的微生物环境来减少病原物接种体数量，降低病原物致病性和抑制病害的发生。蔬菜害虫的生物防治主要是利用害虫的天敌，以虫治虫、以菌治虫和以鸟治虫。生物防治是利用生物物种间的相互关系，以一种或一类生物抑制另一种或另一类生物，其最大优点是不污染环境，是农药防治等非生物防治方法所不能比的。

1. 蔬菜病害的生物防治　有益微生物对病原物的不利作用主要有抗菌作用、溶菌作用、竞争作用、重寄生作用、捕食作用和交互保护作用等。

（1）抗菌作用　抗菌作用是有益微生物产生抗菌物质，抑制或杀死病原菌，如绿色木霉产生胶霉毒素和绿色菌素两种抗菌素、拮抗立枯丝核菌等多种病原菌。

（2）溶菌作用　蔬菜病原真菌和细菌的溶菌现象比较普遍，导致芽管细胞或菌体细胞消解。溶菌现象有自溶性和非自溶性，后者可能是拮抗微生物的酶或抗菌物质所造成的，也可能是细菌被噬菌体侵染所致，有潜在的利用价值。

（3）竞争作用　有益微生物的竞争作用也称占位作用或腐生竞争作用，主要是对蔬菜体表面侵染位点的竞争和对营养物质、氧气与水分的竞争。

（4）重寄生作用　重寄生是指病原物被其他微生物寄生的现象。如哈茨木霉和钩木霉可以寄生立枯丝核菌和齐整小核菌菌丝，豌豆和萝卜种子用木霉拌种可防治苗期立枯病与猝倒病。

（5）捕食作用　捕食作用是菌丝特化为不同形式的捕虫结构，迄今在耕作土壤中已发现了百余种捕食线虫的真菌。

（6）交互保护作用　交互保护作用是指接种弱毒微生物诱发蔬菜的抗病性，从而抵抗强毒病原物侵染的现象，在习惯上也列入生物防治的范畴。

2. 蔬菜害虫的生物防治　害虫天敌对害虫的作用主要是通过直接捕食、寄生和病原微生物侵染途径来抑制害虫的大量繁殖，减少种群的数量。

（1）直接捕食　害虫天敌中，捕食性生物包括草蛉、瓢虫、步行虫、畸螯螨、钝绥螨、蜘蛛、蛙、蟾蜍、食蚊鱼、叉尾鱼以及许多食虫益鸟等。

（2）寄生　寄生性生物包括寄生蜂、寄生蝇等，与捕食性生物不同的是，寄生性昆虫一般都是成虫积极地寻找寄主，发现寄主后，将卵产于体内。幼虫孵化后取食寄主的营养，和寄主共生一段时间后才使寄主死亡。幼虫不能主动寻找食物。寄生蜂和寄生蝇的种类很多，分别可寄生于不同发育阶段的寄主体。

（3）侵染　病原微生物包括苏云金杆菌、白僵菌等。苏云金杆菌能产生毒性很强的菱形伴胞体，使昆虫体内蛋白质结晶、凝聚而变性，使昆虫瘫痪、死亡。可用来防治松毛虫、玉米螟、菜青虫、马铃薯甲虫、大豆银纹夜蛾等。白僵菌属寄生性真菌，主要通过消化道及体壁进行侵染，能使昆虫体内长满菌丝而形成坚硬的菌核导致害虫死亡。利用白僵菌可防治松毛虫、大豆食心虫、玉米螟、甘薯象鼻虫等。

四、物理防治

蔬菜病虫害的物理防治主要是利用热力、干燥、冷冻、电磁波、超声波、激光、诱捕（杀）和趋避等手段抑制、钝化或杀死有害生物，以达到防治病虫害的目的。多种物理防治方法主要用于处理种子、苗木、其他蔬菜繁殖材料和土壤，诱捕（杀）和趋避等手段可用于蔬菜的生长季节。

1. 热力处理

（1）干热处理　干热处理法主要用于多种蔬菜种子传播的病毒、细菌和真菌的防治。黄瓜种子经70℃干热处理2～3d，可使黄瓜绿斑驳花叶病毒（CGMMV）失活。番茄种子经75℃处理6d或80℃处理5d可杀死种传黄萎病菌。不同蔬菜的种子耐热性有差异，处理不当会降低萌发率。豆科作物种子耐热性弱，不宜干热处理。含水量高的种子受害也较重，应先行预热干燥。干热法还用以处理原粮、面粉、干花、草制品和土壤等。

（2）热水处理　用热水处理种子和无性繁殖材料，通称温汤浸种，可杀死种子表面和种子内部潜伏的病原物。热水处理利用蔬菜材料与病原物耐热性的差异，选择适宜的水温和处理时间以杀死病原物而不损害蔬菜材料。大豆和其他大粒豆类种子水浸后能迅速吸水膨胀脱皮，不适于热水处理，可用植物油、矿物油或四氯化碳代替水作为导热介质处理豆类种子。

（3）热蒸汽处理　热蒸汽也可用于处理种子、苗木，其杀菌有效温度与种子受害温度的差距较干热灭菌和热水浸种大，对种子发芽的不良影响较小。热蒸汽还用于温室和苗床的土壤处理。通常用80～95℃蒸汽处理土壤30～60min，可杀死绝大部分病原菌，但少数耐高温微生物仍可继续存活。

利用热力治疗感染病毒的植株或无性繁殖材料是生产无病毒种苗的重要途径。热力治疗可采用热水处理法或热空气处理法。热水处理法虽应用较早，但热空气处理效果较优，对蔬菜的伤害较小。多种类型的繁殖材料，如种子、接穗、苗木、块茎、块根等都可用热力处理方法。不论处于休眠期的蔬菜繁殖材料或生长期苗木都可应用热力处理方法，但休眠的蔬菜材料较耐热，可应用较高的温度（35～54℃）处理。处理休眠的马铃薯块茎治疗卷叶病的适温为35～40℃。较高的温度（40～45℃）可能钝化类菌原体。柑橘苗木和接穗用49℃湿热空气处理50min，治疗黄龙病效果较好。

2. 干燥处理　谷类、豆类和坚果类果实充分干燥后，可避免真菌和细菌的侵染。

3. 冷冻处理 冷冻处理是控制蔬菜产品收获后病害的常用方法，冷冻本身虽不能杀死病原物，但可抑制病原物的生长和侵染。

4. 电磁波处理 微波是波长很短的电磁波，微波加热适于对少量种子、粮食、食品等进行快速杀菌处理。用微波炉在70℃下处理10min就能杀死玉米种子传带的玉米枯萎病病原菌，但种子发芽率略有降低。微波加热是处理材料自身吸收能量而升温，并非传导或热辐射的作用。微波炉已用于蔬菜检疫，处理旅客携带或邮寄的少量种子与农产品。

5. 诱捕（杀） 对害虫诱杀的方法很多，可以诱杀成虫，也可以诱杀幼虫，但诱杀成虫较诱杀幼虫具有更高的效益。可以利用害虫的取食行为诱杀，也可利用其产卵行为、交配行为以及趋性、飞翔特点等方面特性进行诱杀。如利用许多害虫其成虫羽化出来后急需在四周寻觅蜜糖来补充自身营养的特点，在田间、地头设糖醋诱杀液，诱杀成虫。又如，利用拂晓前棉铃虫寻觅隐蔽自身之处的特点，设杨树枝把或利用喇叭口期的玉米供成虫藏身，从而达到消灭棉铃虫成虫的目的。利用成虫起飞、追逐、交尾的行为进行性诱剂诱杀，也能收到显著的效果。利用成虫的趋光性用氯光灯、高压汞灯等诱杀害虫，也可收到十分可观的效果。在黄色纸板（长30cm、宽20cm）上涂粘虫胶（凡士林、黄色的润滑油）可诱杀害虫，可有效减少虫口密度，对茶蚜虫（有翅蚜）、潜蝇成虫、粉虱、茶叶小绿叶蝉、蓟马等小型昆虫防治都有效。

在害虫防治中也可应用性外激素（也称为性信息素）诱捕害虫。昆虫性外激素具有很强的诱集能力，并且有高度专化性。所以，应用性外激素可以预测害虫发生期、发生量及分布危害范围，是一种有效的监测特定害虫出现时间和数量的方法。不少种类的性外激素已可人工合成，人工合成的性外激素通常叫性引诱剂（简称性诱剂），也可用鳞翅目昆虫分泌腺的腺体粗提得到。诱捕害虫主要采取直接诱杀和干扰交配两种方式。诱捕即是在一定区域内设置足够数量的性外激素诱捕器来诱杀田间害虫，通常诱杀大量雄虫，通过降低雌虫交配率来控制害虫。干扰交配即迷向法，其原理是在田间大量放置害虫性诱剂，让环境中充满性信息素气味，雄虫就会丧失寻找雌虫的定向能力，致使田间雌雄蛾间的交配率大大降低，从而使下一代虫口密度急剧下降。

6. 趋避 一些特殊颜色和物理性质的塑料薄膜已用于蔬菜病虫害防治。例如，蚜虫忌避银灰色和白色膜，用银灰反光膜或白色尼龙纱覆盖苗床，可减少传毒介体蚜虫的数量，减轻病毒病害。夏季高温期铺设黑色地膜，吸收日光能，使土壤升温，能杀死土壤中多种病原菌。

五、化学防治

化学防治法是使用农药防治蔬菜病虫害的方法。农药具有高效、速效、使用方便、经济效益高、易于生产等优点，但使用不当可对蔬菜产生药害，引起人畜中毒，杀伤有益生物，导致有害生物产生抗药性，农药的高残留还可造成环境污染等。当前化学防治法是防治蔬菜病虫害的关键措施，面临病虫害大发生的紧急时刻，甚至是唯一有效的措施。

（一）杀菌剂和杀线虫剂

用于病害防治的农药称作杀菌剂和杀线虫剂。

杀菌剂对真菌或细菌有抑菌、杀菌或钝化其有毒代谢产物等作用，有些农用抗生素如四环素等还能防治类菌原体病害。

按照防治病害的作用方式，杀菌剂可分为保护性杀菌剂、治疗性杀菌剂和铲除性杀菌剂。保护性杀菌剂在病原菌侵入前施用，阻止病原菌侵入。治疗性杀菌剂能进入蔬菜组织内部，抑制或杀死已经侵入的病原菌，使蔬菜病情减轻或恢复健康。铲除性杀菌剂对病原菌有强烈的杀伤作用，可通过直接触杀、熏蒸或渗透蔬菜表皮而发挥作用，铲除性杀菌剂能引起严重的蔬菜药害，常于休眠期使用。

按照在植物体内的传导特性，杀菌剂分为内吸性杀菌剂和非内吸性杀菌剂。内吸性杀菌剂能被植物叶、茎、根、种子吸收进入植物体内，经植物体液输导、扩散、存留或产生代谢物，可防治一些深入到植物体内或种子胚乳内的病害，以保护作物不受病原物的侵染或对已感病的植物进行治疗，因此具有治疗和保护作用。非内吸性杀菌剂不能被植物内吸并传导、存留。目前，大多数杀菌剂都是非内吸性杀菌剂，不易使病原物产生抗药性，比较经济，但大多数只具有保护作用，不能防治深入植物体内的病害。

按照原料来源，杀菌剂可分为含重金属（铜、汞等）或硫的无机杀菌剂与有机硫、有机磷、有机砷、取代苯类、有机杂环类以及抗菌素类杀菌剂等。杀菌剂种类不同，其有效防治的病害范围也不相同。有些种类具很强的专化性，称为专化性杀菌剂；有些种类则杀菌范围很广，对多种病原真菌都有效，称为广谱性杀菌剂。

杀线虫剂对线虫有触杀或熏蒸作用。触杀是指药剂经体壁进入线虫体内产生毒害作用，熏蒸是指药剂以气体状态经呼吸系统进入线虫体内发挥药效。有些杀线虫剂兼具杀菌杀虫（昆虫）作用。

（二）杀虫剂

用于害虫防治的药剂称作杀虫剂。

按作用方式，杀虫剂可分为胃毒性杀虫剂、触杀性杀虫剂、熏蒸性杀虫剂和内吸性杀虫剂。胃毒性杀虫剂是经虫口进入害虫消化系统起毒杀作用。触杀性杀虫剂是与害虫表皮或附器接触后渗入虫体，或腐蚀虫体蜡质层，或堵塞气门而杀死害虫。熏蒸性杀虫剂是利用有毒的气体、液体或固体的挥发而产生蒸气毒杀害虫。内吸性杀虫剂是被植物种子、根、茎、叶吸收并输导至全株，在一定时期内，以原体或其活化代谢物随害虫取食植物组织或吸吮植物汁液而进入虫体，起毒杀作用。

按毒理作用，杀虫剂可分为神经性毒剂、呼吸毒剂、物理性毒剂和特异性杀虫剂。神经性毒剂作用于害虫的神经系统。呼吸毒剂能抑制害虫的呼吸酶。物理性毒剂如矿物油剂可堵塞害虫气门，惰性粉可磨破害虫表皮，使害虫致死。特异性杀虫剂可引起害虫生理上的反常反应，如使害虫远离作物的驱避剂，以性诱或饵诱诱集害虫的诱致剂，使害虫味觉受抑制不再取食以致饥饿而死的拒食剂，作用于成虫生殖机能使雌雄之一不育或两性皆不育的不育剂，影响害虫生长、变态、生殖的昆虫生长调节剂等。

按原料来源，杀虫剂可分为无机和矿物杀虫剂、植物性杀虫剂、有机合成杀虫剂和昆虫激素类杀虫剂。无机和矿物杀虫剂如砷酸铅、砷酸钙和矿物油乳剂等。这类杀虫剂一般药效较低，对作物易引起药害，而砷剂对人毒性大，因此自有机合成杀虫剂大量使用以后大部分已被淘汰。全世界有1 000多种植物对昆虫具有或大或小的毒力，广泛应用的有除虫菊、鱼藤和烟草等。此外，有些植物中还含有类似保幼激素、早熟素、蜕皮激素活性物质，如从喜树的根皮、树皮或果实中分离的喜树碱对马尾松毛虫有很强的不育作用。有机合成杀虫剂如有机氯类滴滴涕、六六六等，二者曾是产量大、应用广的两个农药品种，但因易在生物体中蓄积，从 20 世纪 70 年代初开始在许多国家禁用或限用；有机磷类的对硫磷、敌百虫、乐果等有400个品种以上，产量居杀虫剂的第一位；还有拟除虫菊酯类和有机氮类农药等。昆虫激素类杀虫剂如多种保幼激素、性外激素类似物等。

（三）农药的剂型

农药对有害生物的防治效果称为药效，对人畜的毒害作用称为毒性。在施用农药后相当长的时间内，农副产品和环境残留毒物对人畜的毒害作用称为残留毒性或残毒。为达到病虫害化学防治的目的，要求研制和使用高效、低毒、低残留的杀菌剂、杀虫剂和杀线虫剂。

农药都必须加工成特定的制剂形态，才能投入实际使用。未经加工的叫作原药，原药中含有的具杀菌、杀虫等作用的活性成分，称为有效成分。加工后的农药叫制剂，制剂的形态称为剂型。通常制剂的名称包括有效成分含量、农药名称和制剂形态名称三部分。例如，70%代森锰锌可湿性粉剂，即指明农药有效成分含量为70%，名称为代森锰锌，制剂为可湿性粉剂。农药常用剂型有乳油、可湿性粉剂、可溶性粉剂、颗粒剂等，其他还有粉剂、悬浮剂（胶悬剂）、水剂、烟雾剂等。

（四）农药的施用方法

在使用农药时，需根据药剂、作物与病虫害特点选择施药方法，以充分发挥药效，避免药害，尽量减少对环境的不良影响。

1. 喷雾法　利用喷雾器械将药液雾化后均匀喷在蔬菜和有害生物表面，按用液量不同分为常量喷雾（雾点直径100～200μm）、低容量喷雾（雾滴直径50～100μm）和超低容量喷雾（雾滴直径15～75μm）。农田多用常量和低容量喷雾，两者所用农药剂型均为乳油、可湿性粉剂、可溶性粉剂、水剂和悬浮剂（胶悬剂）等，兑水配成规定浓度的药液喷雾。常量喷雾所用药液浓度较低，用液量较多；低容量喷雾所用药液浓度较高，用液量较少（为常量喷雾的1/10～1/20），工效高，但雾滴易受风力吹送飘移。

2. 喷粉法　利用喷粉器械喷撒粉剂的方法称为喷粉法。工作效率高，不受水源限制，适用于大面积防治。缺点是耗药量大，易受风的影响，散布不易均匀，粉剂在茎叶上黏着性差。

3. 种子处理　常用的有拌种法、浸种法、闷种法和种衣剂法。种子处理可以防治种传病虫害，并保护种苗免受土壤中病原物侵染，用内吸剂处理种子还可防治地上部病害和害虫。粉剂和可湿性粉剂可用干拌法，乳剂和水剂等液体药剂可用湿拌法，即加水稀释后，喷布在干种子上，拌和均匀。浸种法是用药液浸泡种子。闷种法是用少量药液喷拌种子后堆闷一段时间再播种。药剂加入种衣中，药剂可缓慢释放，延长有效期。

4. 土壤处理　在播种前将药剂施于土壤中，主要防治蔬菜根部病虫害；土表处理是用喷雾、喷粉、撒毒土等方法将药剂全面施于土壤表面，再翻耙到土壤中；深层施药是施药后再深翻或用器械直接将药剂灌施于较深土层。作物生长期也可用撒施法、泼浇法施药。撒施法是将杀菌剂的颗粒剂或毒土直接撒布在植株根部周围。毒土是将乳剂、可湿性粉剂、水剂或粉剂与具有一定湿度的细土按一定比例混匀混合而制成。撒施法施药后应灌水，以便药剂渗滤到土壤中。泼浇法是将杀菌剂加水稀释后泼浇于植株基部，或称灌根法。

5. 熏蒸法　用熏蒸剂释放有毒气体在密闭或半密闭设施中，杀灭害虫或病原物。有的熏蒸剂还可用于土壤熏蒸，即用土壤注射器或土壤消毒机将液态熏蒸剂注入土壤内，在土壤中形成气体扩散。土壤熏蒸后需按规定等待一段较长时间，待药剂充分散发后才能播种，否则易产生药害。

6. 烟雾法 利用烟剂或雾剂防治病虫害。烟剂是农药的固体微粒（直径 0.001～0.1μm）分散在空气中起作用，雾剂是农药的小液滴分散在空气中起作用。施药时用物理加热法或化学加热法引燃烟雾剂，药剂扩散能力强，适宜在密闭的温室、塑料大棚和隐蔽的森林中应用。

此外，杀菌剂还用于涂抹、蘸根、树体注射等。

（五）合理使用农药

为了充分发挥药剂的效能，做到安全、经济、高效，提倡合理使用农药。任何农药都有一定的应用范围，即使是广谱性药剂也不例外，因此，要按照药剂的有效防治范围与作用机制，以及防治对象的种类、发生规律和危害部位等的不同，合理选用药剂与剂型，做到对症下药。

合理使用农药就是科学地选择农药种类，确定用药量、施药时期、施药次数和间隔天数。用药量主要取决于药剂和病虫害种类，但也因作物种类和生育期、土壤条件和气象条件的不同而有所改变。施药时期因施药方式和病虫害对象而异。土壤熏蒸都在播种前进行，土壤处理也大多在播种前或播种时进行。种子处理一般在播种前 1～2d 进行。田间喷洒药剂应根据预测预报在病虫害发生前或流行始期进行，喷药后遇雨应及时补喷。对病原菌的一次侵染来说，应在侵染即将发生时或侵染初期用药。喷施内吸性杀菌剂，也应以早期用药为原则。对再侵染频繁的病害和生育周期短的害虫，一个生长季节内需多次用药，两次用药的间隔日数主要根据药剂的持效期确定，即施用药后对防治对象保持有效的时间。

提倡合理混用和交叉施用农药。合理混用做到一次施药，可兼治多种病虫对象；交叉施用可以降低防治对象的抗药性，提高药效和防效，以减少用药次数，降低防治费用。长期连续使用单一类药剂会导致病原菌或害虫产生抗药性，降低防治效果。有时对某种药剂产生抗药性的病原菌或害虫，对未曾接触过的其他类似药剂也有抗药性，称为交互抗药性。为延缓抗药性的产生，应混合或交叉使用病原菌或害虫不易产生交互抗药性的药剂，还要尽量减少施药次数，降低用药量。

药剂选用或施用浓度不当，可使蔬菜受到伤害或损害，称为药害。在施药后几小时至几天内出现症状的称急性药害，在较长时间后出现症状的称慢性药害。使用新药剂前应做药害试验或先少量试用。农药混用不当、剂量过大、喷药不均匀、施药间隔期太短、在蔬菜敏感期施药，以及施药环境温度过高、光照过强、湿度过大等也可造成药害，都应力求避免。

保证用药质量，作业人员应先行培训，使其熟练掌握配药、施药和药械使用技术。喷雾法施药力求均匀周到，液滴直径和单位面积着落药滴数目符合规定。施药效果与天气有密切关系，宜选择无风或微风天气喷药，一般应在午后和傍晚喷药。若气温低，影响效果，也可在中午前后施药。

农药可通过皮肤、呼吸道或口腔进入人体，引起急性中毒或慢性中毒，因此用药前应先了解所用农药的毒性、中毒症状和解毒方法。在农药贮放、搬运、分装、配药、施药等各环节都要做好防护工作，遵守农药安全使用的规定。为防止农产品中农药残留的危害，应按照国家规定和行业标准用药，坚决禁止使用剧毒和高残留农药，严格遵守农药的允许残留标准和安全使用间隔期（最后一次用药距作物收获期的允许间隔天数）。

总之，化学防治在害虫综合防治中仍占有重要地位，是当前国内外广泛应用的一类防治方法。化学防治具有许多优点：①收效快，防治效果显著，既可在病虫害发生之前作为预防性措施，以避免或减少病虫危害，又可在病虫发生之后作为急救措施；②使用方便，范围广，受地区及季节限制较小；③可以大面积使用，便于机械化作业；④杀虫剂、杀菌剂可以大规模工业化生产，品种和剂型多，可远距离运输或长期保存。

化学防治也存在不少缺点：①长期广泛使用化学农药，易造成一些病虫对农药的抗药性；②应用广谱性杀虫剂、杀菌剂，在防治病虫害的同时，易杀死害虫的天敌或有益菌类；③长期大量使用化学农药，易污染大气、水域和土壤，对人畜健康造成威胁，甚至使其中毒死亡。

化学防治存在的问题自 20 世纪 50 年代以来就逐渐表现出来，引起了人们的重视。自 70 年代始，从开展综合防治以来，人们为解决化学防治带来的问题进行了诸多努力，尤其在提倡环保的时代，解决环境问题更为迫切。但应该认识到，虽然化学防治由于长期连续地不合理施用，带来化学防治综合征的不良副作用，但目前的问题不是取消或轻视化学防治，而是要科学用药、合理用药。改进化学防治的重要措施有：①控制使用农药，在制订病虫害综合防治措施时，尽量考虑少使用化学农药；②合理选择农药，选择低毒高效、非持久性、迅速降解的杀虫剂、杀菌剂；③合理使用农药，改进施药方法，减少用药面积和次数，确定适宜施药时间，减少使用剂量，尽量保护天敌，合理轮用、混用农药，提高药效，防止产生抗性，农药与增效剂或引诱剂结合使用；④加速发展高效低毒、低残留、少污染的无公害农药，其中对生物农药、植物源杀虫剂、杀菌剂的研究与开发最为人们所关注。多年来，我国对几种楝科植物种核油的杀虫活性进行了许多研究，表明川楝素、印楝素和苦楝素对防治某些害虫有较好效果，另外，从苦皮藤中提取的活性成分具有杀虫作用。目前，蔬菜无公害生产中常用的生物杀虫杀螨剂有 Bt、阿维菌素、浏阳霉素、华光霉素、茴蒿素、鱼藤酮、苦参碱、藜芦碱等；杀菌剂有井冈霉素、春雷霉素、多抗霉素、武夷菌素、农用链霉素等。由于生物农药或植物源农药没有有机合成农药可能产生的问题，因此这一途径的开拓具有广阔前景。

复习思考题

1. 试述蔬菜种子的形态结构与种子抗逆特点、寿命及贮藏的关系。
2. 试述蔬菜种子发芽与所需条件、种子处理技术的关系。
3. 试述蔬菜育苗的意义、嫁接育苗的方法及适用作物。
4. 试述蔬菜作物植株调整的方法与作用。
5. 试述蔬菜作物对土壤条件的要求、需肥需水规律与合理施肥供水技术。

第五章 蔬菜栽培制度与区域布局

蔬菜栽培制度与栽培方式是人类为了充分合理地利用各地自然资源，选择或创造适合各种蔬菜生物学特性的环境，以求最大限度地提高土地生产力，周年生产与供应优质蔬菜产品而构建的蔬菜栽培体系。蔬菜栽培制度与栽培方式是伴随社会经济的发展和科学技术的进步而发展的。蔬菜栽培区域布局是依据不同区域环境特点及社会经济发展等状况，按照蔬菜对环境的基本要求及市场对蔬菜的需求，科学合理地划分蔬菜栽培区域，以求充分利用各地自然资源和社会资源，大幅度提高蔬菜生产效益，实现蔬菜周年均衡供应。

我国幅员辽阔，气候多样，加之蔬菜种类繁多、对环境要求复杂以及产品不耐贮运等特点，因此，蔬菜栽培制度和栽培方式繁杂，蔬菜栽培区域布局较难。充分认识这种复杂的蔬菜栽培制度和栽培方式，科学地进行蔬菜栽培区域布局，不仅对蔬菜生产是十分必要的，而且对于研究、优化和发展蔬菜栽培制度和栽培方式也是十分必要的。

第一节 蔬菜栽培制度

栽培制度也称种植制度，是指一个地区或单位农作物的组成、配置、茬口与种植方式（单作、间混套作、轮作、连作等）所组成的一套相互联系且与当地农业资源及生产要素相适应的栽培体系。蔬菜栽培制度虽与大田作物栽培制度基本相同，但较大田作物栽培制度更加复杂。

我国农业历史悠久，在长期的生产实践中，总结出一系列优良的蔬菜栽培制度，尤其是随着近年来现代科学技术的进步和生产水平的提高，蔬菜栽培制度也在继承和发扬传统农业精华的基础上不断发展与提高，并在蔬菜周年生产与均衡供应中发挥了重要作用。但也应看到，一些地方缺乏科学的蔬菜栽培制度，导致农林牧副渔相结合的传统生态结构遭到破坏，自然资源和社会资源未能充分合理利用，土壤肥力下降，病虫害猖獗，污染严重，品种退化，单产下降等现象屡有发生，特别是近年来一些地方设施蔬菜栽培制度的混乱已造成重大损失。因此，建立与现代农业相适应的蔬菜栽培制度，使蔬菜生产实现节本、高效、多样、高产、稳产、优质、安全，是实现我国蔬菜生产现代化的重要内容。

一、建立科学蔬菜栽培制度的原则

蔬菜种类繁多，不耐贮运，各地食用习惯不同，加之我国幅员辽阔，气候和生产要素各异，因此，要实现充分合理地利用自然资源、经济产投比高、持续稳定发展的目的，制定蔬菜栽培制度必须以蔬菜生态系统理论为依据，遵循以下原则。

1. 生产要素适宜原则 生产要素适宜原则主要是指生产诸要素适合特定季节某种蔬菜生长发育的需求，从而获得优质高产高效益。这里所说的生产诸要素主要包括生产经营方式、生产设施装备和环境调控能力、生产者的生产技术水平以及劳动力、资金和物资状况等。

生产经营方式主要涉及生产者的积极性和责任心，如家庭承包经营和集体经营以及依靠雇用劳动力的私营农业企业，其生产者的积极性和责任心就因管理层的经营理念、能力、水准而不尽相同。一个高产高效的蔬菜栽培制度，没有生产者的责任心和积极性是难以实现的。如喜温果菜秋冬茬或冬春茬栽培，没有生产者的认真负责精神，很可能遭到失败。因此，当生产者的责任心和积极性不强时，可安排一些操作管理较简易的蔬菜（如西葫芦较黄瓜易种）进行秋冬茬或冬春茬生产，而在春季自然条件较好时安排喜温果菜生产。

生产设施装备水平和环境调控能力决定了生产场所环境条件的优劣。栽培制度应按照已有生产设施装备水平和环境调控能力来进行。如设施装备好，具备优良的采光保温特性，环境调控能力也强，可安排喜温果菜的生产；否则，宜安排耐寒叶根茎类蔬菜生产。

生产者技术水平的深度和广度也是决定栽培制度集约性的重要因素。生产者技术水平较低时，安排较容易生产的蔬菜种类。

劳动力、资金和物资条件也是决定因素，因为有些蔬菜作物生产需要大量的劳动力、资金和物资的投入，如喜温果菜、速生绿叶菜类等蔬菜生产就是如此；而另一些蔬菜作物则投入较少，如一些耐寒叶根茎类蔬菜的生产。因此，制定栽培制度应量力而行。

2. 环境适宜原则　环境适宜原则是指生产地域的生态环境必须满足所种蔬菜种类或品种充分发挥生产潜力的需求。这就要求生产者根据不同地区、同一地区不同季节、同一地区同一季节不同设施装备水平以及不同蔬菜种类或品种的特性，制定科学的蔬菜栽培制度。

3. 经济效益原则　经济效益原则是指何种蔬菜在什么季节和地区栽培可获得较高的比较经济效益。这种比较经济效益的高低与市场状况关系很大。因此，一个地区在一定季节里种植多大面积什么种类和品种的蔬菜，应根据市场需求而定。而利用市场经济杠杆来调整种植结构，必须有市场信息和市场分析预测，即预测分析某种蔬菜的市场需求旺盛期、需求量和市场供应量，选择在需求旺盛期、供应量不足的季节安排这种蔬菜上市可获得较高经济效益，由此确定可在需求旺盛期、供应量不足的季节生产这种蔬菜的栽培制度最佳。当然，确定栽培制度还必须注意有利于蔬菜专业化生产和产业化运营，因此，当一种栽培制度被确定下来后，应该在此基础上逐步完善，不应轻易随着市场的暂时波动而经常变动。

4. 充分利用资源原则　充分利用资源原则是指充分利用当地的自然环境资源、劳动力资源和物资资源等来制定栽培制度。如在光照充足和设施条件好的温暖地区，可进行喜温果菜冬茬或冬春茬生产；而在气候严寒、冬季光照弱和设施条件较差的地区，则只能安排耐寒叶菜生产。又如在劳动力较充足的地区，可进行较费工的冬茬或冬春茬喜温果菜生产；而城市近郊劳动力紧张，则可采用机械化和自动化程度较高、省工省力的某些高档速生蔬菜栽培制度和栽培方式。

5. 有利于持续发展原则　蔬菜生产持续发展涉及的内容较多，这里主要指生态环境问题。也就是说，制定蔬菜栽培制度时必须注意这种制度不能破坏生态环境，是一种绿色低碳农业栽培体系，不仅保证蔬菜的持续安全、优质、高产、稳产，还必须注意防止连作障碍、土壤肥力下降、环境污染等问题。

二、我国蔬菜栽培制度

蔬菜栽培制度按茬口安排不同可分为连作与轮作；按一年内茬次安排不同可分为一年一大

茬、一年两大茬、一年多茬；按蔬菜群体配置不同可分为间作、混作、套作和立体栽培等。

（一）连作与轮作

1. 连作　连作是指同一块地连年种植同一种作物的栽培制度。连作是人多地少加之专业化和产业化生产需求而不得已采取的栽培制度。蔬菜连作制度的形成虽与农作物连作制度大体相同，但通常蔬菜一年可栽培两茬或多茬，加之蔬菜专业化和产业化生产程度高，因此蔬菜连作较为普遍，尤其是设施蔬菜连作更为普遍。

作物连作会产生连作障碍，我们祖先早有经验。早在商代（公元前16—前11世纪）就发现一种作物在一块土地上连续栽培三五年后，会出现土壤变瘠、产量逐渐下降的现象。因此在当时人少地多情况下，一块地种一年作物后撂荒数年，再重新在原地种植作物，这种栽培制度称为撂荒制。到了西周（公元前11世纪）以后，就出现了种一年休耕1～2年的休闲制。秦以后由于人口的增多，出现了连年耕作制，此时虽然一年两茬已经出现，但仍以一年

一茬为主。随着近代人口的剧增和工业的发展，人均耕地面积大幅度减少，集约耕作制变成了我国农业的主要部分，这就出现了连作制。连作是不得已的栽培制度，而且随着蔬菜产业化的发展，蔬菜连作现象将越来越普遍，从而蔬菜连作障碍也就难以避免。因此，减轻和防止蔬菜连作障碍将是长期要解决的重大问题。

2. 轮作　轮作是在同一地块上，按一定年限，轮换栽种几种特性不同的作物。轮作也称换茬或倒茬。蔬菜轮作对于保持和提高土地肥力、防止病虫害发生、提高土地利用率及蔬菜产量和质量等均具有重要作用，是解决蔬菜连作障碍最有效的措施之一。蔬菜轮作可采用菜、菜轮作，菜、粮轮作等方式。

轮作作物的确定除考虑市场需求和经济效益以外，特别要考虑前后茬作物的互补性，即要考虑作物抗病性的互补性、根系营养吸收的互补性、土壤不同层次营养利用的互补性、根系分泌物的互补性。前茬作物的易感病害，必须是后茬作物的高抗病害；前茬作物吸收较多的中微量元素，应该是后茬作物少吸收的中微量元素；前茬作物重点吸收营养的土层，应该是后茬作物吸收营养较少的土层；前茬作物根系重点分泌的物质，应该是后茬作物分泌较少的物质。

根据上述原则，不仅应避免同种蔬菜连作，而且也应避免同科或同类蔬菜连作。菜、菜轮作中，须根类型的葱蒜类蔬菜可与许多深根性蔬菜轮作，如大蒜须根较浅，难以吸收土壤下层养分，且根系可分泌对多种细菌和真菌有抑菌和杀菌作用的大蒜素，因此大蒜后作可安排黄瓜、番茄、大白菜等。豌豆、菜豆、豇豆等豆科作物根系上的根瘤菌有固氮作用，土壤肥力较高，可在其后茬栽培许多非豆科蔬菜。黄瓜需高强度施肥才能满足其生长发育要求，但黄瓜根系分布较浅，吸收能力较弱，收获后存留于土壤中的肥料较多，因此黄瓜可作为许多深根性蔬菜的前茬。菜、粮轮作中，蔬菜与玉米、小麦进行轮作，可减少连作之害，取得菜粮双丰收。小麦适于在春季冷凉季节生长发育，夏季收获后可栽培许多秋菜；玉米是喜温作物，在早春冷凉季节玉米播种前可种一季茼蒿、小白菜或越冬菠菜等生长期短、耐冷凉的速生蔬菜。北方地区稻田冬季可利用日光温室生产一茬黄瓜或番茄、茄子等蔬菜，实行水旱作物轮作，可有效防止土传病虫害，促进稻、菜双作物优质高产高效。

（二）间作、混作与套作

间作是指在同一田地上同一生长季节内分行或分带相间种植两种或两种以上作物的方式。混作是指在同一田地上同期混合种植两种或两种以上作物的方式。套作是指在前季作物生长后期在株行间播种或移栽后季作物的方式。

间、混、套作早在公元前1世纪西汉的《氾胜之书》中就有记载。6世纪北魏《齐民要术》中进一步记述了桑与绿豆、小豆、谷子间作，葱与胡荽间作，麻与芜菁套作，豆与谷草混作等多种，并注意作物间的互利关系。宋代和元代进一步提出作物合理搭配和用地养地相结合、深浅根作物相互搭配，同时强调品种选择，如南宋《陈旉农书》就有“桑根植深，苎根植浅，并不相妨，而利倍差，且苎有数种，难延苎最胜”的记载。明清以后，间、混、套作已非常普遍，清代就有粮菜间作的记载。近年来随着人口的急剧增长，间、混、套作的规模不断扩大，类型多样，已成为重要的耕作制度。20世纪50年代，推广了合理密植，提高了光能与地力的利用率，获得了增产增收的卓著成效。60年代初，提出了根据蔬菜作物群体消光系数与叶面积指数，确定蔬菜群体结构类型，再确定群体适宜密度的方法。

1. 间、混、套作的基本原则　实行间、混、套作应使作物群体田间配置更加合理，从而达到增加作物受光面积和光能利用率、改善CO_2供应状况、充分利用不同土层营养、发挥作物的边行优势、减轻作物的病虫害发生等目的。避免间、混、套作的作物田间搭配不当而导致的不良影响。因此，间、混、套作应遵循以下原则。

（1）充分利用光照原则　充分利用光照是实行间、混、套作的主要目的之一。要达到此目的，首先，应考虑主作和副作作物的需光特性，使需强光和耐弱光作物相互搭配。其次，应考虑主作和副作作物的高矮搭配，使其群体结构合理，能最大限度地利用自然光照。第三，应考虑主作和副作作物的合理配置，确定适宜的主作与副作作物行比、密度及行向等。

（2）充分利用土壤肥力原则　实行间、混、套作要考虑主作和副作作物的根系深浅和所需营养种类和数量的互补，以充分发挥土壤的增产潜力。

（3）作物分泌物互不拮抗原则　间、混、套作的主作和副作作物的代谢产物应具有互相促进作用。植物地上和地下部均可不断向环境分泌气态或液态有机混合物，如糖类、醇类、酚类、醛类、酮类、脂类、有机酸、氨基或亚氨基化合物等，这些分泌物对周围某些生物生长发育既有产生促进作用的，也有产生抑制作用的，当然也有无作用的。如大蒜与许多作物间、混、套作，会抑制许多作物病害的发生。

（4）病虫害互不侵染原则　间、混、套作的主作和副作作物不应是病虫害互为寄主的作物，同时间、混、套作的主作和副作作物配置后，应有利于改善复合群体内的小环境，从而达到抑制病虫害发生的目的。

2. 间、混、套作的几种模式

（1）粮、菜间套作　粮、菜套作适于农区。黄河以北地区多为一年二作，黄河以南地区则多为一年三作以上。农区地力差，在套作蔬菜时，往往难以满足蔬菜生长的要求，因此在蔬菜种类上要加以选择，才能获得一定成效。粮、菜间套作的类型较多。如玉米间套马铃薯、豇豆，即早春耕地冻土层化开后播种马铃薯，在马铃薯生长中期的5月套播玉米，待7月马铃薯收获后在玉米中套播豇豆；麦、瓜、稻套作，即11月上中旬在300cm宽的畦内撒播180cm宽大麦，畦两侧4月下旬定植西瓜、甜瓜或南瓜，7月中旬收获结束，而后栽培杂交稻。此外，还有棉、瓜间作，春菜、玉米、秋菜间套作，马铃薯、春玉米、夏玉米、花椰菜间套作，小麦、西瓜、夏菜、夏玉米间套作，小麦、玉米、春菜、秋菜间套作，棉花、蔬菜套作，玉米、洋葱、大白菜套作，玉米、菜豆套作，玉米、蘑菇间作等类型。

（2）果、菜间套作　乔木果树占地空间较大，如何合理地利用其空间，一直是值得研究探讨的问题。过去果、粮间作较多，近年来也有一些果、菜间作的实例，特别是设施果树生产的发展，使果、菜间套作得到了进一步发展。目前果、菜间套作也有一些类型，如果、菇间作，即利用果树树冠下 130cm 空间（地面以上 0.8m，地面以下 0.5m）所形成的光照较弱、温度较低、湿度较高的独特环境，栽培平菇，667m^2 可产鲜菇 500kg，还能为果树提供养分，促进果树生长。此外，还有日光温室草莓、黄瓜套作和日光温室草莓、番茄套作等类型。

（3）菜、菜间套作　菜、菜间套作适于人口多、土地面积小、地力肥沃、肥源充足、交通便利、栽培技术优越的城市近郊地区及其设施蔬菜生产区域。菜、菜间套作对提高单位面积产量与产值、丰富蔬菜市场的花色品种、调剂市场淡季供应等具有良好效益。菜、菜间套作的类型较多，几种主要类型见表 5-1。

表 5-1　菜、菜间套作的几种类型

类　型	蔬菜种类	直播或定植时间（旬/月）	收获结束时间（旬/月）
洋葱—豇豆套作	洋葱	上/11 或上/3	上/7
	豇豆	中/5	下/8
根茬菠菜—菜豆—黄瓜—小白菜套作	根茬菠菜	下/9	中/4
	菜豆	中/3	上/7
	秋黄瓜	上/7	下/9
	小白菜	上/8	上/9
马铃薯—莴笋—大葱套作	马铃薯	中/3	上/7
	莴笋	下/9（播种），翌春下/3（定植）	中/5
	大葱	上/6	下/10
大蒜—小白菜间作莴笋—豇豆（豌豆）	大蒜	上/3	下/6
	小白菜	上/7	上/8
	越冬莴笋	下/10（播种），中/12（定植）	上/5
	豇豆（豌豆）	上/5	中/9
日光温室小白菜—小白菜套作番茄—番茄套作油菜	小白菜	上/1（播种）	上/2
	小白菜	上/2（播种）	中/3
	番茄	上中/2（定植）	中/6
	番茄	中/7（定植）	中/11
	油菜	10/下（播种）	下/12
大棚黄瓜（番茄）—黄瓜（番茄）间作油菜（香菜、水萝卜）—芹菜（青椒、花椰菜）	黄瓜（番茄）	上中/4	中/7
	黄瓜（番茄）	中下/7（黄瓜）或上中/7（番茄）	中下/10
	油菜（香菜、水萝卜）	下/3 至上/4	下/4 至上/5
	芹菜（青椒、花椰菜）	中下/4（芹菜），或中下/6（青椒），或中下/7（花椰菜）	中下/6（芹菜）上中/10（青椒）
日光温室番茄—莴苣—黄瓜间套作	番茄	中/2	上/6
	莴苣	中/2	中下/3
	黄瓜	中/7	下/11
大棚黄瓜—辣椒间作	黄瓜	上/4	下/7
	辣椒	上/6	下/10
日光温室韭菜—黄瓜间作	韭菜	上/10	上/3
	黄瓜	上/2	下/7

（三）一次作制度与多次作（复种）制度

一次作制度就是在一年内只安排一次作物栽培。多次作制度从狭义上说是在固定的田地上，在一年的生产季节中，连续多茬栽培作物，例如一年二茬、二年五茬、一年三茬、一年四茬等；从广义上说是在一个地区，在一年的生产季节中，连续栽培多茬作物。自然条件下，我国农作物依据其在不同区域的熟期，可分为单作区、二作区、三作区，但由于许多蔬菜不是一次性成熟，因此难以采用农作物按熟期划分作区的方法。因此蔬菜以采用茬次为宜。

蔬菜在一年内生产茬次的确定受多种因素的制约：①受环境条件的制约，即环境条件是否适合某种蔬菜生长发育要求以及适合时期的长短；②受蔬菜的生育期长短和对环境基本要求的影响；③受生产者的生产技术水平和生产习惯的影响；④受投入力度的影响；⑤受需求、市场价格和消费水平的影响；⑥受劳动力和劳动生产率的影响。

因此，确定一个地区适宜的茬次是较复杂的，应根据不同地区的不同情况来确定。蔬菜作物茬口安排的好坏，不仅影响蔬菜的年产量、质量和经济效益，而且影响蔬菜的周年供应，因此根据各地自然环境和社会经济条件及耕作技术水平安排好茬口，对蔬菜生产来说是非常重要的。

1. 一次作制度 通常露地蔬菜实行一次作的地区较少，只有东北寒冷区由于无霜期短而在露地栽培情况下实行一次作。但近年来由于设施喜温果菜长季节栽培技术的成功，设施蔬菜生产的一次作在逐年增多。

东北寒冷区露地一年一次作多生产喜温果菜或生长期较长的甘蓝、马铃薯、洋葱、胡萝卜等根茎叶菜。一般为5月下旬至6月上旬定植，9月中下旬采收结束。另外，茄子和辣椒在华北、西北等地也常采用一年一次作的栽培方式。日光温室一年一大茬的蔬菜作物有一年一大茬番茄、黄瓜、茄子、辣椒、韭菜、芹菜、香椿、食用菌等（表5-2）。

表5-2 北方日光温室主要果菜一次作栽培制度（旬/月）

（李天来整理，1996）

蔬菜种类	播种期（旬/月）	定植期（旬/月）	始收期（旬/月）	终收期（旬/月）
番茄	中/8～下/9	下/9～下/11	中/12～上/2	上/6～下/7
黄瓜	上/9～下/9	中/10～上/11	上/11～上/12	上/6～中/7
茄子	下/8～上/10	中/10～下/11	上/12～上/1	上/6～中/7
辣椒	中/8～上/9	上/10～下/10	上/12～上/1	下/6～中/7
韭菜	下/3～下/4	下/6～上/7	下/9～中/10	下/4～中/5
芹菜	下/6～中/7	上中/9	上中/11	下/4～上/5
香椿	下/3～上/4	下/9～中/10	下/11～上/12	上中/3

2. 多次作（复种）制度 蔬菜的多次作制度非常普遍。一个地区蔬菜的多次作反映了该地区的自然条件、经济条件和耕作技术水平条件。我国幅员辽阔，南北气候差异很大，再加上蔬菜种类繁多和设施多样，因此，蔬菜多次作制度非常复杂。

目前我国蔬菜多次作（复种）大致可以分为以下几种基本类型：

（1）二年三茬制 二年三茬制主要集中在东北地区露地蔬菜栽培。重点茬口安排有：越冬茬（越冬叶菜或葱）→夏茬（茄果类蔬菜）→秋茬（白菜类蔬菜等）；越冬茬（越冬叶菜）→夏茬（瓜类蔬菜）→秋茬（茄果类蔬菜）。

（2）一年二茬制　一年二茬制主要集中在东北南部、华北及华中、华东北部地区。露地蔬菜栽培的重点茬口安排有：春茬（早中熟甘蓝、春大白菜等耐抽薹蔬菜）→秋茬（白菜类蔬菜等）；早夏茬（早中熟果菜类蔬菜）→秋茬（大白菜）；晚夏茬（晚熟果菜类蔬菜）→晚秋茬（耐寒绿叶菜）；越冬早春茬（耐寒叶菜）→春种秋冬茬（生姜、山药、芋等）；越冬春茬（耐寒葱蒜类蔬菜）→秋茬或晚夏茬（胡萝卜、秋甘蓝、晚茄子等）。

设施蔬菜栽培的重点茬口安排有：秋冬茬（耐低温弱光的叶菜或果菜）→冬春茬（喜温果菜），如韭菜→黄瓜、番茄或青椒，芹菜→黄瓜，芹菜→番茄，黄瓜→番茄，番茄→黄瓜，番茄→菜豆，番茄→番茄等形式。

（3）一年三茬制　一年三茬制的露地蔬菜栽培主要集中在长江中下游地区，重点茬口安排有：早夏茬（早熟果菜类蔬菜）→伏茬（速生绿叶菜类）→秋冬茬（白菜类等）；早春茬（速生蔬菜等）→夏茬（喜温果菜等）→秋冬茬（白菜类蔬菜等）；春夏茬（早熟果菜）→早秋茬（耐热蔬菜）→秋茬（耐寒绿叶菜类）；越冬早春茬（耐寒绿叶菜类）→早夏茬（喜温果菜等）→秋冬茬（白菜类等）。

设施蔬菜栽培的重点茬口安排有：秋茬（果菜）→冬茬（耐寒速生叶菜或果菜）→春茬（果菜），如秋茬番茄或黄瓜→冬茬白菜、樱桃萝卜、芫荽、菠菜或生菜等→春茬番茄或茄子、黄瓜等喜温果菜，秋茬番茄或花椰菜→冬茬番茄→春茬黄瓜或番茄。

（4）一年四茬制　一年四茬制的露地蔬菜栽培主要集中在南方地区，主要茬口有：早春菜或越冬早茬菜（耐寒蔬菜等）→早熟夏菜（早熟果菜等）→早秋菜或伏菜（耐热速生蔬菜）→晚秋菜或秋冬菜（耐寒叶菜）；越冬早春茬（耐寒速生叶菜）→早夏茬（果菜类蔬菜，如早番茄）→晚夏茬（果菜类蔬菜，如青皮冬瓜）→晚秋茬（耐寒叶菜等）；越冬早春茬（叶菜）→早春茬（耐寒速生蔬菜）→夏茬（耐热果菜类，如早毛豆）→秋茬（耐寒蔬菜，如甘蓝、花椰菜等）；早春茬（耐寒早熟蔬菜，如马铃薯、春大白菜等）→伏茬（耐热蔬菜，如伏豇豆）→早秋茬（速生叶菜）→晚秋茬（耐寒绿叶菜类等）。

设施蔬菜栽培的主要茬口有：秋冬茬（耐寒速生叶菜）→冬茬（耐寒速生叶菜）→早春茬（育苗）→春夏茬（喜温果菜）；春茬（喜温果菜）→夏茬（速生叶菜）→秋茬（耐寒叶菜）→冬茬（耐寒叶菜）。

（5）一年五茬制　一年五茬制主要集中在南方地区的露地蔬菜栽培。重点茬口有：越冬早春茬（耐寒速生绿叶菜类）→早春茬（速生绿叶菜类）→夏茬（喜温果菜类等）→伏茬（速生绿叶菜类）→秋冬茬（耐寒速生绿叶菜类）；早春茬（耐寒速生叶菜）→夏茬（喜温早熟果菜）→伏茬（耐热速生叶菜）→早秋茬（速生叶菜）→晚秋茬（速生叶菜等）；越冬早春茬（耐寒速生叶菜）→早春茬（速生蔬菜）→早夏茬（早熟果菜，如西葫芦）→晚夏茬（早熟耐热果菜，如冬瓜）→晚秋茬（耐寒叶菜，如大白菜）。

第二节　蔬菜栽培方式

蔬菜栽培方式是指与当地自然环境条件相适应的蔬菜栽培管理的形式。蔬菜栽培方式按照栽培场所不同可分为露地栽培和设施栽培，按照栽培介质不同可分为土壤栽培和无土栽培，按照是否人为施用无机物质可分为有机栽培和非有机栽培。设施农业的进一步发展便成为完全依靠人为环境控制进行植物生产的植物工厂。一个地区的蔬菜栽培方式是经过长期的生产实践和科学技术进步而形成的。严格来说，确定蔬菜栽培方式是一个复杂的系统工程，它的确定与当地的环境条件、不同蔬菜作物的生育特点、社会经济条件、市场的需求和生产技术水平等因素有关。

一、蔬菜栽培方式的确定依据

1. 环境条件　蔬菜栽培方式与环境条件密切相关。不同地区和同一地区不同季节的环境条件不同，蔬菜的栽培方式也不同。如我国北部的哈尔滨，冬季温度低、光照弱，时间长达 7 个月，春、秋季合计只有 3 个月，夏季仅 2 个月，因此，这一地区蔬菜露地栽培季节短，早春和晚秋只能进行设施生产，而严冬即使是利用温室，也必须进行加温才能生产，这样，如果只靠当地生产蔬菜供应市场，就会出现明显的冬季供应大淡季。而接近亚热带的广州，全年无冬天，春、秋季达 5 个月，但由于夏季时间长达 7 个月，温度高、雨水多，因此，虽然冬、春、秋、初夏和晚夏均可进行露地蔬菜栽培，但冬季即使是耐寒蔬菜，其生长速度也较慢、产量低，特别是夏季气候高温多雨，滨海地区不时还有台风侵袭，经常对蔬菜生产造成严重威胁，因此，夏季需要进行防高温和防雨的设施栽培。

2. 蔬菜作物种类　蔬菜栽培方式与蔬菜作物种类密切相关。由于不同蔬菜作物种类的生育期不同，对环境条件的要求和耐贮运的程度也不同，而蔬菜的供应要求每天数量充足，质量鲜嫩，种类多样，四季不缺，因此，这就需要一年四季采取各种栽培方式生产蔬菜，以满足市场需求。

蔬菜种类繁多，特性各异。从对环境条件的要求看，有的需要高温条件才能充分发育，有的却在冷凉气候条件下才能良好生长。有的要求强光照，有的要求弱光照。有的要求长日照，有的要求短日照。有的需要氮素含量较高，有的需要磷、钾元素含量较多。有的蔬菜根系分布较浅，只利用土壤表层的养分，如葱蒜类；有的根系长，分布较深，能吸取土壤下层的养分，如根菜类与果菜类。从可食部分看，有的食用营养器官叶部，从幼苗出土即可食用；有的食用果实部分，先要经过营养生长阶段，然后形成果实后才能食用；有的食用地下根茎部，也是先通过营养生长阶段，然后将营养成分转化于根茎部位后才能食用。由此可见，采用何种栽培方式应视蔬菜作物种类而定。

3. 社会经济状况　蔬菜栽培方式与社会经济状况也有一定关系。由于各种栽培方式所需投入不同，生产出来的蔬菜产品的价格也不同，因此，不同的社会经济状况，需选择不同的栽培方式。就同一地区的不同时期而言，随着社会的不断进步，经济的不断发展，栽培方式也应不断地由低级向高级发展，但这种栽培方式的改变和发展，必须适合当时的社会经济发展状况，既要防止坚持一成不变的传统生产方式，又要注意不顾客观条件盲目改变生产方式。就不同地区而言，由于各地的社会经济发展水平不同，因此，其栽培方式也不能盲目地攀比，如在目前我国的生产水平条件下，既不能全盘否定大型连栋温室的栽培方式，也不能不分地区盲目推广温室栽培方式；既不能把沿海发达地区的蔬菜栽培方式强行在内陆欠发达地区推广，也不能使沿海发达地区的蔬菜栽培方式停留在内陆欠发达地区水平。

4. 市场需求　蔬菜栽培方式的确定必须有市场需求作保证，如果采用某种栽培方式生产的产品没有市场，那么这种栽培方式就不会被确立，这在市场经济社会尤为如此。不仅如此，即使采用某种栽培方式生产出来的产品有市场，但其经济效益不佳，这种栽培方式也不能被确立，因为市场经济条件下人们生产的目的是追求经济利益。

5. 生产技术水平 蔬菜栽培方式的确定还必须依据当时当地的生产技术水平。因为不同的栽培方式要求有不同的生产技术水平，没有相应的生产技术水平，即便采用某种栽培方式，也很难达到应有的效果。如采用温室长季节栽培方式，没有相应技术，很可能还没有短季节栽培方式的产量和效益高。

二、蔬菜栽培方式

（一）露地栽培

露地栽培是指利用自然气候、土地、肥力、水源等资源，加上人工管理，在适宜的季节里生产蔬菜产品的一种栽培方式。从能量产投比来看，这是一种能量产投比最高的栽培方式，也是蔬菜栽培的一种主要方式。

露地栽培包括露地早熟栽培、直播春夏栽培、春夏秋栽培、夏秋栽培、秋延后栽培等。每种露地栽培方式都是以充分利用当地各季节的自然资源为基础，充分发挥各种自然资源的潜力，以获取最大的效益。

1. 早熟栽培 早熟栽培可分为两类：一类是先在温室或苗床内育成大苗，喜温蔬菜待终霜期过后、耐寒蔬菜待土壤化冻气温升至不结冻时，在露地定植，以达到提早栽培的目的。这种方式栽培的蔬菜种类主要有茄果类、瓜类、甘蓝类、洋葱、部分豆类和绿叶菜类等。另一类是根系能耐低温的蔬菜，可于秋季播种，土壤结冻前在露地渡过苗期阶段，进入冬季后，能在冰天雪地下以宿根越过寒冬，到翌春土壤解冻，根株就能萌芽，破土而出。这种方式栽培的蔬菜种类主要有菠菜、韭菜、大蒜、羊角葱、白露葱等。

2. 直播春夏栽培 直播春夏栽培主要是在土壤完全化冻、地温提高以后进行直播，待盛夏时节采收结束。这种方式栽培的蔬菜主要有：豆类、绿叶菜类、马铃薯、伏萝卜、春结球白菜等。

3. 春夏秋栽培 春夏秋栽培主要是在土壤完全化冻、地温提高以后直播或喜温果菜在终霜期以后定植，直至秋末采收结束。这种方式栽培的蔬菜主要有辣椒、茄子、南瓜、豇豆、扁豆、菊芋、生姜、大葱等。

4. 夏秋栽培 夏秋栽培主要是在夏季直播或育苗，秋季采收结束。这种方式栽培的蔬菜主要有大白菜、萝卜、胡萝卜、绿叶菜、黄瓜、番茄、马铃薯、菜豆、花椰菜、甘蓝等。

5. 秋延后栽培 秋延后栽培常在后期伴随假植栽培。这种方式栽培的蔬菜主要有菠菜、芹菜、花椰菜、莴笋、结球甘蓝、大白菜等叶菜。

（二）设施栽培

设施栽培是指在充分利用当地自然资源的基础上，在不适合蔬菜作物生长发育的季节或地区，利用各种设施，人为创造适合蔬菜作物生长发育的环境，以实现生产蔬菜产品的一种栽培方式。

设施栽培依地区环境条件不同而选择的类型和生产方式各异，主要包括利用简易覆盖、地膜覆盖、近地面覆盖和小型园艺设施的早熟栽培；利用塑料薄膜大棚和简易温室的半促成栽培和抑制栽培（延后栽培）；利用优型结构日光温室和加温温室的促成栽培；利用遮阳降温防雨的越夏栽培。

1. 早熟栽培 早熟栽培是指蔬菜作物前期（早春）在沙石覆盖、秸秆覆盖、草粪覆盖、瓦盆和泥盆覆盖、漂浮覆盖、地膜覆盖以及风障畦、阳畦、朝阳沟、塑料薄膜小棚等设施内生育，后期在露地生育，其收获时期一般可比露地栽培提早1～2周。这种栽培方式可栽培的蔬菜种类较多，也是我国北方地区蔬菜栽培的主体方式之一。

（1）沙石覆盖　沙石覆盖具有保水、保肥、增温、压碱和减少杂草危害的作用。一般可提高土壤含水量5%～12%，早春增温2～3℃，适于干旱低温地区栽培喜温果菜。西北地区以栽培甜瓜、白兰瓜和西瓜等瓜果类为主。

（2）秸秆覆盖　秸秆覆盖具有保持土壤水分和稳定温度、防止土壤板结及杂草丛生和土传病害侵染、降低植物群体内湿度等作用。南方地区覆盖稻草可减少太阳辐射能向地中传导，故可适当降低土壤温度。而北方地区秋冬季节覆盖稻草可减少土壤中的热量向外传导，从而保持土壤有较高的温度。秸秆覆盖除在我国南方地区夏季蔬菜生产中应用较多外，也在北方地区早春浅播的小粒种子（如芹菜、芫荽、韭菜、葱等）提早播种以及越冬蔬菜防止冻害等方面应用。

（3）草粪覆盖　草粪覆盖具有减轻表层土壤的冻结程度、保护越冬蔬菜不受冻害而安全越冬、减少土壤水分蒸发、使土壤提前解冻、植株提早萌发生长等作用。草粪覆盖在我国北方越冬蔬菜中应用较多。草粪覆盖配合风障，可大大提高地温，促进提早采收。

（4）瓦盆和泥盆覆盖　瓦盆和泥盆覆盖具有防风、防霜、减少地面辐射、提高温度的作用。这种覆盖主要用于早春果菜类提早定植，一般可提早定植7～10d，提早收获10d左右。

（5）浮动覆盖　浮动覆盖可使温度提高1～3℃，早春应用，可使耐寒和半耐寒蔬菜露地栽培提早20～30d，喜温蔬菜提早10～15d。在叶菜类春提早栽培和防止霜冻方面应用效果较好。

（6）风障　风障具有明显的减弱风速和稳定畦面气流的作用，一般可减弱风速10%～50%，1～2月严寒时可增温5～6℃，减少冻土层深度并较露地提早解冻20d左右。风障畦多用于菠菜、韭菜、青蒜、小葱的越冬栽培及早熟栽培，小葱、洋葱等蔬菜幼苗的防寒越冬，叶菜类或果菜类提早播种定植等。

（7）朝阳沟　塑料薄膜朝阳沟具有稳定气流、减小风速、吸热保温等作用。早春沟内地面夜温可比露地提高5～15℃，主要用于春提早栽培西葫芦、西瓜、芹菜、番茄、甜椒等蔬菜，可提早栽培3周左右。

（8）阳畦　阳畦具有较好的保温效果，一般普通阳畦内外温差可达13～15℃，春季温暖季节白天最高气温可达30℃以上。改良阳畦的玻璃窗或塑料薄膜覆盖成一定倾斜角，增加了透光率，且土墙、土棚顶及草帘覆盖防寒保温，夜间内外温差在15℃以上。但阳畦内昼夜温湿差较大，一般昼夜温差可达15～20℃，最大相对湿度差异可达40%～60%。普通阳畦除用于早春蔬菜育苗外，还可用于蔬菜的春提早及假植栽培；在华北及山东、河南、江苏等一些较温暖地区还可用于芹菜、韭菜等耐寒叶菜的越冬栽培。改良阳畦用于春提早栽培果菜和草莓、冬季栽培叶菜等。

（9）地膜覆盖　地膜覆盖具有提高土壤温度及保水保肥能力、改善土壤理化性状、防止地表盐分集聚、增加近地面光效应、降低空气相对湿度等作用。覆盖透明地膜一般可使0～10cm地温增高2～6℃，每667m^2日均减少土壤蒸发量1.6m^3，速效氮特别是铵态氮增加1倍以上，磷和钾的含量也有所提高，土壤总孔隙度增加1%～10%，土壤容重减少0.02～0.20g/cm^3，土壤水稳性团粒增加1.5%。地膜覆盖主要用于果菜类、叶菜类、瓜果类、草莓等的春提早栽培，耐寒蔬菜可提早出苗2～4d，喜温蔬菜可提早出苗6～7d，黄瓜、四季豆、甘蓝、芥菜、西葫芦、茄子等蔬菜可提早 5～15d 采收。地膜覆盖还可增强自身抗性，尤其是对茄果类和瓜类病害的抑制作用明显。

（10）小拱棚　小拱棚最大增温能力可达 20℃左右，但降温速度也快，有草苫覆盖的小棚保温能力在 6～12℃，地温比露地高 5～6℃，棚内相对湿度在 70%～100%，白天通风时可保持在 40%～60%，平均比外界相对湿度高 20%左右。小棚可用于耐寒蔬菜（芹菜、青蒜、小白菜、油菜、香菜、菠菜、甘蓝等）、越冬蔬菜（老根菠菜、韭菜等）、果菜类（黄瓜、番茄、青椒、茄子、西葫芦等）、瓜果类（草莓、西瓜、甜瓜）等的春提早栽培，一般可提前收获 2 周左右。

2. 半促成栽培　半促成栽培是指蔬菜全生育期均在设施内，产品收获期较露地提早 1 个月以上的春早熟栽培。利用的设施主要有塑料薄膜大棚和简易温室。

（1）塑料薄膜大棚　塑料薄膜大棚具有提高温度、便于作物生长发育和人工作业等特点。通常高纬度的北方地区，大棚内冬季天数可比露地缩短 30～40d，春秋季天数可比露地分别增长 15～20d；地温可比露地高 3～8℃，最高达 10℃以上；光照度为外界自然光照的 40%～60%；空气绝对湿度和相对湿度均显著高于露地；CO_2 浓度在日出前最高，可达 600μL/L，但在有作物情况下，日出后 30～60min 就会降至 300μL/L 以下，放风前则降至 200μL/L 以下，日落后 CO_2 浓度又逐渐增加，直到第二天早晨又达到最高值。大棚可用于黄瓜、番茄、青椒、茄子、菜豆等果菜类和甜瓜、西瓜等瓜果的半促成栽培。一般可提早上市 30～40d。

（2）简易温室　简易不加温温室环境虽优于塑料大棚，但一般在北方寒区不能冬季生产，因此多用于蔬菜的半促成栽培。主要应用的温室有北纬 38°～41°的普通日光温室及北纬 44°以北的第一、第二代节能日光温室。主要用于茄果类、瓜类、豆类等的春提早栽培，一般可提早定植 2 个月左右。

3. 越夏栽培　越夏栽培是指利用遮阳、防雨、降温等措施，在炎热多雨的盛夏进行的蔬菜栽培。主要利用秸秆覆盖、黑色地膜覆盖、苇帘、竹帘和遮阳网等遮光并辅以湿垫、水雾等降温措施的大棚或温室，一般可降低室内温度 3～5℃，满足果菜类越夏栽培要求。秸秆覆盖、黑色地膜覆盖、苇帘和竹帘荫棚等，可大大降低土壤温度，调节局部小气候，用于秋菜的夏季育苗以及夏季白菜、茼蒿、伏萝卜、伏菠菜等的栽培。

4. 促成栽培　促成栽培是指蔬菜越过冬季的整个生育过程均在设施内完成的一种长季节栽培。主要利用优型节能日光温室或加温温室。优型节能日光温室在我国北纬 42°以南地区一般不需加温就可满足喜温果菜越冬栽培需要，但在北纬 42°以北地区需要适量加温才可较好地生产喜温果菜；大型连栋温室在我国除少数地区外，大部分地区均需加温才能生产喜温果菜。促成栽培是我国蔬菜摆脱自然条件限制的一种重要栽培方式。这种栽培方式是未来我国蔬菜发展的重点。

5. 抑制栽培　抑制栽培是指秋季初霜期以前蔬菜在露地或设施内生育，而初霜期以后在设施内延长收获期的一种栽培。主要利用大棚、温室和阳畦等设施。这种栽培以果菜为主，叶菜为辅，多是在高温多雨季节播种育苗，秋后冬初冷凉季节收获，因此蔬菜生育前期主要应防高温防雨，后期应注意设施采光、保温和排湿。

此外，设施栽培方式中还有软化栽培、假植栽培和芽菜栽培等。

（三）无土栽培

无土栽培是利用人工营养液供应植物生长发育所需营养而不使用天然土壤的栽培方式。这种栽培方式具有避免作物连作障碍、防止次生盐渍化障碍、提高作物产量和品质及省水、省工、省力等特点。无土栽培可分为营养液水培、营养液基质培和营养液气雾培 3 种类型。

1. 营养液水培　营养液水培又分为深液流技术、营养液膜技术和浮板毛管栽培等形式。

（1）深液流技术（deep flow technique，DFT）　深液流栽培设施主要由种植槽、定植板、贮液池、营养液循环系统等构成（图 5-1）。种植槽及营养液液层较深，营养液循环流动，既可提高营养液的溶存氧，又可消除根表局域微环境有害代谢产物的积累和养分亏缺现象，还可促进沉淀物的重新溶解。但是，植株悬挂栽植技术要求较高，需要较大的贮液池和坚固较深的栽培槽及较大功率的水泵，投资和运行成本相对较高。

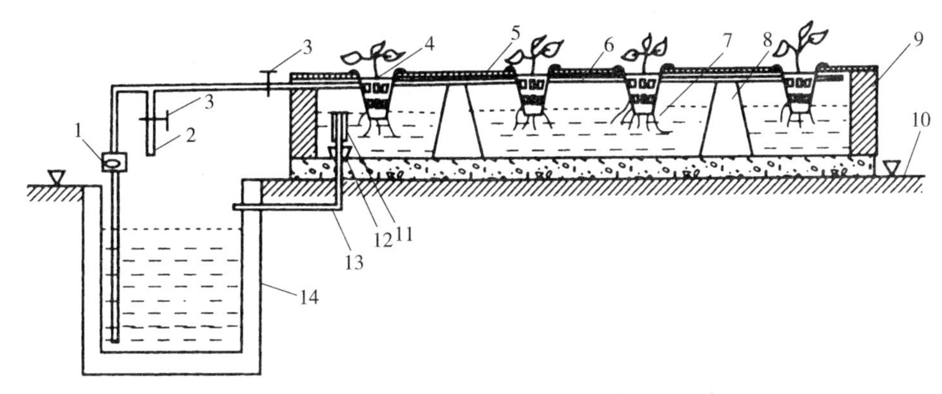

图 5-1　深液流水培设施组成

1. 水泵　2. 增氧支管　3. 流量调节阀　4. 定植杯　5. 定植板　6. 供液管　7. 营养液　8. 支承墩　9. 种植槽　10. 地面　11. 液层控制管　12. 橡皮管　13. 回流管　14. 贮液池

（郭世荣，2003）

种植槽一般宽度为 40～90cm，槽内深度为 12～15cm，槽长度为 10～20m，多用水泥预制板块加塑料薄膜构成的半固定式和水泥砖构成的永久式等形式。定植板由 2～3cm 厚聚苯乙烯硬泡沫板块制成，板面按株行距开直径 5～6cm 的定植孔，植株定植到孔内。贮液池一般按1 000m^2 温室设 30m^3 左右，由砖加耐酸抗腐蚀水泥池壁、水泥混凝土池底及池盖构成。营养液循环系统由供液管道、回流管道与水泵及定时控制器构成。管道采用硬质塑料管。

（2）营养液膜技术（nutrient film technique，NFT）　营养液膜栽培设施主要由种植槽、贮液池、营养液循环流动装置和一些辅助设施构成（图 5-2a），是一种将作物种植在 5～20mm 深浅层流动的营养液中的水培方法。它克服了深液流栽培种植槽笨重、成本高及液层深导致的根系供氧困难等问题，其种植槽用轻质的塑料薄膜制成，设施结构简单，成本低；作物根系一部分浸在浅层营养液中吸收营养，另一部分则暴露于种植槽的湿气中，较好地满足了根系呼吸对氧的需求。种植槽是由 0.1～0.2mm 厚面白里黑的聚乙烯薄膜制成的薄膜三角形槽，长度为 10～25m，槽底宽 25～30cm，槽高 20cm，坡降 1∶70～1∶100（图 5-2b）。贮液池设于地平面以下，其容量应满足大株型蔬菜作物每株 5L、小株型蔬菜作物每株 1L 的需求。营养液循环系统由水泵、管道及流量调节阀门等组成，其中水泵选用耐腐蚀的自吸泵或潜水泵，管道采用耐腐蚀的塑料管，流量调节以大株型作物 2～4L/min、小株型作物 2L/min 为准。其他辅助设施包括间歇供液定时器、电导率自控装置、pH 自控装置、

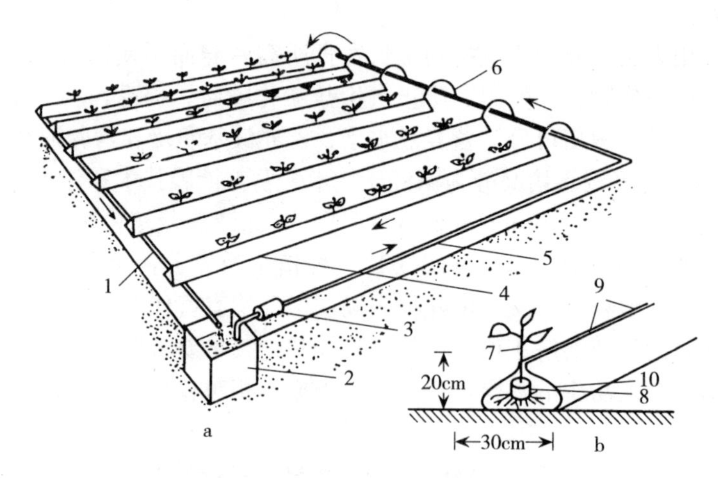

图 5-2　营养液膜水培设施组成（单位：cm）

a. 营养液膜水培设施全系统示意图　b. 种植槽示意图

1. 回流管　2. 贮液池　3. 泵　4. 种植槽　5. 供液主管

6. 供液支管　7. 苗　8. 育苗钵　9. 夹子　10. 黑白双面塑料薄膜

（郭世荣，2003）

营养液温度调节装置和安全报警器等。

（3）浮板毛管栽培（floating capillary hydroponics，FCH）浮板毛管栽培设施由种植槽、地下贮液池、循环管道和控制系统四部分组成（图 5-3），其中除栽培槽外，其他三部分与营养液膜栽培装置相同。浮板毛管栽培利用分根法和毛细管原理有效地解决了水培中供液与供氧的矛盾。根系环境相对稳定，营养液液温、浓度、pH 等变化较小，根际供氧较好，既解决了营养液膜栽培根环境不稳定、因临时停电营养液供应困难的问题，又克服了深液流栽培根际易缺氧的问题，具有成本低、投资少、管理方便、节能、实用等特点。

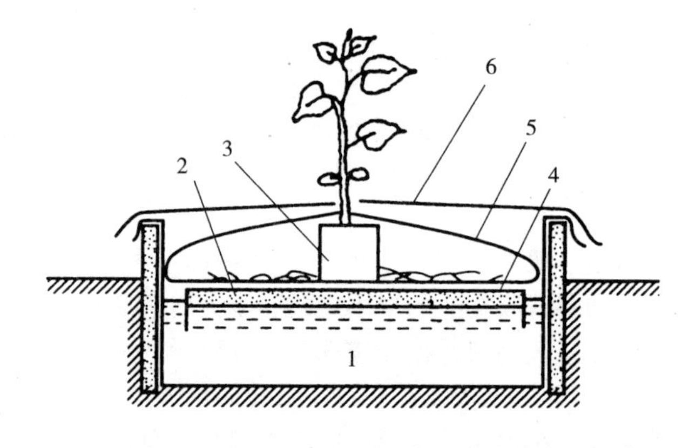

图 5-3　浮板毛管栽培设施

1. 营养液　2. 浮板　3. 岩棉　4. 吸水垫　5. 护根布　6. 反光膜

（池田，1990）

栽培槽由定型聚苯板制成宽 40～50cm、高 10cm、长 1m 的凹形槽，然后连接成 15～20m 的长槽，槽内铺 0.3～0.8mm 厚无破损的聚乙烯薄膜，上盖按一定株行距打孔的 2.5cm 厚、40～50cm 宽的聚苯板。营养液深度为 3～6cm，液面漂浮 1.25cm 厚、10～20cm 宽的聚苯板，板上覆盖一层两侧延伸入营养液内的亲水性无纺布，通过毛细管作用，使浮板上亲水性无纺布始终保持湿润。秧苗连同有孔定植钵通过定植聚苯板悬挂在定植板与槽内浮板中间，根系从定植钵的孔中伸出后，一部分根爬伸到浮板上吸收氧气，一部分根延伸到营养液内吸收水分和营养。种植槽坡降 1∶100，上端安装进液管，下端安装排液装置，进液管处同时安装空气混入器，增加营养液的容氧量。

2. 营养液基质培　营养液基质培（substrate culture）设施主要由栽培容器、基质、营养液、营养液槽、营养液供液系统、营养液回收系统、营养液供液和回液控制系统等组成。栽培容器有塑料薄膜制成的容器、硬质塑料槽、砖砌混凝土槽、塑料编织袋等多种类型；基质有沙、砾石、炉渣、岩棉、珍珠岩、蛭石等无机基质和草炭、菇渣、树皮、炭化稻壳、藻类等有机基质多种类型；营养液有液体配方和固体配方两种；营养液槽有混凝土内衬塑料薄膜槽和硬质塑料槽两种；营养液供液系统有水泵加塑料管道的泵压供液系统和栽培容器上部加塑料贮液罐的落差压供液系统两种；营养液回收系统主要是栽培容器下部加塑料贮液罐的落差压回液系统；营养液供液和回液控制系统主要由阀门和电门等组成。

（1）岩棉培（rockwool culture）　岩棉培是将作物种植于一定体积的岩棉块中，使作物在其中扎根，并采用滴灌方式供应营养液，让作物根系在岩棉中吸水、吸肥、吸气。通常栽培床用岩棉切成定型的长方形块，用塑料薄膜包成枕头袋状，称为岩棉种植垫。种植时，将岩棉种植垫按一定行距摆放在种植区，并将岩棉种植垫的面上薄膜按一定株距开小穴，将带有岩棉块的幼苗摆放在小穴处，安装上滴管滴入营养液。岩棉培可分为开放式和循环式岩棉培两种。

①开放式岩棉培：开放式岩棉培是指供给作物的营养液不循环利用，滴入岩棉种植垫内的营养液的多余部分从垫底流出而排出栽培系统之外。这种栽培方式由种植畦、供液设施和排液设施等组成，设施结构简单，造价低，因营养液不循环而很少发生病害蔓延；但营养液消耗较多，废弃液会造成环境污染。

②循环式岩棉培：循环式岩棉培是指营养液滴入岩棉后，多余的营养液通过回流管道流回到地下集液池中循环使用。这种栽培方式由种植畦、营养液循环系统、液肥自动稀释系统等组成，设施较复杂，成本较高，易传播根系病害，但不会造成营养液的浪费及环境污染(图5-4)。

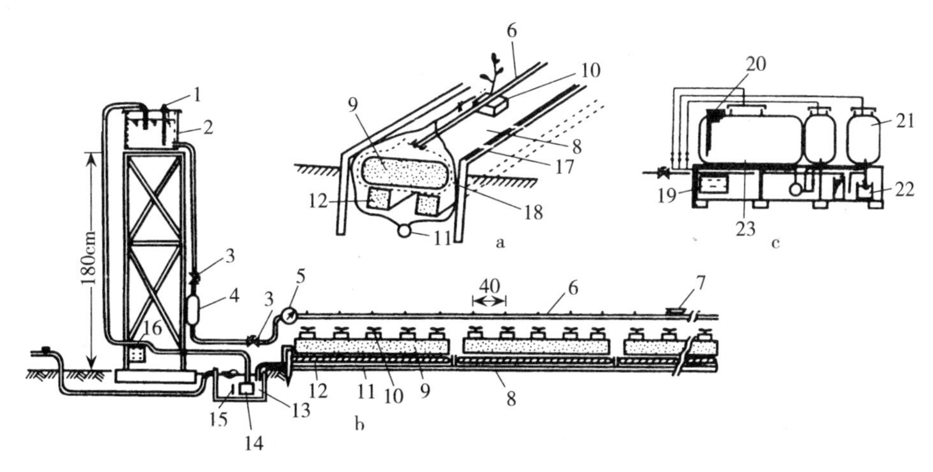

图 5-4　循环式岩棉设施（单位：cm）

a. 种植槽剖面　b. 循环系统　c. 液肥自动稀释装置

1. 液面电感器　2. 高架供液槽　3. 阀门　4. 过滤器　5. 流量计　6. 供液管　7. 调节阀　8. 聚乙烯薄膜　9. 岩棉种植垫　10. 岩棉育苗块　11. 回流管　12. 泡沫塑料块　13. 集液池　14. 水泵　15. 球阀　16. 控制盘　17. 畦框　18. 无纺布　19. 控制盘　20. 液面电感器　21. 母液罐　22. 肥料溶解槽　23. 混合罐兼贮备营养液

（郭世荣，2003）

（2）槽式基质培(trough culture)　槽式基质培一般由栽培床、贮液池、电泵和管道等几部分构成。栽培床为槽式，内装蛭石、珍珠岩、砾石、炉渣、草炭等基质，故称槽式基质培。目前槽式基质培主要有 Maxwell Bentley 氏（南非）槽式基质培、美国槽式基质培（American System）和荷兰又称菲利普槽式基质培（Netherland System）等方式。

美国槽式基质培是由底部向栽培床供营养液，多余液体再回流到贮液罐中，整个营养液循环是在一个封闭系统内通过水泵强制循环供液和继电器控制。

荷兰槽式基质培是由悬空中向栽培床供应营养液，并在栽培床末端底部设营养液流出口(流出口管径为注入口管径的一半)，使多余营养液悬空自由落入贮液罐中，目的是使营养液更好地溶解空气。这种方式每次灌液时可将栽培床中的营养液全部更新。

Maxwell Bentley 氏（南非）槽式基质培分为流通系统、表面灌液系统和干施系统三种形式。流通系统采用有底的不漏槽，并在末端开一个回液口，回液口下端放一个营养液回收桶，使浇灌的营养液在不漏的槽中流动，并回收再利用。表面灌液系统的栽培槽边墙略矮，不砌槽底，即底部与地面土壤相接，营养液浓度为标准液的 1/4，喷浇后的剩余营养液渗入地里，不予回收，其他均与流通系统相同。干施系统不设置供液和排液管道，不砌槽底，栽培床填入基质后，栽植作物以前，先浇透水，然后每一栽培槽均匀撒施 2.3kg 按配方调配的肥料，以后 10d 内每天每床撒施 0.26kg，施后轻喷一次水，以使肥料冲于基质中。

（3）袋式基质培（bag culture）　袋式基质培是把固体基质装入塑料编织袋中并供给营养液进行作物栽培的方式。袋培分为地面袋培和立体袋培两种形式。

①地面袋培：地面袋培可分为筒式袋培和枕头式袋培两种（图 5-5）。袋培的袋子通常由抗紫外线的聚乙烯薄膜制成，其中高温季节或南方地区用避免基质升温的反光白色塑料袋，低温季节或寒冷地区用吸收热量促进基质升温的黑色塑料袋。

筒式栽培：把基质装入直径 30～35cm、高 35cm 的塑料袋内，栽植 1 株大株型作物，每袋基质为 10～15L。

枕头式栽培：在长 70cm、直径 30～35cm 的塑料袋内装入 20～30L 基质，两端封严后依次按行距要求顺长摆放到铺有乳白色或外白的黑白双面塑料薄膜栽培床上，在袋上开两个直径为 10cm 的定植孔，两孔中心距离为 40cm，种植两株大株型作物。作物定植后每株安装 1 个滴头的滴灌设备。同时注意在袋的底部或两侧开 2～3 个直径为 0.5～1.0cm 的小孔，排出多余的营养液，防止积液沤根。

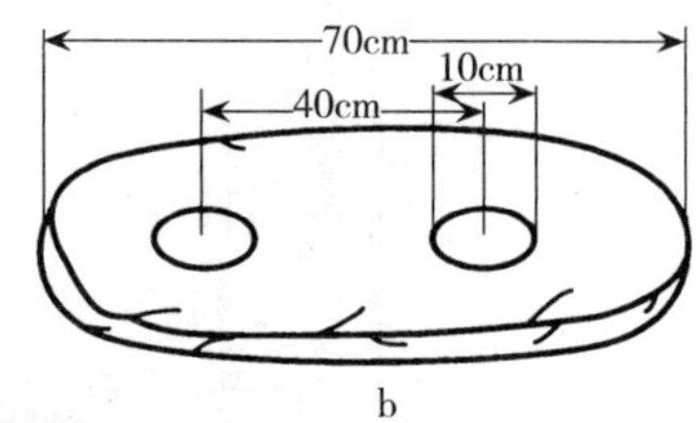

图 5-5　地面袋培（单位：cm）
a. 筒式栽培　b. 枕头式栽培

②立体袋培：立体袋培可分为柱状袋培和长袋状袋培两种形式（图 5-6）。

柱状袋培：栽培容器采用杯状石棉水泥管、硬质塑料管、陶瓷管或瓦管等，在栽培容器四周开孔并做成耳状突出，以便种植作物，栽培容器中装入基质，重叠在一起形成栽培柱。

长袋状袋培：柱状栽培的简化形式，这种装置除了用聚乙烯袋替代硬管外，其他与柱状袋培相同；栽培袋采用长 200cm、直径 15cm、厚 0.15mm 的聚乙烯膜筒，内装基质，底端扎紧以防基质落下，从上端装入基质成香肠状，上端结扎，悬挂在温室中，袋的周围按规则开直径为 2.5～5.0cm 的孔，用以种植植物。无论柱状袋培还是长袋状袋培，栽培柱或栽培袋均挂在温室上部的结构上，通常行内间距 80cm、行间距离 1.2m；水和养分由安装在每一个柱或袋顶部的滴灌系统供应，多余的营养液从排水孔排出；每月要用清水洗盐 1 次，以清除可能集结的盐分。

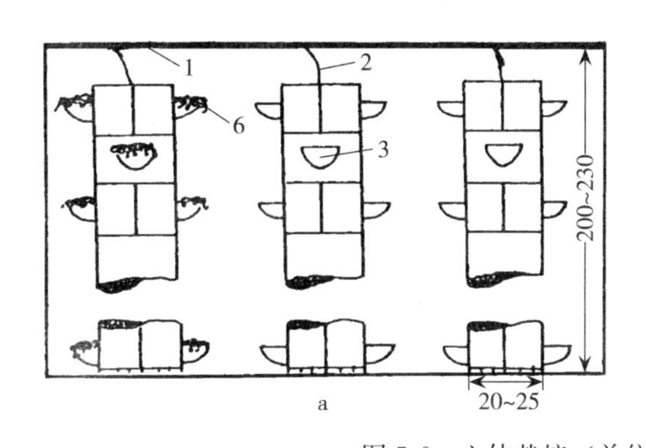

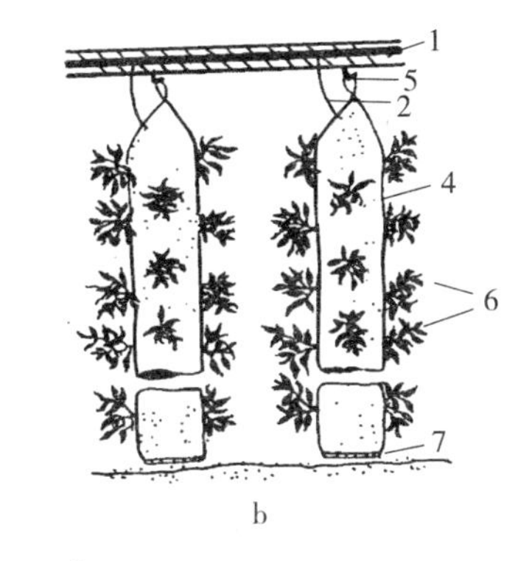

图 5-6　立体栽培（单位：cm）

a. 柱状栽培　b. 长袋状栽培

1. 供液管　2. 滴灌管　3. 种植孔　4. 薄膜袋　5. 挂钩　6. 作物　7. 排水孔

（Howard 和 Resh，1978）

（4）钵式柱状立体基质培（pot overlap culture）　钵式柱状立体基质培由营养液池、栽培立柱、栽培钵、营养基质和供液回液系统等组成（图 5-7）。营养液池容积按 22～30kg/m^2 的标准设计。立柱起到将各栽培钵穿成一体的作用，由水泥墩或塑料底座和镀锌铁管两部分组成；水泥墩为 15cm 见方，中间为 ϕ30mm、深 10cm 的圆孔，埋在地下，用以固定立柱铁管，墩距为 90cm；镀锌薄壁铁管 ϕ25～30mm、长约 2m，管下端插入水泥墩或塑料底座的孔中；栽培钵是栽植作物的装置，由工程塑料制成高 20cm、ϕ20cm、瓣间距 10cm 的 5 或 6 个瓣状塑料钵，钵中装入单一或复合基质，然后将 8～9 个栽培钵错开瓣处位置叠放在立柱上，串成柱形，瓣处定植作物；供液系统由水泵、ϕ40～50mm 硬质管、ϕ16mm 无孔硬质滴管及圆形塑料滴液盒组成，滴液盒的两端有两截空心短柄，用于连接支管，盒的底部四周有 4 或 6 个小孔，用于营养液向下流动，滴液盒的底部中心固定在立柱上方。供液时水泵从液池中抽出营养液，经供液主管、支管进入滴液盒，从滴液盒流入栽培钵，再通过栽培钵底部小孔，流入第二个栽培钵，依次顺流而下到达最下面一个栽培钵，然后流回营养液池，完成一个循环。

图 5-7　钵式柱状立体基质培

3. 营养液雾培　营养液雾培（mist culture）又称喷雾培或气培。这种栽培设施一般由栽培床、贮液槽、供液管道、营养液回收装置及控制系统等组成（图 5-8）。栽培槽上部用聚苯板覆盖，然后按株行距打孔栽植作物，使作物根系悬挂在栽培槽空间，栽培槽内按一定距离设置喷头，营养液通过喷雾直接喷到作物根系上，使营养液与空气都能良好地供应给作物，协调了作物根系水、气供给的矛盾。一般不同季节、不同作物种类、作物不同大小的供液时间和供液间隔不同，通常每隔 2～3min 喷营养液数秒。营养液雾培对喷雾质量要求严格，设备工艺要求较高，而且作物根系温度易受气温影响，要求具备控温装备，因此目前推广范围较小，多用于研究，在宇宙航天上有良好的发展前景。

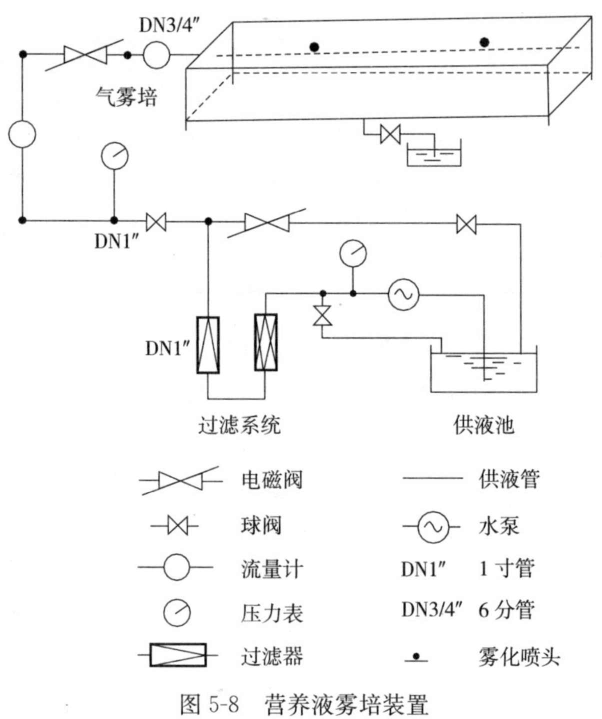

图 5-8　营养液雾培装置

（四）有机栽培

蔬菜有机栽培（organic farming）是指在蔬菜生产过程中不使用化学合成的农药、肥料、除草剂和生长调节剂等物质以及基因工程生物及其产物，而是遵循自然规律和生态学原理，采取一系列可持续发展的农业技术，协调种植平衡，维持农业生态系统持续稳定，且经过有机认证机构鉴定认可，并颁发有机证书的蔬菜生产方式。土壤有机栽培首先需要选择无污染的生产基地，然后要有规范的有机栽培技术。目前蔬菜有机栽培包括土壤有机栽培、人工营养基质有机栽培和有机无土栽培。

1. 土壤有机栽培

（1）基地选择　首先，土壤有机栽培基地要求土壤、水和空气无污染，周边也无任何污染源；其次，基地需要有 3 年以上只施无污染的有机肥，不施化肥和农药；最后，基地内的土壤、水和空气要经过检测合格。

（2）关键技术　主要应考虑选择抗病非转基因优质品种；实行轮作，以避免土壤营养失衡、病虫草害增加、自毒物质积累等影响作物生育障碍问题；清洁田园，深翻晒白，保持田间卫生；培育壮苗，高畦栽培，秸秆覆盖，有机肥科学调控，适宜环境调控，病虫害农业、生态、物理及生物防治等；不使用农药和化学肥料。

2. 人工营养基质有机栽培　人工营养基质有机栽培是采用人工配制的有机肥营养基质进行栽培的一种方式。这种栽培方式所用设施由栽培槽、人工营养基质、滴灌系统等组成。栽培槽是在地面挖 65cm 宽、30cm 深的槽后用聚乙烯塑料薄膜铺上，并在底部挖孔，便于排放多余的水；人工营养基质用园田土、粉碎玉米秸秆或稻草、厩肥或人粪尿及膨化鸡粪等有机肥堆制发酵配制而成；滴灌系统可以用塑料软管滴灌设备。

（1）基地选择　人工营养基质有机栽培基地选择与土壤有机栽培相同，但基地不要求3年以上无污染。

（2）关键技术　主要应考虑选择抗病非转基因优质品种；培育壮苗，适宜环境调控，病虫害的农业、生态、物理及生物防治等，不使用农药和化学肥料。

3. 有机无土栽培　有机无土栽培是在基质中加入有机肥后通过滴灌水进行作物栽培的一种方式。这种方式所用设施主要由栽培槽、基质、有机肥和滴灌系统组成（图5-9）。

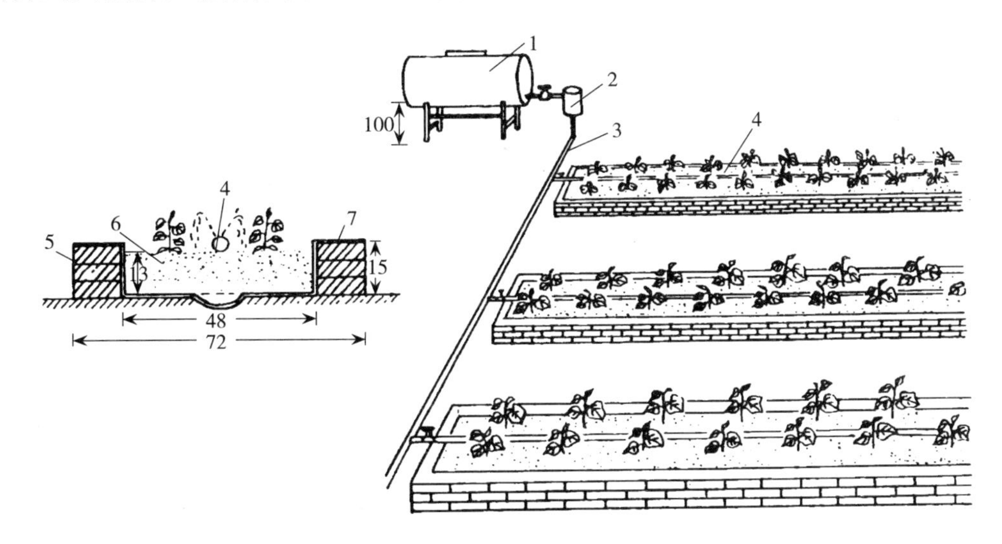

图5-9　有机基质培（单位：cm）

1. 贮液罐　2. 过滤器　3. 供液管　4. 滴灌带　5. 砖　6. 有机基质　7. 塑料薄膜

栽培槽可用砖、水泥、混凝土、泡沫板、硬质塑料板、竹竿或木板条等材料制作。栽培槽可做成永久性的水泥槽，也可做成半永久性的砖槽，还可做成移动式的泡沫板槽等，还可就地制作土槽，槽内铺一层塑料薄膜，以防止渗漏并使基质与土壤隔离。基质可选用无污染的珍珠岩、蛭石、草炭、菇渣等。有机肥主要包括厩肥、人粪尿、堆肥、绿肥、饼肥、膨化鸡粪等，目前采用膨化鸡粪较多；有机无土栽培要求每立方米基质含有全氮（N）1.5～2.0kg、全磷（P_2O_5）0.5～0.8kg、全钾（K_2O）0.8～2.4kg，并含有其他中量和微量营养元素，以满足蔬菜对各种营养的需求。灌溉系统多采用膜下软管滴灌装置，即每行铺设一条软管滴灌带，上盖一层地膜。

有机无土栽培的基地选择及其他技术管理等与人工营养基质栽培相同。

（五）植物工厂

植物工厂（plant factory）1957年诞生于丹麦，1964年奥地利鲁斯纳公司开始试验一种高30m的塔式番茄工厂（5 000m²），1971年丹麦建成了绿叶菜工厂，1974年日本建成一座计算机调控的花卉与蔬菜工厂。目前世界上许多发达国家都建有植物工厂。

植物工厂是指在封闭的设施内依靠环境自动控制全天候进行植物生产的一种方式。植物工厂生产的作物主要包括蔬菜、花卉、水果、药材、食用菌以及一部分粮食作物等。植物工厂依托工程、建筑、环境、材料、信息、计算机、生物技术、作物生产等多学科，是一种知识与技术密集的集约化农业生产方式。

1. 植物工厂的类型 植物工厂可从不同的角度进行分类。从利用的角度，可分为植物种苗植物工厂、植物栽培植物工厂、植物组织培养植物工厂和植物细胞培养植物工厂等。通常所说的植物工厂类型是依据太阳光利用状况划分的太阳光利用型、人工光利用型、太阳光和人工光并用型，其中，狭义的植物工厂是指人工光利用型，而广义的植物工厂则包括这三种类型。

植物工厂的三种类型既具有共同特征，也具有各自特点。其共同特征主要有：①有固定的设施；②利用计算机和多种传感装置实行自动化控制；③采用营养液栽培技术；④产品的数量和质量大幅度提高。但不同类型在控制手段、管理模式、投入与产出等方面不尽一致，甚至差异很大。

（1）人工光利用型植物工厂的特征 人工光利用型植物工厂的特征包括：①建筑结构为全封闭式，密闭性强，不透光，隔热性好；②利用高压卤素灯、高压钠灯、高频荧光灯以及发光二极管等人工光源；③采用植物在线检测和网络技术对植物生长过程进行实时检测和信息处理；④采用营养液水耕栽培方式；⑤可有效抑制害虫和病原微生物的侵入，实现无污染生产；⑥对设施内光、温、湿、CO_2、EC、pH、溶解氧和液温等均可进行精密自动控制，明、暗期长短可任意调节，植物生长稳定，可实现周年均衡生产；⑦技术装备和设施建设的费用高，能源消耗大，运行成本高，应用面窄，主要用于种苗生产。

（2）太阳光利用型植物工厂的特征 太阳光利用型植物工厂的特征包括：①温室结构为半封闭式，建筑覆盖材料多为玻璃或塑料（氟树脂、薄膜、PC板等）；②光源为自然光；③温室内备有多种环境因子监测和调控设备，包括光、温、湿、CO_2浓度等环境因子的数据采集以及顶开窗、侧开窗、通风降温、喷雾、遮阳、保温、防虫等环境调控系统；④栽培方式以水耕栽培和基质栽培为主；⑤生产环境易受季节和气候变化的影响，生产品种有局限性，主要生产叶菜类和茄果类，有时生产不太稳定。

（3）太阳光和人工光并用型植物工厂的特征 太阳光和人工光并用型植物工厂的特征包括：①温室结构、覆盖材料和栽培方式与太阳光利用型相似；②光源白天利用太阳光，夜晚或白天连续阴雨寡照时采用人工光源补充，作物生产比较稳定；③与人工光利用型相比，用电较少，与太阳光利用型相比，受气候影响较小；④这种类型兼顾了前两种方式的优点，实用性强，有利于推广应用。

2. 植物工厂的主要特点 植物工厂是提高劳动生产率、单位时空食物产出率和极大减轻劳动强度的理想农业生产方式。这种生产方式具有许多优点，概括起来有如下几点：

（1）提高产量和品质 植物工厂可提供作物最适宜的环境，且可实现无菌化和无虫化生产，因此可最大限度地促进作物生长发育，避免作物病虫害及连作障碍的发生，杜绝化学农药的污染，从而提高作物产量和品质。通常产量可提高数十倍，甚至上百倍。

（2）提高劳动生产率 植物工厂可实现环境控制及生产操作的自动化，因此可最大限度地提高劳动生产率。据分析可提高劳动生产率数十倍。

（3）扩大作物生产可利用的时空 植物工厂可实现不分时空的全天候作物生产，因此可最大限度地利用时空。

（4）实现省力化 植物工厂可实现环境控制和生产管理的自动化，因此最大限度地减轻了人的劳动强度，从而实现省力化。

（5）不污染环境 植物工厂可实现全封闭管理，不仅不会排放过剩肥料及其他有害化学品，而且也很少排放 CO_2，因此不污染环境。

（6）实现准确计划上市　植物工厂可做到从播种至收获的稳定，使作物产品如期上市，实现最精确的生产计划。如植物工厂内小麦生育期只需 56d，莴苣生育期只需 35d。

（7）根据需求控制作物基因表达　植物工厂可根据需要人为调控环境来控制作物基因表达，从而实现作物生产效益的最大化。如通过光质和光周期的调控，控制作物光形态建成等。

3. 植物工厂的应用　尽管植物工厂具有许多优点，但目前还存在一些问题，主要是建造和运行成本过高，全封闭式及环境全程自动控制耗能较多，生产者素质要求较高，因此目前尚难普及。但相信通过科技进步及可再生能源的高效低成本利用，植物工厂将成为人类的重要作物生产方式而得到大面积应用。目前可望在一些特殊条件及地区得以应用。

（1）高度集约的商品苗生产　植物工厂目前可用于珍贵植物组织培养苗的规模化生产。这种生产方式不仅可大幅度提高劳动生产率，而且可快速繁殖珍贵植物，提高种苗质量，从而快速推广珍贵种苗。

（2）寒冷地、不毛地食物生产　植物工厂可用于寒冷地、沙漠地、盐碱地、岛礁、戈壁、海上、太空等地方的食物生产，从而解决在那里从事特殊工作的人员的特殊需求。

（3）高品质的作物生产　植物工厂可用于不适宜作物生长的季节和地区，通过人工调控环境进行作物高品质生产。如冬季低温寡照地区或季节，通过提供适宜环境而进行作物生产，可达到提高品质的目的。

（4）连作障碍土地的作物生产　植物工厂可用于防止作物连作障碍及已发生作物连作障碍土地的食物生产。

（5）改善农业作业环境、省力化的作物生产　植物工厂可用于改善作业环境、提高劳动生产率、实现省力化，从而吸引人们从事农业生产。

（6）农业展示园区作物生产　植物工厂可用于农业科教观光园区的作物生产，为人们展现农业的未来美好前景。

三、连作障碍成因与对策

（一）连作障碍成因

狭义的连作是指在同一块地里连续种植同一种作物（或同一科作物）。广义的连作是指在同一块地里连续种植同一种作物或感染同一种病原菌或线虫的作物。

同一作物或近缘作物连作以后，即使在正常管理的情况下，也会出现产量降低、品质变劣、生育状况变差、病害严重的现象，这种现象就是连作障碍。

引起作物连作障碍的原因是复杂的，是作物—土壤两个系统内部诸多因素综合作用结果的外观表现。不同作物产生连作障碍的原因是不同的。1983 年日本的泷岛将产生连作障碍的原因归纳为五大因子：土壤养分亏缺、土壤反应异常、土壤物理性状恶化、来自植物的有害物质、土壤微生物变化。同时强调，在这五大因子中，土壤微生物的变化是连作障碍的主要因子，其他为辅助因子。近几年国内外对根分泌物的研究又成为揭示连作障碍机制的热点。纵观国内外学者的研究结果和科研实践，将设施蔬菜连作障碍的原因综合分析如下。

1. 土壤理化性状恶化

（1）土壤养分不均衡　设施蔬菜复种指数高，精耕细作，施肥量大。以黑龙江省为例，调查结果表明：棚室土壤有机质含量为2%～5%，是露地菜田的1～3倍，速效磷是露地菜田的5～10倍，碱解氮是露地菜田的2～3倍，但速效钾有降低的趋势。由于设施栽培中普遍存在重施氮肥和磷肥而轻施钾肥的现象，导致设施蔬菜发生缺钾症，作物抗逆性差，病虫害时有发生。另外，菜农对钙及微肥认识不足，多数不施用钙及微肥，导致土壤大量元素偏高，而微量元素相对缺乏，造成养分不均衡，出现生理障碍。

（2）土壤次生盐渍化及酸化　设施栽培施肥量较大，加上长年覆盖或季节性覆盖改变了自然状态下的水分平衡，土壤得不到雨水充分淋洗。又因大棚内温度较高，土壤水分蒸发量大，下层土壤中的肥料和其他盐分会随着深层土壤水分的蒸发，沿土壤毛细管上升，最终在土壤表面形成一薄层白色盐分即土壤次生盐渍化现象。同时，由于过量施肥，土壤的缓冲能力和离子平衡能力遭到破坏而导致土壤pH下降，从而出现化学逆境。土壤次生盐渍化和酸化现象在我国设施蔬菜栽培中普遍发生，以连栋大棚和温室最为明显，在很多地区已成为设施土壤可持续利用的主要障碍。

除Ca^{2+}和NO_3^-外，SO_4^{2-}和Cl^-也是导致土壤次生盐渍化的主要因素之一。这些离子浓度的增加引起土壤渗透势加大，不仅使作物根系的吸水、吸肥能力减弱，而且伴随着土壤pH的下降，导致南方酸性土壤中Mn^{2+}和Al^{3+}的有效性增加，而使作物遭受锰或铝毒害。土壤盐类积累后，土壤溶液浓度增加，土壤的渗透势加大，作物种子的发芽、根系的吸水吸肥均不能正常进行。而且由于土壤溶液浓度过高、营养元素之间的拮抗作用常影响作物对某些元素的吸收，从而出现缺素症状，最终使生育受阻，产量及品质下降。同时，随着盐浓度的升高，土壤微生物活动受到抑制，铵态氮向硝态氮的转化速度下降，导致作物被迫吸收铵态氮，叶色变深，生育不良。

2. 土壤生物学环境恶化

（1）土壤有害微生物积累　连作栽培条件下，作物根系分泌物和植株残茬腐解物给病原菌提供了丰富的营养和寄主，长期适宜的温湿度环境，使病原菌具有良好的繁殖条件，从而使得病原菌数量不断增加。同时，因为设施栽培条件导致病虫害多发，大量施用农药导致作物生长环境的破坏，对土壤中的微生物种群乃至土壤中的固氮菌、根瘤菌和有机质分解菌等有益微生物产生不利的影响。另外，设施栽培中化肥的过多施用也导致了土壤中病原拮抗菌的减少，从而助长了土壤病原菌的繁殖，加重了土传病害的发生。

在连作栽培条件下，病原菌可大量利用寄主植株的根系分泌物和植株组织及其分解物作为养分来源，从而使其繁殖加速。同时，大多数土壤病原菌在缺乏寄主的条件下会在寄主残体或土壤中形成耐久性的生存器官，一旦寄主出现便能发芽侵染寄主从而造成危害。不同病原菌在土壤中的生存时间有所差异，一般为3～6年。因此，生产上要求轮作3～6年才能避免土壤传染性病害的发生。日本的伊东正认为，病害在所有连作障碍原因中占85%左右，病害特别是土传病害是连作障碍的主要因子，而且有些从未发现具有危害性的菌类也会对作物根系产生不良影响。

（2）作物残茬对作物生长发育的毒害作用　作物残体在其分解过程中会产生一些植物毒素抑制下茬作物的生长。作物残茬腐解过程并非对所有作物都有害，即使是产生植物毒素也不是广谱性的。作物残茬在微生物的作用下，在降解过程中产生一些对同种或同科作物生长发育不利的物质，或因作物残体的病原菌积累等原因从而成为作物连作障碍中的重要因子之一。

（3）植物的自毒作用　某些植物可通过地上部淋溶、根系分泌和植株残茬腐解等途径来释放一些物质，对同茬或下茬同种或同科植物生长产生抑制作用，这种现象称为自毒作用。自毒作用是一种发生在种内的生长抑制作用。连作条件下土壤生态环境对植物生长有很大的影响，尤其是植物残体与病原微生物的代谢产物对植物有致毒作用，并连同植物根系分泌物分泌的自毒物质一起影响植株代谢，最后导致自毒作用的发生。已证实，番茄、茄子、西瓜、甜瓜和黄瓜等作物极易产生自毒作用，而与西瓜同科的丝瓜、南瓜、瓠瓜和黑籽南瓜则不易产生自毒作用，其生长有时反而被其他瓜类的根系分泌物所促进。目前，已在番茄、黄瓜和辣椒等多种设施园艺作物组织和根系分泌物中分离出包括苯甲酸、肉桂酸和水杨酸在内的十余种自毒物质。这些物质通过影响离子吸收、水分吸收、光合作用、蛋白质和DNA合成等多种途径来影响植物生长。同时，植物根系分泌物的组成成分及数量与土壤营养状况有关，营养不均衡（营养亏缺）不但直接导致作物连作障碍，而且也可通过改变根系分泌物种类和数量从而间接影响植物生长。

（二）连作障碍对策

1. 改善栽培制度，合理轮套作　不同作物进行轮作或套作是连作障碍的最佳防范措施。将蔬菜和一些粮食作物轮作，效果十分显著。除此之外，根据不同蔬菜的特性，制定合理的蔬菜轮套作制度，也能有效防止连作障碍的发生。例如，黄瓜—番茄—菜豆—花椰菜、芹菜—羊角葱—叶菜类等轮作，番茄—分蘖洋葱套作，既能吸收土壤中不同的养分，又可通过换茬减轻土传病害的发生，提高单位面积产量和产值。每种作物都有一些专门危害其的病虫杂草，连作时，这些病虫草会周而复始地循环感染危害，如黄瓜的霜霉病、根腐病。轮作之后可以断绝病原菌的营养源，减轻病害的发生。但在很多情况下，为了提高经济效益，又不得不进行某些蔬菜的连作，所以，必须采取其他措施防止或减轻连作障碍的发生。

2. 完善栽培管理技术

（1）提高认识，合理施肥　要树立科学施肥的观念，推广化肥深施、配方施肥。按计划产量和土壤供肥能力科学计算施肥量，由单一追氮肥改为复合肥，并要注重对微肥的使用。在合理施用化肥的同时，增施有机肥，也是减轻连作障碍的措施。因为在有机肥分解过程中，会使细菌、放线菌增殖，抑制病原菌的繁殖，从而减轻病害的发生。同时，根据土壤的类型选择施用粪肥种类，通过施肥达到改良土壤的目的，以利于蔬菜的根系生长发育，增强根系吸水、吸肥能力，提高作物自身的抗病性。

（2）改进灌溉技术，以水化盐　设施土壤积聚的硝酸盐是蔬菜所需的养分，只因积聚过多引起根部吸收障碍，出现盐害。因此，在设施栽培中，应采取科学的灌水方法，浇足浇透，将土表刚积聚的盐分稀释下淋，供根系吸收。同时也可改善土壤的生态环境，提高作物的抗病性。

（3）应用地膜等覆盖物，减轻土表盐分积聚　根据设施土壤盐分积聚的原因，采用地膜等覆盖物，抑制水分的蒸发，减少盐分向土表积聚。

（4）改变栽培时期，错开病害发生期　连作障碍主要是土传病害严重，因此，在措施上应考虑错开发病期进行种植。例如，在高温期易发生的病害有枯萎病、青枯病、蔓枯病、苗立枯病等。在栽培上要错过高温期，或在高温前采取预防措施，减轻障碍的发生。

（5）残茬处理　为了防止残茬带菌和初染病株的蔓延，应及时清除初染病株和残茬，方法是将病株装在一个塑料袋里，在10～30℃下保留1个月左右，病菌即可失活。

（6）土壤消毒　综上所述，作物连作障碍的原因归纳起来主要是两方面因素：一是非生物因素，即营养不均衡、理化性状恶化等问题；另一方面是生物因素，即土壤微生物、病虫害、残茬及根分泌物等。连作障碍的主导因素是生物因素，采用土壤消毒（土壤灭菌）方法即可消除障碍或减轻障碍。

3. 引入拮抗菌　利用拮抗微生物防治植物根部病害就是将培养好的拮抗微生物以一定方式施入土壤中，或是通过在土壤中加入有机物等措施提高原有的拮抗微生物的活性，从而降低土壤中病原菌的密度，抑制病原菌的活动，减轻病害的发生。在综合控制系统中，拮抗菌的加入有时是非常有效的。拮抗菌可通过连续种植某些特殊作物获得。单一种植特殊作物，形成有利于拮抗菌生长的微生态环境，使其大量生长、繁殖，从而抑制病原菌的生长。

4. 接种有益微生物　抑制型土壤中可能存在对病原菌产生拮抗作用的土壤微生物种群，也可能存在一些具有分解自毒物质能力的微生物。通过从这些土壤中筛选有益微生物来克服自毒现象的发生，无疑是一条很好的途径。在设施条件下，也可通过接种有益微生物来分解连作土壤中存在的有害物质，或通过与特定的病原菌竞争营养和空间等途径来减少病原菌的数量和根系的感染，从而减少根际病害发生，包括接种一些有益菌根菌或其他有益菌群以便在根际形成生物屏障，接种致病菌弱毒菌株以促进幼苗产生免疫机能，使用含有有益微生物种群的生物有机肥抑制土壤致病菌的发展，从而分解土壤中存在的相克物质等。

5. 利用化学他感作用原理防治土传病害　许多植物和微生物可释放一些化学物质来促进或抑制同种或异种植物及微生物生长，这种现象称为化学他感作用。已证明，利用农作物间的化学他感作用原理进行有益组合，不仅可有效提高作物产量，并且在减少根部病害方面也可取得令人满意的效果。例如，一些十字花科作物分解过程中会产生含硫化合物，因此向土壤中施入这种作物的残渣能减少下茬作物根部病害的发生。生产上，由于许多葱蒜类蔬菜的根系分泌物对多种细菌和真菌具有较强的抑制作用，而常被用于间作或套种。

6. 抗性品种的应用　目前国内外已选育出对一些病虫害（如番茄的枯萎病、黄萎病、根结线虫，甘蓝的黄萎病、黑腐病等）具有抗性的蔬菜品种。

第三节　蔬菜产业优势区域布局

蔬菜产业是伴随着人们对蔬菜的需求发展起来的，蔬菜产业区域布局是人们根据自然环境、市场需求、生产条件和产后处理及营销条件而确定的。我国在20世纪50年代前以蔬菜自给自足生产为主，大城市郊区商品蔬菜生产为辅；50～80年代以城市郊区商品蔬菜生产与农区自给自足蔬菜生产并重；90年代以来逐渐在适宜地区进行了大规模商品蔬菜生产，从而初步形成了蔬菜产业优势区。近30年来蔬菜生产的迅速发展，彻底解决了蔬菜市场周年均衡供应问题，大幅度增加了农民收入，同时在扩大劳动力就业和拓展出口贸易等方面发挥了重要作用。但目前我国蔬菜产业优势区域布局还不够明显，市场供应还不够稳定。为此农业主管部门积极组织研究，制定并实施了《全国蔬菜重点区域发展规划》，同时起草了《全国设施蔬菜重点区域发展规划》，这不仅有利于促进蔬菜产业向优势区域集中，而且有利于进一步优化生产布局、均衡市场供应、增加农民收入和提高国际竞争力。

一、露地蔬菜重点优势区域布局

（一）露地蔬菜优势区域布局原则

蔬菜产业优势区域布局应考虑自然环境、社会发展状况、市场需求及产业发展基础等方面。主要原则如下：

1. 以满足目标市场需求为导向　蔬菜产业优势区域布局要充分考虑市场需求，根据全国各市场需求状况及出口潜力进行区域布局。即应按半径为2 000km辐射市场、1 000km重点市场、500km核心市场进行布局。

2. 以有利于发挥比较优势为根本　蔬菜产业优势区域布局要充分考虑生产基础以及自然环境资源、区位、资金和技术等优势，要根据比较优势进行区域布局。其中自然环境资源中，适宜冬春喜温果菜露地生产的地区，1月平均气温≥10℃，主要在华南地区；适宜冬春喜凉蔬菜露地生产的地区，1月平均气温≥4℃，主要在长江上中游地区；适宜夏茬喜温蔬菜和喜凉蔬菜生长的地区，7月平均气温≤25℃，夏秋凉爽，主要分布在高原、高海拔、高纬度的黄土高原和云贵高原地区。

3. 以确保蔬菜安全生产为目标　所谓蔬菜安全生产有两种含义：一是蔬菜可在当地自然或人为创造的环境条件下正常生长发育，不会受不良环境影响而导致生产失败，即生产安全；二是蔬菜生产基地的环境和生产过程的所有生产措施符合国家食品安全生产标准，不会导致生产的蔬菜产品造成污染，即产品安全。蔬菜产业优势区布局必须考虑蔬菜生产安全和蔬菜产品安全两方面。

4. 以有利于环保和可持续发展为基础　所谓蔬菜生产环保就是蔬菜生产不能破坏和污染环境，确保生态环境不受影响；所谓蔬菜生产可持续发展就是蔬菜生产不显著改变环境与地力，蔬菜可在同一地域永续生产。蔬菜产业优势区布局必须坚持以有利于环境保护和可持续发展为首要条件。

（二）全国露地蔬菜重点区域布局

根据我国不同地区的气候特点和生产现状，可将全国露地蔬菜产业重点发展区域划分为冬春蔬菜重点区域、夏秋蔬菜重点区域和出口蔬菜重点区域三个分区，进而又分为华南冬春蔬菜生产区、长江上中游冬春蔬菜生产区、黄土高原夏秋蔬菜生产区、云贵高原夏秋蔬菜生产区、东南沿海出口蔬菜生产区、西北内陆出口蔬菜生产区、东北沿边出口蔬菜生产区7个重点区域。

1. 冬春蔬菜重点区域　冬春蔬菜重点区域主要包括华南冬春蔬菜生产区、长江上中游冬春蔬菜生产区两大区域（图5-10）。

（1）华南冬春蔬菜生产区　华南冬春蔬菜生产区地处北纬26°以南的东南沿海，包括广东、广西、海南和福建4省（区）74个基地县。本区域属于温暖湿润的热带、南亚热带季风气候，冬春季节气候温暖，有“天然温室”之称，1月份平均气温≥10℃，可进行喜温蔬菜露地栽培。气候优势明显，年复种指数高，生产成本低；但距目标市场远，运费高，连作障碍严重，台风暴雨频繁。目前本区蔬菜调出比例53%，蔬菜商品化处理率40%左右。未来蔬菜调出比例将达到55%以上，商品化处理率将达到80%以上。目标市场重点在我国东北、华北、西北、长江流域、港澳地区以及日、韩等国12月至翌年2月冬淡季市场，以豆类、瓜类、茄果类、西甜瓜等喜温果菜为主。

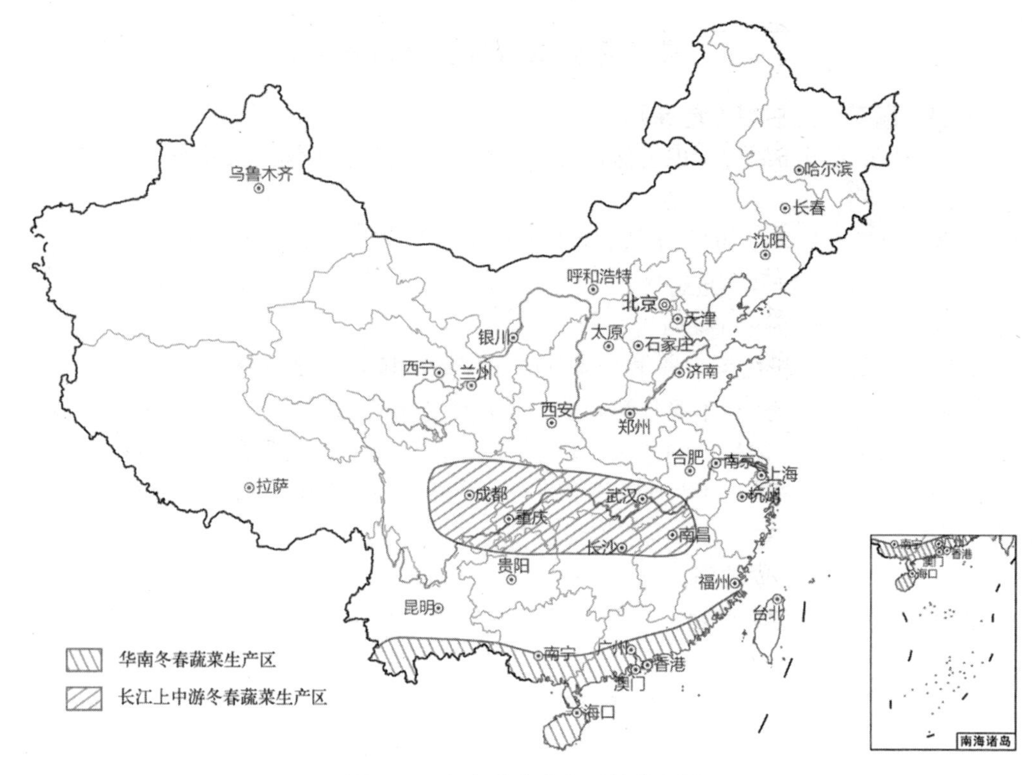

图 5-10 冬春蔬菜重点区域分布图

（2）长江上中游冬春蔬菜生产区 长江上中游冬春蔬菜生产区地处北纬 25°～32°的长江上中游，包括四川、重庆、云南、湖北、湖南、江西 6 省（市）92 个基地县。本区域属于中亚和北亚热带气候，冬春季节气候温和，1 月份平均气温≥4℃，可进行喜凉蔬菜露地栽培，在低海拔河谷地区也可进行喜温蔬菜露地栽培。本区是全国最大的喜凉蔬菜冬春生产基地，气候优势明显，冬闲田面积大，劳动力资源充足，生产成本低，但蔬菜品种单一，种性退化，冬春干旱频繁，抗旱能力较差。目前本区蔬菜调出比例 47%，商品化处理率 30%左右。未来蔬菜调出比例将超过 55%，商品化处理率将达到 65%以上。目标市场为东北、华北、西北地区和珠江三角洲地区 11 月至翌年 4 月冬春淡季市场，以花椰菜、结球甘蓝、莴笋、芹菜、蒜薹等喜凉蔬菜为主，四川攀西地区和云南省元谋县低海拔河谷区以生产 3～5 月上市的茄果类、豆类等喜温蔬菜为主。

2. 夏秋蔬菜重点区域 夏秋蔬菜重点区域主要包括黄土高原夏秋蔬菜生产区和云贵高原夏秋蔬菜生产区两大区域（图 5-11）。

（1）黄土高原夏秋蔬菜生产区 黄土高原夏秋蔬菜生产区地处北纬 32°～44°的黄土高原及周边地区，包括陕西、甘肃、宁夏、青海、内蒙古、山西、河北 7 省（区）88 个基地县。本区属于暖温带和中温带气候，夏季凉爽，有“北方天然凉棚”之称，7 月平均气温≤25℃，适宜喜温蔬菜和喜凉蔬菜生长。本区光照充足，昼夜温差大，气候优势明显，生态环境较好，劳动力资源丰富，生产成本低，但干旱少雨，交通条件差，运距远。本区目前蔬菜调出率 53%，商品化处理率 35%左右。未来蔬菜调出比例将达到 65%，商品化处理率将达到 70%以上。目标市场为华北地区、长江下游、华南地区以及东欧、中亚、西亚等地区 7～

9月夏秋淡季市场，主栽品种为洋葱、萝卜、胡萝卜、花椰菜、白菜、芹菜、生菜等喜凉蔬菜以及茄果类、豆类、瓜类等喜温果菜。

（2）云贵高原夏秋蔬菜生产区　云贵高原夏秋蔬菜生产区地处北纬23°～33°的滇中和滇东高原、黔西和黔中南及黔北地区山地和高原、渝东南山地、湘西山地、鄂西山地，包括云南、贵州、重庆、湖南、湖北5省（市）65个基地县。本区大部分地区属中亚热带湿润季风气候，部分地区为北亚热带湿润季风气候，海拔高度800～2 200m，夏季凉爽，有“南方天然凉棚”之称，7月平均气温≤25℃，适宜喜温蔬菜和喜凉蔬菜生长。本区气候优势明显，生态环境好，劳动力资源丰富，生产成本低，但伏旱、暴雨等气象灾害多发。本区目前蔬菜调出比例40%，商品化处理率30%左右。未来蔬菜调出比例将达到55%，商品化处理率将达到65%以上。目标市场为珠江中下游、长江中下游和中国港澳地区以及东南亚、日、韩等国家和地区7～9月夏秋淡季市场，主栽品种为白菜、结球甘蓝、花椰菜、胡萝卜、萝卜、食荚豌豆、芹菜、莴笋等喜凉蔬菜以及茄果类、豆类、瓜类等喜温蔬菜。

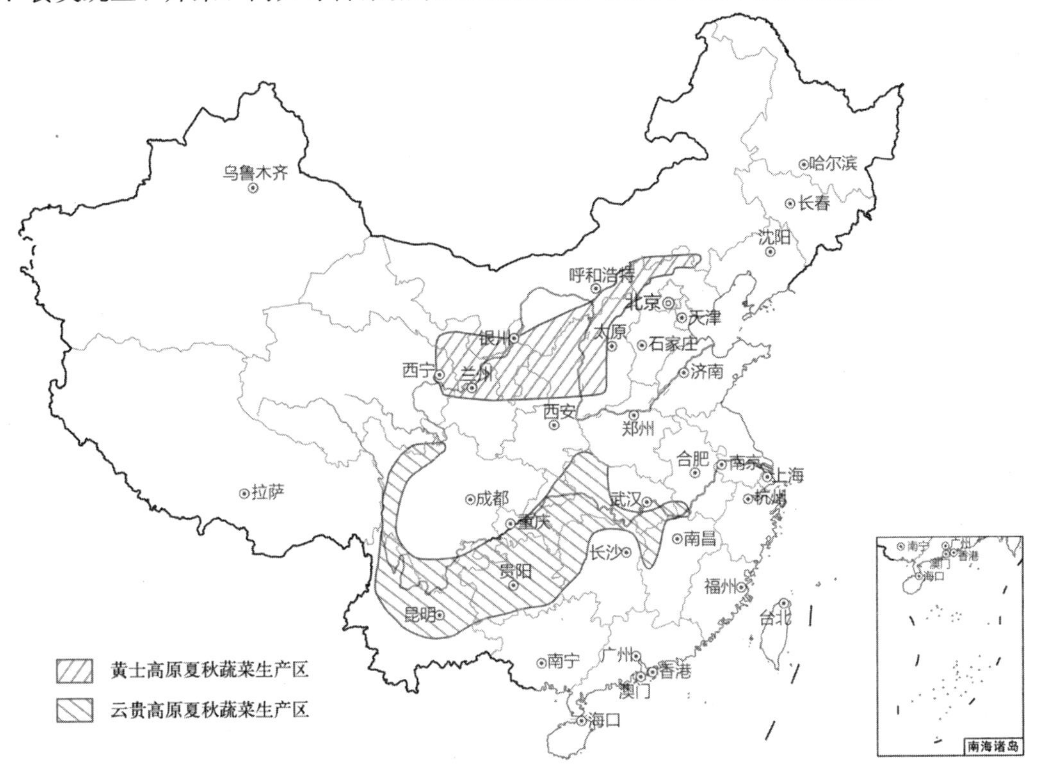

图5-11　夏秋蔬菜重点区域分布图

3. 出口蔬菜重点区域　出口蔬菜重点区域主要包括东南沿海出口蔬菜生产区、西北内陆出口蔬菜生产区和东北沿边出口蔬菜生产区三大区域（图5-12）。

（1）东南沿海出口蔬菜生产区　东南沿海出口蔬菜生产区包括福建、广东、广西、浙江、山东、江苏、上海、辽宁、河北、天津10省（区、市）114个蔬菜出口基地县。本区的福建、广东、广西地区1月份平均气温≥10℃，冬春季气候优越；浙江、山东、江苏、上海春秋季气候温和；辽宁、河北、天津春夏秋季气候温和。本区濒临海岸港口，加工出口龙头企业多，区位、环境、经济、技术、信息优势明显，已形成了蔬菜出口基地，2010年蔬菜出口额已占全国的74%。但目前仍存在着生产经营成本高、加工用原料价位高、数量不足等问题。未来本区蔬菜出口量将超过1 000万 t，出口额增长1倍以上。主要目标市场为亚洲市场，需逐渐拓展欧洲和北美市场，主要品种应重点发展大蒜、生姜、大葱、食用菌、石刁柏、花椰菜、刀豆、牛蒡、山药等新鲜、速冻蔬菜和特色加工蔬菜。

（2）西北内陆出口蔬菜生产区　西北内陆出口蔬菜生产区包括新疆、甘肃、宁夏、山西、内蒙古、陕西6省（区）31个蔬菜出口基地县。本区夏季气候温和，光照好，空气干燥，昼夜温差大，蔬菜质量好，生产成本低，但蔬菜加工企业少、规模小，资金、技术、信息匮乏。目前蔬菜出口额占全国的15%以上，主要目标市场为亚洲市场，应适当拓展欧洲和北美市场，主要品种为番茄酱、番茄汁、胡萝卜汁、石刁柏罐头和脱水菜等精（深）加工产品。

（3）东北沿边出口蔬菜生产区　东北沿边出口蔬菜生产区包括黑龙江、吉林、内蒙古3省（区）16个蔬菜出口基地县。本区夏季气候温和，具有明显的区位、技术、信息优势，但采后商品化处理落后，产品档次低，贮运设施简陋，检测手段缺乏。目标市场为俄罗斯及其他独联体国家市场，主要品种为番茄、洋葱、黄瓜、青花菜、结球甘蓝、胡萝卜、甜椒等保鲜蔬菜。

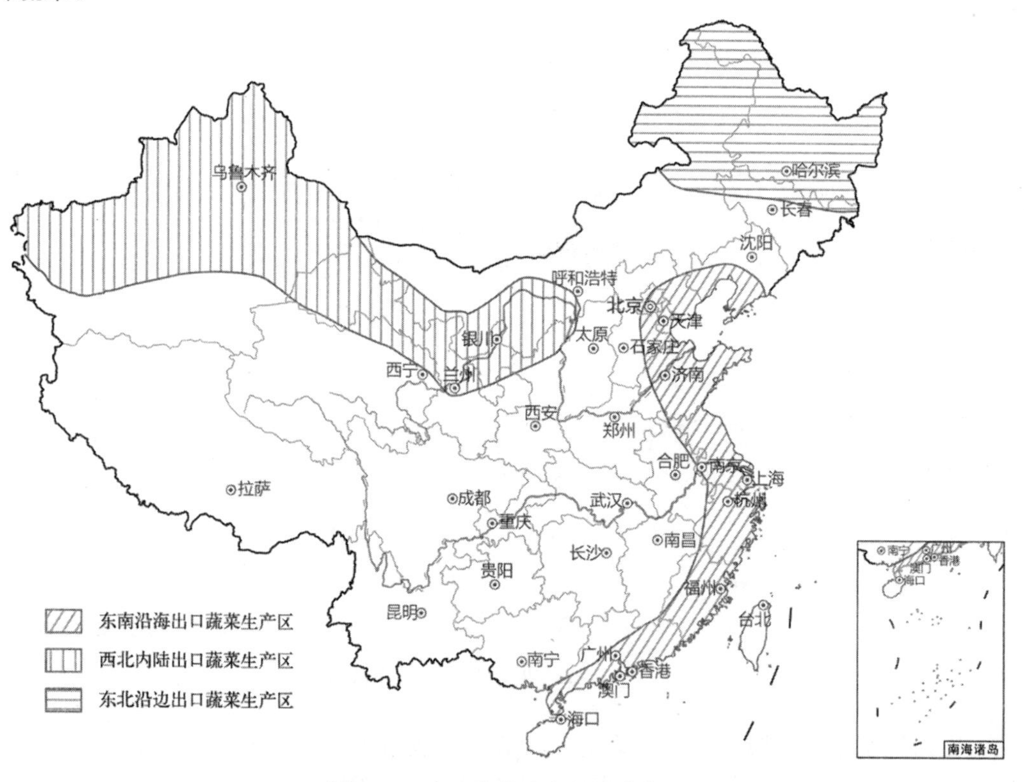

图5-12　出口蔬菜重点区域分布图

二、设施蔬菜重点区域布局

（一）设施蔬菜重点区域布局原则

1. 与粮食生产协调发展　在确保粮食生产能力的前提下，充分利用冬闲田和中低产田，科学合理利用土壤肥力、栽培季节和病虫控制等方面的综合功效，积极推行设施蔬菜与粮食等作物轮作搭配、换季（茬）栽培等循环生产，发挥设施蔬菜稳粮增效的生产功能和经济功能。

2. 满足目标市场需求　坚持以市场为导向，以保障市场供应和满足农民就业、促进农民增收为核心，分区域合理布局设施类型、种植面积、栽培品种、种植茬口和上市时间，适应对设施蔬菜产品均衡优质多样的市场消费需求。

3. 科学合理利用资源　根据区域气候、生产资源、生产方式、种植传统等特点，坚持效益优先和自然资源合理利用，选择基础条件好、资源优势强的区域，充分挖掘设施农业生产潜能，形成区域产业优势。

4. 体现当代科技进步　广泛应用具有现代科技水平的设施蔬菜生产新装备、新材料、新品种、新肥药、新种苗和新模式，着力提高设施装备水平和生产管理水平，提高农民科学生产素质，提高设施蔬菜生产的科技含量，增强设施蔬菜产品的市场竞争力。

5. 坚持走中国特色道路　坚持低成本、节能和高效设施蔬菜生产方式，冬季以利用日光和节能保温为主，夏季以遮阴降温为主，多雨季节以避雨栽培通风降湿为主。经济欠发达地区发展低成本的竹木、水泥混合结构设施，经济条件好的地区可以发展钢管棚架结构设施，适量发展先进高档的现代生产设施。发展设施蔬菜的规模和速度与人才、技术、资金等要素条件相适宜，避免盲目超前发展。

（二）设施蔬菜区域布局

我国设施蔬菜可划分为 5 个区域 14 个亚区布局，其中 5 个区域分别为东北温带设施蔬菜生产区（Ⅰ）、西北温带干旱及青藏高寒设施蔬菜生产区（Ⅱ）、黄淮海与环渤海暖温带设施蔬菜生产区（Ⅲ）、长江流域亚热带多雨设施蔬菜生产区（Ⅳ）和华南热带多雨设施蔬菜生产区（Ⅴ）（图 5-13）。

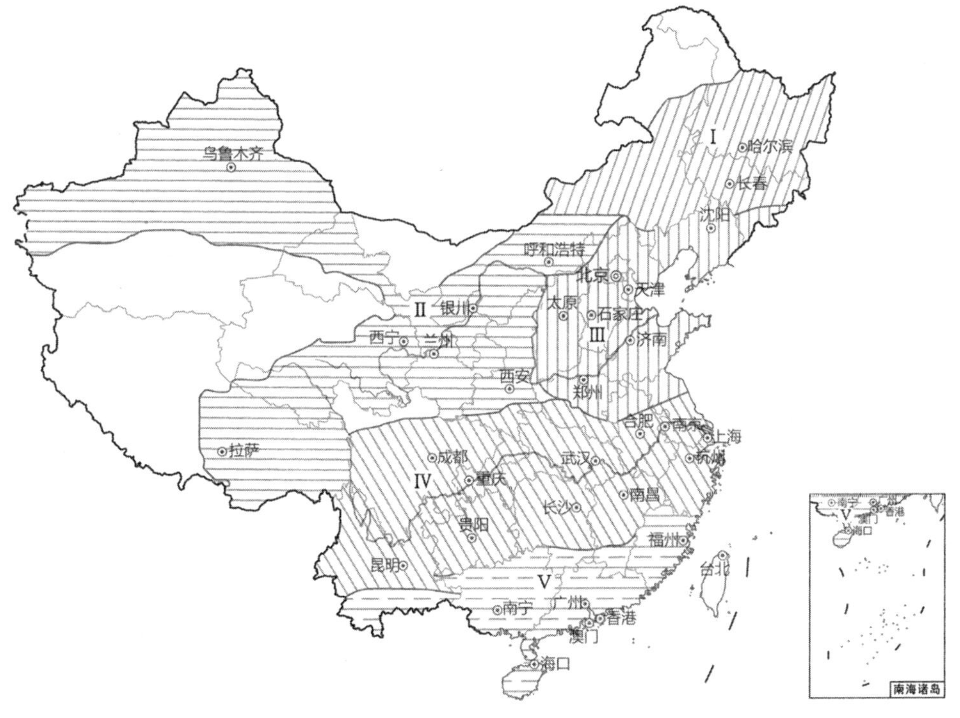

图 5-13　我国设施蔬菜生产区域布局

1. 东北温带设施蔬菜生产区　东北温带设施蔬菜生产区地处北纬42°～48°、东经118°～134°，包括辽宁北部、吉林、黑龙江中南部、内蒙古东部4个省（区）33个基地县（区、市）。本区可分为3个亚区，东北温带亚区地处北纬42°～44°的辽宁中北部、吉林东南部和内蒙古东南部地区，东北冷温亚区地处北纬44°～46°的内蒙古中东部、吉林西北部和黑龙江南部地区，东北寒温亚区地处北纬46°～48°的内蒙古东北部和黑龙江中部地区。本区光热资源较丰富，无霜期120～155d，其中，东北温带亚区无霜期140～155d，东北冷温亚区无霜期130～140d，东北寒温亚区无霜期120～130d；降水量350～800mm，4～9月占80%；属次大风压区（最大风速20～23m/s）和大雪压区（最大积雪深度0.1～0.5m）。

本区设施类型应以第二代节能型日光温室为主，兼顾建设塑料大棚和小拱棚，其中东北温带亚区应以高效节能型日光温室主要果菜全季节生产为主，东北冷温亚区应以高效节能型日光温室冬季叶菜、春夏秋果菜生产为主，东北寒温亚区应以高效节能型日光温室春夏秋果菜生产为主。本区冬季需加强蓄热增温和保温防寒，日光温室内设热风炉等临时加温设施，尽量增加光照强度和时间，采用地膜覆盖栽培，推广无害化高产优质规范栽培技术，注意提高土地利用率，发展南北双向日光温室或日光温室间建塑料大中棚模式。

本区目标市场以东北地区当地为主，发展东欧及东北亚。日光温室主栽种类为茄果类、瓜类、豆类、西甜瓜等喜温果菜以及芹菜、韭菜等喜凉蔬菜，大中棚主栽种类为茄果类、瓜类、豆类和绿叶菜类。各亚区上市期分别为：东北温带亚区日光温室蔬菜9月至翌年7月，大中棚蔬菜5月中旬至7月下旬和9月中旬至10月下旬；东北冷温亚区日光温室蔬菜2月下旬至7月下旬和9月上旬至12月上旬，大中棚蔬菜5月中旬至7月下旬和9月中旬至10月中旬；东北寒温亚区日光温室蔬菜3月中旬至11月下旬，大中棚蔬菜5月下旬至7月下旬和9月中旬至10月中旬。

2. 西北温带干旱及青藏高寒设施蔬菜生产区　西北温带干旱及青藏高寒设施蔬菜生产区包括新疆、甘肃、宁夏、陕西、青海、宁夏及内蒙古西部7个省（区）57个基地县（区、市）。本区分为3个亚区，即青藏高寒亚区（西藏中部、青海东部地区）、新疆冷温亚区（新疆中南部地区）和陕甘宁蒙温带亚区（陕西、宁夏、甘肃及内蒙古西部地区）。本区光热资源丰富，但南北跨度较大，地形复杂，气候变化大，无霜期50～260d，其中，青藏高寒亚区无霜期50～90d，新疆冷温亚区无霜期150～210d，陕甘宁蒙温带亚区无霜期130～260d，降水量30～590mm。本区属次大风压区和局部大雪压区（最大积雪深度0.5m以上），其中，青藏高寒亚区为高原寒冷区；新疆冷温亚区太阳能丰富，属次大风压区和大雪压及次大雪压区；陕甘宁蒙温带亚区绝大部分太阳能丰富，大部分地区为次大风区和低雪压区。

本区总体应以高效节能日光温室为主，塑料大中棚为辅。但是，不同地区应有适合各自的日光温室类型，不可简单照搬。冬季应加强蓄热增温和保温防寒，日光温室内应设热风炉等临时加温设施，尽量增加光照强度和时间，采用地膜覆盖栽培，陕甘宁蒙温带亚区夏季应采取短期遮阳降温栽培，推广无害化高产优质规范栽培技术，注意提高土地利用率，发展南北双向日光温室或日光温室间建塑料大中棚模式。

本区目标市场以本地区不同区域为主，发展独联体国家市场。日光温室主栽种类为茄果类、瓜类、豆类、西甜瓜等喜温果菜类及芹菜、韭菜、莴苣等喜凉蔬菜，塑料大中棚主栽种类为茄果类、瓜类、豆类、西甜瓜等喜温果菜和花椰菜、油菜、茼蒿等蔬菜。外销蔬菜种类主要为耐贮运的番茄、辣椒、茄子、菜豆等果菜和韭菜、芹菜等叶菜。不同设施栽培蔬菜的上市期分别为：日光温室蔬菜主要供应时间为 11 月至翌年 6 月，大中棚蔬菜为 3～6 月和 9～11 月。

3. 黄淮海与环渤海暖温带设施蔬菜生产区　黄淮海与环渤海暖温带设施蔬菜生产区地处北纬 32°～42°，东经 112°～125°，是我国设施蔬菜产业的优势区，包括辽宁中南部、北京、天津、河北、山东、河南、江苏、安徽、山西 9 个省（市）245 个基地县（区、市）。本区分为 3 个亚区，即北纬 38°～42°为环渤海温带亚区（辽宁中南部、北京、天津、河北中北部），北纬 35°～38°为黄河中下游暖温带亚区（河北南部、山东、河南北部、山西），北纬 32°～35°为淮河流域暖温带亚区（河南中南部、江苏中北部、安徽中北部）。本区光热资源丰富，无霜期 155～220d，其中，环渤海温带亚区无霜期 155～180d，黄河中下游暖温带亚区无霜期 180～200d，淮河流域暖温带亚区无霜期 200～220d；降水量400～1 200mm，4～9 月占 90%；属次大风压区（最大风速 22～24m/s）和次大雪压区（最大积雪深度 0.17～0.50m）。

本区 3 个亚区的设施类型为：环渤海温带亚区应以第二代高效节能日光温室为主、塑料大中棚为辅；黄河中下游暖温带亚区应以第二代高效节能日光温室与塑料大中棚并重；淮河流域暖温带亚区应以塑料大中棚为主、第二代高效节能日光温室为辅。本区冬季加强蓄热增温和保温防寒，尽量增加光照强度和时间，采用地膜覆盖栽培，夏季采取短期遮阳降温栽培，推广无害化高产优质规范栽培技术，注意提高土地利用率，发展南北双向日光温室或日光温室间建塑料大中棚模式。

本区目标市场为当地及“三北”地区和长江流域冬春淡季市场，逐步扩大到东欧和东北亚。日光温室主要种植茄果类、瓜类、豆类、西甜瓜等喜温果菜及芹菜、韭菜等喜凉叶菜；塑料大中棚主要种植茄果类、瓜类、豆类、西甜瓜等喜温果菜和油菜、茼蒿等绿叶菜类。外销蔬菜种类以耐贮运的番茄、辣椒、茄子、菜豆等果菜和韭菜、芹菜等叶菜为主。不同设施栽培蔬菜的上市期分别为：日光温室蔬菜 11 月至翌年 6 月，大中棚蔬菜 4～6 月和 9～11 月。

4. 长江流域亚热带多雨设施蔬菜生产区　长江流域亚热带多雨设施生产区处于秦岭和淮河以南、南岭和武夷山以北、四川西部和云贵高原以东的长江流域各地，总体地处北纬 27°～32°，东经 98°～122°，包括四川、重庆、云南、贵州、湖北、湖南、江西、上海、浙江、江苏南部、安徽南部 11 个省（市）89 个基地县（区、市）。本区分为 3 个亚区：长江上游流域亚热带亚区，地处东经 98°～109°，包括四川、重庆、云南、贵州 4 个省（市）；长江中游流域亚热带亚区，地处东经 109°～117°，包括湖北、湖南、江西 3 个省；长江下游流域亚热带亚区，地处东经 117°～122°，包括上海、浙江、江苏南部、安徽南部 4 个省（市）。

本区光热资源较为丰富，无霜期 200～320d，其中，长江上游流域亚热带亚区无霜期 200～320d，长江中游流域亚热带亚区无霜期 200～300d，长江下游流域亚热带亚区无霜期 200～270d；降水量800～2 000mm；属亚热带季风气候区，大体处于最冷候气温 0℃等温线以南、5℃等温线以北地区。本区以塑料大中棚为主，长江中下游亚热带亚区冬春季塑料大中棚和夏秋季遮阳网、防虫网、防雨棚并举，大中城市郊区和经济发达区域适度发展连栋温室，夏季采取遮阳降温防雨栽培，冬季保温地膜覆盖栽培，推广无害化高产优质规范栽培技术。

本区目标市场以满足当地为主，适当供应华北和西北南部地区，少许出口东南亚。不同设施主栽种类分别为：大中棚种植茄果类、瓜类、豆类等喜温蔬菜及芹菜等喜凉叶菜，防虫网等网室夏秋季以小白菜等叶菜为主，连栋温室以茄果类、瓜类、甜瓜等喜温果菜长季节生产为主。不同设施栽培蔬菜的上市期分别为：大棚冬春蔬菜 2 月初至 7 月上旬，网室越夏蔬菜（防虫网、遮阳网、避雨棚等的喜凉小白菜等叶菜越夏栽培）7 月下旬至 8 月下旬，大棚春提早蔬菜 4 月中下旬至 7 月上旬，大棚秋延后蔬菜 10 月中旬至翌年 1 月上旬。

5. 华南热带多雨设施蔬菜生产区 华南热带多雨设施蔬菜生产区处于南岭和武夷山以南，地处北纬 18.5°～27°，东经 105°～120°，包括福建、广东、广西、海南 4 个省（区）35 个基地县（区、市）。本区分为 2 个区域：雷州半岛和海南热带亚区地处东经 108°～111°，北纬 18.5°～21.5°，包括广东省湛江市和海南省；闽粤桂亚热带亚区地处东经 105°～120°，北纬 21.5°～27°，包括福建、广东、广西 3 个省（区）。本区光热资源较为丰富，无霜期 240d 以上，其中雷州半岛和海南热带亚区全年无霜冻，闽粤桂亚热带亚区无霜期 240～360d；降水量1 000～2 000mm；属热带和亚热带季风气候区，大体处于最冷候气温 5℃等温线以南。

本区设施类型应以塑料大中棚和夏秋季遮阳网、防虫网、防雨棚并举，大中城市郊区和经济发达区域适度发展连栋现代化温室。主要措施为夏季采取遮阳降温防雨栽培，冬季可采用大棚防雨栽培，推广无害化高产优质规范栽培技术。

本区目标市场以满足当地为主，适当供应长江流域及“三北”地区南部，少量出口东南亚。不同设施主栽种类分别为：大中棚种植茄果类、瓜类、豆类、西甜瓜等喜温瓜菜及芹菜等喜凉叶菜，防虫网等网室夏秋季以小白菜等叶菜为主，连栋温室以茄果类、瓜类、甜瓜等喜温瓜菜长季节生产为主。不同设施栽培蔬菜的上市期分别为：大棚冬春蔬菜 12 月初至翌年 5 月上旬，网室越夏蔬菜（防虫网、遮阳网、避雨棚等喜凉叶菜越夏栽培）7 月下旬至 8 月下旬，大棚春提早蔬菜 4 月中下旬至 7 月上旬，大棚秋延后蔬菜 10 月中旬至翌年 1 月上旬。

复习思考题

1. 论述建立合理的蔬菜栽培制度的必要性和原则。
2. 如何建立适合不同区域的蔬菜栽培方式？
3. 分析我国主要蔬菜产业优势区的形成背景和特点。
4. 论述连作障碍形成的原因和防控措施。
5. 论述蔬菜设施生产优缺点和我国发展设施蔬菜生产的必要性。

实 验 指 导

实验一　蔬菜作物的分类与识别

一、实验目的

掌握蔬菜作物的主要类别及其分类的依据，从而鉴别各种蔬菜在不同分类体系中的位置。

二、实验说明

蔬菜的种类很多，我国普遍栽培的有七八十种，每种又包括许多品种。为了便于学习及研究，可以将蔬菜按以下三种方法进行分类：植物学分类法，食用器官分类法，农业生物学分类法。

每种分类方法都有其优点与缺点，目前认为以农业生物学分类法较为实用，其他分类方法也有一定的应用价值。

三、实验材料

（1）在学校的蔬菜标本园或附近的蔬菜生产园区，仔细观察田间各种蔬菜的生长状况及形态特征。

（2）各种类别蔬菜（根菜、茎菜、叶菜、花菜、果菜等）的食用器官。

四、作　　业

（1）把田间所观察到的各种蔬菜，按照植物学分类法，将它们所属的科（family）、属（genus）、种（species）的中名与学名填入表实-1中。

表实-1　各种蔬菜的植物学分类

蔬菜名称	科		属		种	
	中名	学名	中名	学名	中名	学名

（2）指出所观察的蔬菜食用部分属于哪种器官，如果为变态的器官，指出其变态类型，分别填入表实-2中。

表实-2　各种蔬菜按食用器官分类

食用器官	蔬菜种类	变态器官
根菜类		
茎菜类		
叶菜类		
花菜类		
果菜类		
种子类		

（3）指出所观察的蔬菜材料在农业生物学分类中所属的类型。

实验二　蔬菜种子形态识别、种子品质与发芽

一、实验目的

从形态特征和解剖结构识别蔬菜种子所属种类，并观察种子结构的特点。掌握种子品质测定和生活力测定的方法。

二、实验说明

蔬菜生产所用的种子泛指所有的播种材料。从植物学角度可分为3类（不包括以真菌的菌丝组织作繁殖材料的食用菌类）。

第一类种子：植物学意义上真正的种子，仅由胚珠形成，如瓜类、豆类、茄果类、白菜类等蔬菜的种子。

第二类种子：植物学上的果实，由胚珠与子房构成，如菊科、伞形科、藜科等蔬菜的种子。果实的类型依蔬菜种类不同，有的为瘦果如莴苣，有的为坚果如菱，有的为双悬果如胡萝卜、芹菜、芫荽等，根用甜菜、叶用甜菜则为聚合果。

第三类种子：属于营养器官，有鳞茎（大蒜）、球茎（荸荠、芋头）、根状茎（生姜、莲藕）、块茎（马铃薯、山药、菊芋）等。

本实验所用蔬菜种子为前两类。

常见蔬菜种子的感官辨认及分类是蔬菜工作者最基本的工作内容，但也并非一日之功，要靠平时多看、多认、多记及实践积累才可做到。蔬菜种子类型复杂，大小各异，且内含化学成分各有不同，这就为辨别、分类带来不便。本实验按照蔬菜所属科的植物学分类法进行供试种子辨认及分类。

三、实验原理

通过测定发芽率、发芽势等指标了解种子是否具有生活力或生活力的高低。测定时休眠种子应先打破休眠。在种子出口、调运或急等播种等情况下，可用快速方法鉴定种子的生活力，如化学染色法。如四唑染色法（TTC，TZ）、靛红（靛蓝洋红）染色法，也可用红墨水染色法等。1976年国际种子检验规程中将四唑染色法列为农作物和林木种子生活力测定的正式方法。可被种子吸收的四唑盐类作为一种活细胞里发生还原过程的指示剂而起作用，有生活力的种子染色后呈红色，死种子则无这种反应。又因活细胞的原生质具有选择性透性，

某些苯胺染料如靛红、红墨水等不能渗入活细胞内而不染色，可依此判断种子生活力的有无（未染色或染色）或生活力强弱（染色浅深）。

四、实验材料、试剂、仪器与用具

1. 实验材料 各种蔬菜种子的瓶装标本；几种代表性蔬菜的新种子和陈种子。

2. 实验试剂 红墨水和TTC（2，3，5-氯化三苯基四氮唑）。

3. 仪器与用具 各种种子的贮藏设备（干燥器、种子箱、低温种子贮藏柜等）、放大镜、培养皿、镊子、恒温箱、棕色试剂瓶、刀片、剪刀、电炉、烧杯、量筒、盆、纱布、标签、毛巾等。

五、实验内容

1. 种子识别 以小组为单位，按实验台的先后顺序，逐次识别实验台上陈列的种子：十字花科（大白菜、甘蓝、芥菜、萝卜、薹菜、榨菜等）、茄科（番茄、辣椒、茄子等）、葫芦科（黄瓜、南瓜、甜瓜、丝瓜、苦瓜、冬瓜等）、豆科（豇豆、芸豆、豌豆、毛豆等）、百合科（大葱、洋葱、韭菜、金针菜等）、菊科（莴苣、茼蒿等）、伞形科（胡萝卜、芹菜、芫荽、茴香等）、藜科（菠菜、甜菜等）。在辨认时，应抓住其主要特征（归类时主要找共同点，而同类间找不同点），从颜色、形状、大小、花纹、气味、有无毛刺、棱角、种脐部位、形状等方面加以辨认。

2. 种子净度测定 种子净度是指样本中本品种种子的重量百分数。其他品种或种类的种子、泥沙、花器残体及其他残屑等都属杂质。蔬菜种子不同级别要求的净度不同。

（1）取样 将样品置于光滑平坦的平面上，均匀搅拌，然后耙平，使之呈正方形，画对角线将样品分成四等份，除去上下对角线中的种子，将剩余种子混匀后再用画线法分离，如此重复直到获得需要供试的样品重量为止。

（2）测定 根据种子大小，称出种子2份，每份50（大粒种子）～500粒（小粒种子），仔细清除混杂物，然后称重计算，取2份种子，取其平均值作为被测种子的净度。净度计算公式如下：

$$种子净度=\frac{供试样本总重-杂质重}{供试样本总重}\times100\%$$

3. 种子绝对重量测定 从被测种子中不加选择地数出1 000粒种子（大粒种子500粒）称重，重复一次，取其平均值作为被测种子的绝对重量。

4. 种子发芽率

（1）发芽床准备 在培养皿中铺放2～3层滤纸，滤纸浸湿，水量以培养皿倾斜而水不滴出为度。

（2）种子准备 从纯净种子中按对角线取样法取得平均样品，而后随机连续数取种子2～4份，作为检验样品，每份种子50（大粒）～100粒（小粒）。

（3）播放种子 将种子均匀排放于发芽床中，培养皿贴上标签，注明蔬菜名称、重复次数、处理日期等。然后将种子放在适宜的温度和光照条件下，在恒温箱或温室内进行发芽。

（4）种子管理 发芽期间，每天早晨或晚上检查温度并适当补充水分、氧气，发现霉烂种子随时拣出登记，有5%以上种子发霉时，应更换发芽床，种皮上生霉时可洗净后仍放在发芽床上。在恒温箱底部放一定期换水的水槽，利于保持箱内的湿度。

（5）发芽情况统计　种子的胚根长到种子的一半时可以认为是发芽的种子。凡有下列情况之一者，都作为不发芽种子：没有幼根的种子或有根而无芽者；种子柔软、腐烂而不能发芽者；幼根和幼芽为畸形者；豆科有些不发芽也不腐烂的硬粒种子。

种子发芽率是指样本种子中发芽种子所占的百分数，用下式计算：

$$种子发芽率=\frac{发芽种子数}{供试种子数}\times 100\%$$

5. 种子发芽势　种子发芽势是反映种子发芽速度和发芽整齐度的指标，指在规定的时间内（如瓜类、白菜类、甘蓝类、根菜类、莴苣等定为3～4d，葱、韭菜、菠菜、胡萝卜、芹菜、茄果类定为6～7d）供试种子中发芽种子所占的百分数，用下式计算：

$$种子发芽势=\frac{规定时间内发芽种子数}{供试种子数}\times 100\%$$

6. 种子生活力

（1）取样　按对角线取样法随机取两份吸水膨胀的种子和煮死的植物种子，每份100粒（大粒种子取50粒）。种子去皮，然后沿种胚中央准确切开，取一半放入培养皿备用。

（2）染色　将种子浸于红墨水（药水比为1∶20）或0.5%～1%TTC试剂中，红墨水染色在常温下染色15～20min，TTC染色于35～40℃恒温箱中染色40min。

（3）统计生活力　取出种子反复冲洗，冲掉多余的红墨水或TTC，然后逐个检查染色情况，分别统计胚部呈红色、浅红色、未染色的种子数。其中红墨水未染色或TTC染红色的种子生活力强，红墨水染红色或TTC未染色的种子为死种子，胚部浅红色的种子生活力弱，但能发芽。

六、作业与思考

（1）分析催芽试验和染色法鉴定种子生活力的优缺点。

（2）根据实验结果，说明十字花科芸薹属大白菜、结球甘蓝、芥菜种子的异同点，说明百合科葱属大葱、洋葱、韭菜种子的共同点。

实验三　果菜类蔬菜花芽分化的观察

一、实验目的

掌握番茄、黄瓜花芽分化的时期和特征。

二、实验说明

果菜类蔬菜主要是采收果实，而花芽分化是获得产品器官果实的前提，花芽分化的多少、质量直接关系到蔬菜的产量，花芽分化的早晚、节位又关系到蔬菜的早熟性。因此，掌握果菜类蔬菜的花芽分化就显得非常重要。

1. 番茄的花芽分化　当真叶展开2～3片时，叶原基分化到7～9片真叶，生长点即开始分化第一花序的第一朵花，以后每隔2～3d依次分化第二朵以下的花。首先是茎端生长点呈圆突状隆起，停止叶原基的分化，形成花托，以后在圆突周围形成花萼原基，依次从外向内分化花瓣、雄蕊和雌蕊。同时在顶叶与花序间的腋芽逐渐形成新的生长点，分化3～5片叶原基后，在其生长点分化第二花序的花朵，以后类推。一般适温下育苗，苗期约60d，至少可分化到3个花序（图实-1）。

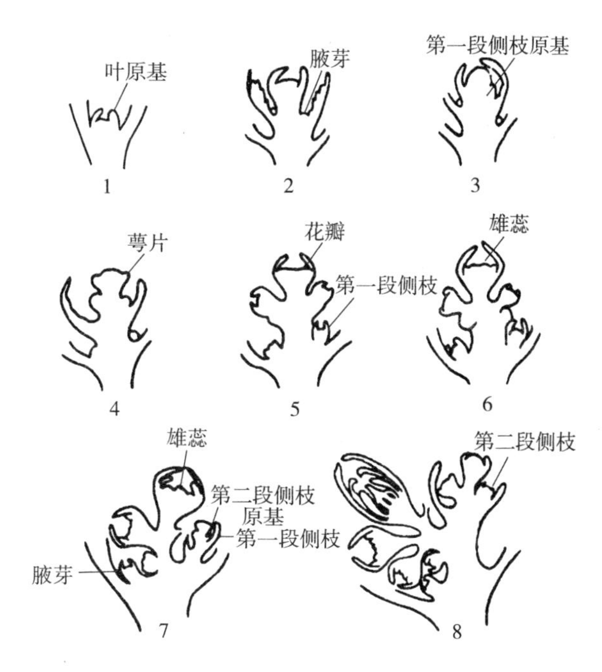

图实-1　番茄花芽分化过程

1. 未分化　2. 花序分化初期　3. 花序分化期　4. 萼片分化　5. 花瓣分化　6. 雄蕊分化　7. 雌蕊分化　8. 第一花序顶花分化结束

2. 黄瓜的花芽分化　当真叶展平时，开始进行花芽分化。幼苗在分化真叶的同时，叶腋处也进行花芽分化，在第3～4节叶腋处产生1至数个圆锥状突起物，是由一团分生细胞形成的花原基，突起物以后逐渐生长，其顶端稍向下凹，由外向内依次产生花萼、花瓣、雄蕊和雌蕊原基。初形成的黄瓜花芽雏体都具备雄蕊和雌蕊原基，以后在苗期环境、营养条件的影响下，花开始性别分化，或雄蕊退化形成雌花，或雌蕊退化形成雄花（图实-2）。

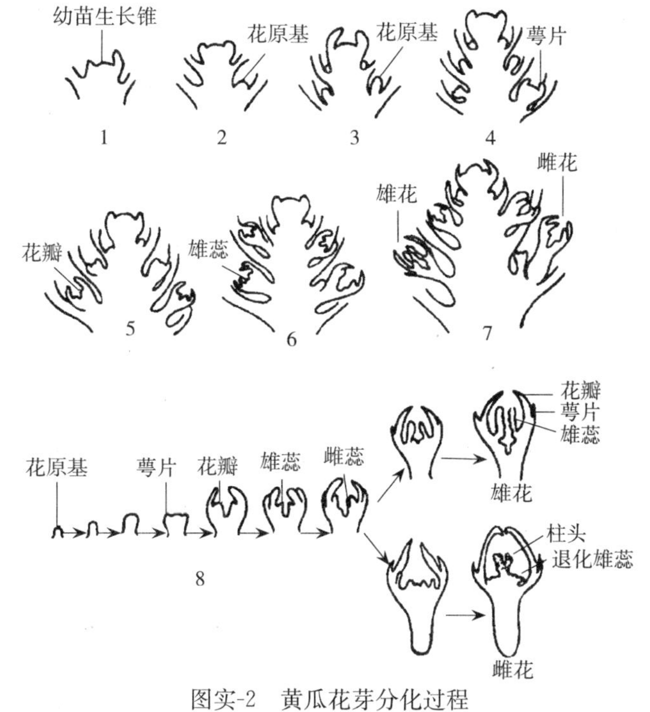

图实-2　黄瓜花芽分化过程

1. 未分化　2、3. 花芽分化期　4. 萼片分化　5. 花瓣分化　6. 雄蕊及雌蕊分化　7. 雄花及雌花分化　8. 单花雌雄性别的分化过程

三、实验材料、仪器及用具

1. 实验材料　子叶期和1～2片真叶期黄瓜幼苗；子叶期和2～3片真叶期、5～6片真叶期番茄幼苗。

2. 仪器及用具　体视图像采集系统、实体解剖镜、解剖针、刀片、滤纸。

四、实验步骤

（1）用刀片切取材料茎端的一段，去掉外叶。

（2）将材料清洁，用滤纸吸去材料上的水分。

（3）在实体解剖镜下用解剖针剥去叶片，观察并记录花芽分化的情况。

（4）对于分化完成的完整的花，用刀片将花纵剖，观察并记录花萼、花瓣、雄蕊、雌蕊的分化状态。

五、实验注意事项

蔬菜的种类不同，其花芽分化的节位、部位、数量均不同。

六、实验报告

认真进行实验，并提交实验报告。要求根据观察结果，说明番茄、黄瓜不同时期花芽分化的情况并画图。

实验四　植物中维生素C的测定

（2%草酸浸提—2，6-二氯靛酚滴定法）

一、实验目的

掌握使用2%草酸浸提—2，6-二氯靛酚滴定法测定植物中维生素C的含量。

二、实验说明

维生素C又称抗坏血酸，天然抗坏血酸有还原型和脱氢型两种，它们都具有生物活性，同属于有效维生素C。脱氢型抗坏血酸容易发生内脂环水解而生成没有生物活性的二酮基古罗糖酸。还原型和脱氢型抗坏血酸以及二酮基古罗糖的合计称为总维生素C。

维生素C的测定方法很多，常用的化学方法有测定还原型抗坏血酸的2，6-二氯靛酚滴定法，以及测定总维生素C的2，4-二硝基苯肼吸光光度法、荧光光度法等。

三、实验原理

样品中的维生素C虽易溶于水，但需用酸性浸提剂（2%草酸或偏磷酸）来浸提，以防还原型抗坏血酸被空气中的氧所氧化。浸出液中的还原型抗坏血酸可用2，6-二氯靛酚滴定法测定。2，6-二氯靛酚是一种染料，其颜色随氧化还原状态和介质的酸碱度而异。氧化态在碱性介质中呈蓝色，在酸性介质中呈浅红色；而还原态在酸或碱性介质中均无色。还原型抗坏血酸分子结构中有烯醇结构（—CO—CO—），因此具有还原性，能将2，6-二氯靛酚（氧化态）还原成无色化合物，而还原型抗坏血酸则被氧化成脱氢型抗坏血酸。根据上述性质，可用2，6-二氯靛酚（氧化态）的碱性溶液（蓝色标准溶液）滴定酸性浸出液中的还原型抗坏血酸，至溶液刚变成浅红色（刚过量的未被还原的2，6-二氯靛酚在酸性介质中的颜色）。本法操作简便，快速，适用于果品、蔬菜及其加工制品中还原型抗坏血酸的测定，不包括脱氢抗坏血酸。样品中如含有Fe^{2+}、Cu^{2+}、SO_3^{2-}、$S_2O_3^{2-}$等还原性杂质，则对测定有干扰。本方法的目测滴定法只适用于浅色待测液。

四、实验试剂

（1）2%草酸溶液　20g草酸（$H_2C_2O_4 \cdot 2H_2O$，化学纯）溶于1L水中，贮存于避光处。

（2）2，6-二氯靛酚溶液　称取$NaHCO_3$（分析纯）0.052g溶解在200mL水中，然后称取2，6-二氯靛酚（2，6-二氯酚—吲哚酚钠盐，$NaOC_6H_4NC_6H_2OCl_2$）0.050g溶解于温热（<40℃）的上述$NaHCO_3$溶液中。冷却后定容至250mL，过滤至棕色瓶内，保存在冰箱中，每次使用前用抗坏血酸标定其滴定度。

（3）抗坏血酸标准溶液［维生素C（$C_6H_8O_6$）0.05mg/mL］　0.025g抗坏血酸溶于2%草酸中，用2%草酸定容至500mL（应现配现用）。

（4）白陶土（高岭土）。

五、实验方法

1. 2，6-二氯靛酚溶液的标定　吸取含抗坏血酸0.05mg/mL的标准溶液2.00mL（V）于50mL三角瓶中，加入8mL2%草酸溶液，用2，6-二氯靛酚溶液滴定，直至溶液呈粉红色15s不褪色为止（V_1）。同时做空白实验，即用2，6-二氯靛酚溶液滴定10mL 2%草酸溶液（V_0），以检查草酸中的还原性杂质量（一般V_0<0.08～0.1mL）。

2. 样品的测定　称取具有代表性的样品1 000g放入组织捣碎机中，加入100mL 2%草酸溶液，迅速捣成匀浆。在小烧杯中称取10.0～40.0g浆状样品，用2%草酸溶液将样品移入100mL容量瓶中，并用草酸定容（如有泡沫可加入1～2滴正辛醇），摇匀过滤。若滤液有色，可按每克样品加0.4g白陶土脱色，再次过滤。

吸取滤液10.00mL（维生素C含量高的样品应相应减少吸样量）于50mL三角瓶，用已标定过的2，6-二氯靛酚溶液滴定，直至溶液呈粉红色15s不褪色为止。

3. 结果计算

$$T=c \times V/(V_1-V_0)$$

每100g样品中维生素C含量（mg）＝$[(V_2-V_0) \times T/m] \times 100$

式中，T——2，6-二氯靛酚滴定剂的滴定度（mg/mL）；

c——抗坏血酸标准溶液浓度（mg/mL）；

V——吸取抗坏血酸标准液体积（mL）；

V_1——滴定抗坏血酸标准液所消耗的滴定剂体积（mL）；

V_0——滴定空白液所消耗的滴定剂体积（mL）；

V_2——滴定试样液所消耗的滴定剂体积（mL）；

m——滴定时所吸取的滤液相当于样品的质量（g）。

实验五　植物体内硝态氮含量的测定

植物体内硝态氮含量可以反映土壤氮素供应情况，常作为施肥指标。另外，蔬菜类作物特别是叶菜和根菜中常含有大量硝酸盐，在烹调和腌制过程中可转化为亚硝酸盐危害健康。因此，硝酸盐含量又成为蔬菜及其加工品的重要品质指标。测定植物体内的硝态氮含量，不仅能够反映出植物的氮素营养状况，而且对鉴定蔬菜及其加工品质也有重要的意义。

传统的硝酸盐测定方法是采用适当的还原剂先将硝酸盐还原为亚硝酸盐，再用对氨基苯磺酸与α-萘胺法测定亚硝酸盐含量。此法由于影响还原的条件不易掌握，难以得出稳定的结果，而水杨酸法则十分稳定可靠，是测定硝酸盐含量的理想选择。

一、实验原理

在浓酸条件下，NO_3^- 与水杨酸反应，生成硝基水杨酸。其反应式如下：

$$\text{C}_6\text{H}_4(\text{OH})\text{COOH} + NO_3^- \xrightarrow{H_2SO_4} \text{C}_6\text{H}_3(\text{OH})(\text{NO}_2)\text{COOH} + OH^-$$

生成的硝基水杨酸在碱性条件下（pH＞12）呈黄色，最大吸收峰的波长为410nm，在一定范围内，其颜色的深浅与含量成正比，可直接比色测定。

二、实验试剂、仪器与用具

1. 实验试剂

（1）500mg/L硝态氮标准溶液　精确称取烘至恒重的KNO_3 0.722 1g溶于蒸馏水中，定容至200mL。

（2）5%水杨酸—硫酸溶液　称取5g水杨酸溶于100mL相对密度为1.84的浓硫酸中，搅拌溶解后，贮于棕色瓶中，置冰箱保存1周有效。

（3）8%氢氧化钠溶液　80g氢氧化钠溶于1L蒸馏水中即可。

2. 实验仪器及用具　分光光度计；天平（感量0.1mg）；20mL刻度试管；刻度吸量管0.1mL、0.5mL、5mL、10mL各1支；50mL容量瓶；小漏斗（ϕ5cm）3个；玻棒；洗耳球；电炉；铝锅；玻璃泡；7cm定量滤纸。

三、实验方法

1. 标准曲线的制作

（1）吸取500mg/L硝态氮标准溶液1mL、2mL、3mL、4mL、6mL、8mL、10mL、12mL分别放入50mL容量瓶中，用去离子水定容至刻度，使之成10mg/L、20mg/L、30mg/L、40mg/L、60mg/L、80mg/L、100mg/L、120mg/L的系列标准溶液。

（2）吸取上述系列标准溶液0.1mL，分别放入刻度试管中，以0.1mL蒸馏水代替标准溶液作空白，再分别加入 0.4mL 5%水杨酸—硫酸溶液，摇匀，在室温下放置 20min 后，再加入 8%氢氧化钠溶液 9.5mL，摇匀冷却至室温。显色液总体积为 10mL。

（3）绘制标准曲线，以空白作参比，在 410nm 波长下测定光密度。以硝态氮浓度为横坐标，光密度为纵坐标，绘制标准曲线并计算出回归方程。

2. 样品中硝酸盐的测定

（1）样品液的制备　取一定量的植物材料剪碎混匀，用天平精确称取材料 2g 左右，重复三次，分别放入三支刻度试管中，各加入 10mL 无离子水，用玻璃泡封口，置入沸水浴中提取 30min。到时间后取出，用自来水冷却，将提取液过滤到 25mL 容量瓶中，并反复冲洗残渣，最后定容至刻度。

（2）样品液的测定　吸取样品液 0.1mL 分别于三支刻度试管中，然后加入 5%水杨酸—硫酸溶液 0.4mL，混匀后置室温下 20min，再慢慢加入 9.5mL 8%氢氧化钠溶液，待冷却至室温后，以空白作参比，在 410nm 波长下测其光密度。在标准曲线上查得或用回归方程计算出硝态氮浓度，再用以下公式计算其含量。

$$NO_3^-—N\text{ 含量}=\frac{c\times V}{W}$$

式中，c——标准曲线上查得或回归方程计算得 NO_3^-—N 浓度；

V——提取样品液总量；

W——样品鲜重。

实验六　蔬菜抗逆性指标检测

一、实验目的

了解细胞电解质渗透率（EC）值、丙二醛（MDA）含量对维持植物细胞正常代谢的重要意义以及植物在遭遇到逆境胁迫时细胞膜 EC、MDA 值的变化规律；了解超氧化物歧化酶（SOD）、过氧化氢酶（CAT）、愈创木酚过氧化物酶（POD）、抗坏血酸过氧化物酶（APX）等抗氧化酶在植物遭遇逆境胁迫下清除活性氧的作用；掌握相关测定原理与方法。

二、实验原理

将受逆境胁迫的植物细胞置于去离子水中，其电解质的含量增加，电导率增大。通过测定植物组织外渗液的电导率可以反映植物的受伤害程度。一般用相对电导率表示电解质渗透率以及植物细胞受胁迫程度。

植物在逆境胁迫下会发生膜脂过氧化作用。MDA 是膜脂过氧化最重要的产物之一，可以间接表示植物的膜系统受损程度和植物的抗逆性。MDA 在高温及酸性条件下与 2-硫代巴比妥酸（2-TBA）反应产生红棕色产物 3，5，5′-三甲基嗯唑-2，4-二酮（三甲川），该物质在 532nm 处有最高吸收峰，在 600nm 处有较小吸收峰，据此可计算出 MDA 的含量。

依据 SOD 抑制氮蓝四唑（NBT）在光下的还原作用来确定 SOD 活性。在有氧物质存在下，核黄素被光还原，被还原的核黄素在有氧条件下极易被氧化而产生 O_2^-，可将 NBT 还原为蓝色的甲腙，后者在 560nm 处有最大吸收峰，而 SOD 清除 O_2^-，抑制了甲腙的产生。因此光还原后蓝色越深，酶活性越低，反之则越高。

过氧化氢（H_2O_2）在240nm处有最大吸收峰，而CAT则可以分解过氧化氢，使反应溶液的吸光度随反应时间而降低，根据测量吸光率的变化速度可以测出CAT活性。

在逆境胁迫下，植物体内过氧化氢积累，在POD的催化下氧化愈创木酚，生成茶褐色4-邻甲基苯酚，该物质在470nm处有最大吸收峰，从而测定过氧化物酶的活力。

APX催化还原型抗坏血酸（AsA）与H_2O_2反应，使AsA氧化成单脱氢抗坏血酸（MDHA）。随着AsA被氧化，溶液中290nm处的光密度值（OD_{290}）下降，根据单位时间内OD_{290}减少值，可计算出APX活性。

三、实验材料、试剂、仪器及用具

1. 实验材料 待测植物样品。

2. 实验试剂 去离子水、50mM磷酸缓冲液（pH7.8）、25mM磷酸缓冲液（pH7.0）、乙二胺四乙酸（EDTA）、聚乙烯吡咯烷酮（PVP）、2-硫代巴比妥酸（2-TBA）、三氯乙酸（TCA）、氮蓝四唑（NBT）、L-甲硫氨酸、核黄素、30%H_2O_2、抗坏血酸（AsA）、1%愈创木酚。

3. 实验仪器及用具 分光光度计、高速冷冻离心机、电导率仪、研钵、研棒、制冰机、光照培养箱（或其他光照设被）、电子天平、摇床、恒温水浴锅、试管、离心管、微量移液器、剪刀、洗瓶、玻璃棒等。

四、实验步骤

1. 电解质渗透率测定 准确称取待测样品叶片2g，用剪刀均匀剪碎，放入试管内，加入20mL去离子水。将试管放入25℃摇床中，摇3h后，测定植物细胞的电解质EC_1值。再将叶片在100℃水浴中煮10min后，使细胞内物质渗出，待冷却后测定植物细胞的电解质EC_2值。

2. MDA含量和抗氧化酶活性测定

（1）酶液制备 取待测样品叶片0.3g，在研钵中加入2mL 50mM磷酸缓冲液[pH7.8，含0.2mM EDTA，2%（m/V）PVP]，冰浴研磨成匀浆，将匀浆转移至3mL离心管中，于4℃下12 000g离心20min，上清液即为酶液。

（2）MDA含量测定 分别取3mL含2%2-硫代巴比妥酸（2-TBA）和20%三氯乙酸（TCA）的反应混合液和1mL上清液于10mL试管中，95℃水浴中保温30min，立即置于冰浴中冷却，3 000g离心15min，取上清液测OD_{532}和OD_{600}。以1mL磷酸缓冲液和3mL含2-硫代巴比妥酸（2-TBA）和20%三氯乙酸（TCA）的反应混合液用作对照和调零。

（3）SOD活性测定 现配氮蓝四唑（NBT）反应液：含50mM磷酸缓冲液（pH7.8），13mM甲硫氨酸，63μM NBT，1.3μM核黄素和0.1mM EDTA。取3mL NBT反应液和50μL上清液置于5mL离心管中反应，以不加入酶液（缓冲液代替）的离心管为最大光还原管，用缓冲液作空白管（缓冲液代替NBT），然后将各管放在4 000lx光照培养箱或日光灯下照光约20min。注意受光均匀，颜色变浅灰色时立即避光放置用分光光度计测定OD_{560}。

（4）CAT活性测定 于3mL离心管中依次加入1 700μL 25mM磷酸缓冲液（pH7.0，含0.1mM EDTA）、200μL 100mM H_2O_2和100μL上清液，25℃下反应。以磷酸缓冲液调

零，用分光光度计测定40s的OD_{240}动力学变化。

（5）POD活性测定　于3mL离心管中依次加入1 700μL 25mM磷酸缓冲液（pH7.0，含0.1mM EDTA）、100μL 1%愈创木酚、100μL 20 mM H_2O_2和100μL上清液，25℃下反应。以磷酸缓冲液调零，用分光光度计测定40s的OD_{470}动力学变化。

（6）APX活性测定　于3mL离心管中依次加入1 700μL 25mM磷酸缓冲液（pH7.0，含0.1mM EDTA）、100μL 5 mM AsA、100μL 20 mM H_2O和100μL上清液，25℃下反应。以磷酸缓冲液调零，用分光光度计测定40s的OD_{290}动力学变化。

五、计　　算

1. 细胞膜的相对透性

细胞膜的相对透性$=EC_1/EC_2\times100\%$

2. MDA含量

MDA含量$=(OD_{532}-OD_{600})/(155\times4\times1)\times2\,300/1\,000/0.3$

式中，155——消光系数（mM/cm）；

4——反应体系体积（mL）；

1——比色杯厚度（cm）；

2 300——提取液总体积（μL）；

1 000——测定酶活用量（μL）；

0.3——植物鲜重（g）。

3. SOD活性

SOD活性$=[(OD_{max}-OD_{560})/OD_{max}]/2\times2\,300/50/0.3$

式中，2——以抑制50%所需的酶量为1个酶活力单位（U）；

2 300——提取液总体积（μL）；

50——测定酶活用量（μL）；

0.3——植物鲜重（g）。

4. CAT活性

CAT活性$=\Delta OD_{240}/(\Delta t/60)/(39.9\times2\times1)\times2\,300/100/0.3$

式中，Δt/60——单位反应时间（min）；

39.9——消光系数（mM/cm）；

2——反应体系体积（mL）；

1——比色杯厚度（cm）；

2 300——提取液总体积（μL）；

100——测定酶活用量（μL）；

0.3——植物鲜重（g）。

5. POD活性

POD活性$=\Delta OD_{470}/(\Delta t/60)/(26.6\times2\times1)\times2\,300/100/0.3$

式中，Δt/60——单位反应时间（min）；

26.6——消光系数（mM/cm）；

2——反应体系体积（mL）；

1——比色杯厚度（cm）；
2 300——提取液总体积（μL）；
100——测定酶活用量（μL）；
0.3——植物鲜重（g）。

6. APX 活性

APX 活性＝ΔOD_{290}/（Δt/60）/（2.8×2×1）×2 300/100/0.3

式中，Δt/60——单位反应时间（min）；
2.8——消光系数（mM/cm）；
2——反应体系体积（mL）；
1——比色杯厚度（cm）；
2 300——提取液总体积（μL）；
100——测定酶活用量（μL）；
0.3——植物鲜重（g）。

附　　表

附表 1　各种蔬菜每 100g 食用部分所含营养成分

（中国农业科学院蔬菜花卉研究所，2010）

蔬菜名称	产地	热量 (kJ)(kcal)	水分 (g)	蛋白质 (g)	脂肪 (g)	膳食纤维 (g)	糖分 (g)	灰分 (g)	胡萝卜素 (μg)	硫胺素 (mg)	核黄素 (mg)	尼克酸 (mg)	抗坏血酸 (mg)	维生素E (mg)	钾 (mg)	钠 (mg)	钙 (mg)	镁 (mg)	铁 (mg)	锰 (mg)	锌 (mg)	铜 (mg)	磷 (mg)	硒 (μg)
萝卜（白萝卜）		84 (20)	93.4	0.9	0.1	1.0	4.0	0.6	20	0.02	0.03	0.3	21	0.92	173	61.8	36	16	0.5	0.09	0.30	0.04	26	0.61
萝卜（卞萝卜）		109 (26)	91.6	1.2	0.1	1.2	5.2	0.7	20	0.03	0.04	0.6	24	1.80	167	68.0	45	22	0.6	0.10	0.29	0.04	33	1.07
萝卜（青萝卜）		130 (31)	91.0	1.3	0.2	0.8	6.0	0.7	60	0.04	0.06		14	0.22	232	69.9	40	12	0.8	0.12	0.34	0.02	34	0.59
萝卜（心里美）		88 (21)	93.5	0.8	0.2	0.8	4.1	0.6	10	0.02	0.04	0.4	23		116	85.4	68	34	0.5	0.08	0.17	0.06	24	1.02
萝卜（水萝卜）		84 (20)	92.9	0.8		1.4	4.1	0.8	250	0.03	0.05		45			9.7				0.05	0.49	0.01		
萝卜（小水萝卜）		79 (19)	93.9	1.1	0.2	1.0	3.2	0.6	20	0.02	0.04	0.4	22	0.78	286	33.5	32	17	0.4	0.09	0.21	0.03	21	0.65
胡萝卜（红）		155 (37)	89.2	1.0	0.2	1.1	7.7	0.8	4 130	0.04	0.03	0.6	13	0.41	190	71.4	32	14	1.0	0.24	0.23	0.03	27	0.63
胡萝卜（黄）		180 (43)	87.4	1.4	0.2	1.3	8.9	0.8	4 010	0.04	0.04	0.2	16		193	25.1	32	7	0.5	0.07	0.14	0.03	16	2.80
胡萝卜（脱水）	甘肃兰州	1 339(320)	10.9	4.2	1.9	6.4	71.5	5.1	17 250	0.12	0.15	2.6	32		1 117	300.7	458	82	8.5	0.75	1.85	0.81	118	4.06
芜菁（蔓菁）	北京	134 (32)	90.5	1.4	0.1	0.9	6.3	0.8		0.07	0.04	0.3	35				41		0.5				31	
芜菁甘蓝（洋蔓菁）	湖南	84 (20)	92.9	0.9	0	1.1	4.0	1.1	10		0.07	0.3	38		239	5	45		0.9				30	
根用甜菜		314 (75)	74.0	1.0	0.1	5.9	17.6	0.6		0.05	0.04	0.2	8	1.85	254	20.8	56	38	0.9	0.86	0.31	0.15	18	0.29
美洲防风	美国	318 (76)	79	1.7	0.5		17.5		(30IU)						541	12	50		0.7				77	
牛蒡		159 (38)	87	4.3	0.1	1.4	6.7	2.4	390 000	0.30	0.50	1.1	25				240	130	7.6				106	
婆罗门参	美国	54 (13)	78	2.9	0.6		18.0		(10IU)	0.04	0.04	0.3	11		380		47		1.5				66	
菊牛蒡（鸦葱）			78	3.1		3.2			6 540			1.0	51											

（续）

蔬菜名称	产地	热量	水分(g)	蛋白质(g)	脂肪(g)	膳食纤维(g)	糖分(g)	灰分(g)	胡萝卜素(μg)	硫胺素(mg)	核黄素(mg)	尼克酸(mg)	抗坏血酸(mg)	维生素E(mg)	钾(mg)	钠(mg)	钙(mg)	镁(mg)	铁(mg)	锰(mg)	锌(mg)	铜(mg)	磷(mg)	硒(μg)
		(kJ)(kcal)																						
根芹菜				1.5	0.3		3.5			0.05	0.06		8				43		0.7				115	
马铃薯	甘肃兰州	318 (76)	79.8	2.0	0.2	0.7	16.5	0.8	30	0.08	0.04	1.1	27	0.34	342	2.7	8	23	0.8	0.14	0.37	0.12	40	0.78
马铃薯薯丝（脱水）		1435(343)	10.1	5.2	0.6	3.3	79.2	1.6		0.14	0.05	1.0	17		80	21.1	41	39	3.4	0.28	0.39	1.54	38	2.17
姜		172 (41)	87.0	1.3	0.6	2.7	7.6	0.8	170	0.02	0.03	0.8	4		295	14.9	27	44	1.4	3.20	0.34	0.14	25	0.56
芋头		331 (79)	78.6	2.2	0.2	1.0	17.1	0.9	160	0.06	0.05	0.7	6	0.45	378	33.1	36	23	1.0	0.30	0.49	0.37	55	1.45
山药		234 (56)	84.0	1.9	0.2	0.8	11.6	0.7	20	0.05	0.02	0.3	5	0.24	213	18.6	16	20	0.3	0.12	0.27	0.24	34	0.55
山药（干）	河北安国	1 356(324)	15.0	9.4	1.0	1.4	69.4	3.8		0.25	0.28			0.44	269	104.2	62		0.4	0.23	0.95	0.63	17	3.08
魔芋精粉（鬼芋粉）		155 (37)	12.2	4.6	0.1	74.4	4.4	4.3		微	0.10	0.4			299	49.9	45	66	1.6	0.88	2.05	0.17	272	350.15
豆薯		230 (55)	85.2	0.9	0.1	0.8	12.6	0.4		0.03	0.03	0.3	13	0.86	111	5.5	21	14	0.6	0.11	0.23	0.07	24	1.25
菊芋	甘肃张掖	234 (56)	80.8	2.4	微	4.3	11.5	1.0		0.01	0.10	1.4			458	11.5	23	24	7.2	0.21	0.34	0.19	27	1.31
甘露子（酱腌）		155 (37)	75.6	2.2	0.3	1.9	6.3	13.7		0.03	0.08	0.7	5	0.83	260	2 839.0	54	59	6.4	0.86	0.64	0.17	52	1.96
韭菜		109 (26)	91.8	2.4	0.4	1.4	3.2	0.8	1 410	0.02	0.09	0.8	24	0.96	247	8.1	42	25	1.6	0.43	0.43	0.08	38	1.38
韭芽（韭黄）		62 (22)	93.2	2.3	0.2	1.2	2.7	0.4	260	0.03	0.05	0.7	15	0.34	192	6.9	25	12	1.7	0.17	0.33	0.10	48	0.76
大葱（鲜）		126 (30)	91.0	1.7	0.3	1.3	5.2	0.5	60	0.03	0.05	0.5	17	0.30	144	4.8	29	19	0.7	0.28	0.40	0.08	38	0.67
洋葱		163 (39)	89.2	1.1	0.2	0.9	8.1	0.5	20	0.03	0.03	0.3	8	0.14	147	4.4	24	15	0.6	0.14	0.23	0.05	39	0.92
葱头（白皮脱水）	甘肃高台	1 381(330)	9.1	5.5	0.4	5.7	76.2	3.1	30	0.16	0.16	1.0	22		740	31.7	186	49	0.9	0.62	1.02	0.45	78	3.91
大蒜（紫皮）		569 (136)	63.8	5.2	0.2	1.2	28.4	1.2	20	0.29	0.06	0.8	7	0.68	437	8.3	10	28	1.3	0.24	0.64	0.11	129	5.54
蒜苗（蒜薹）		155 (37)	88.9	2.1	0.4	1.8	6.2	0.6	280	0.11	0.08	0.5	35	0.81	226	5.1	29	18	1.4	0.17	0.46	0.05	44	1.24
薤	广西		87	1.6	0.6		8.0		1 460	0.2	0.12	0.8	14				64		2.1				32	
分葱（小葱）		100 (24)	92.7	1.6	0.4	1.4	3.5	0.4	840	0.05	0.06	0.4	21	0.59	143	10.4	72	18	1.3	0.16	0.35	0.06	26	1.06
胡葱（红皮葱）	甘肃高台	192 (46)	86.2	2.4	0.1	1.3	8.9	1.1	50	0.01	0.12	0.5	8		329	3.4	24	18		0.10	0.13	0.34	53	6.86

（续）

蔬菜名称	产地	热量 (kJ) (kcal)	水分 (g)	蛋白质 (g)	脂肪 (g)	膳食纤维 (g)	糖分 (g)	灰分 (g)	胡萝卜素 (μg)	硫胺素 (mg)	核黄素 (mg)	尼克酸 (mg)	抗坏血酸 (mg)	维生素E (mg)	钾 (mg)	钠 (mg)	钙 (mg)	镁 (mg)	铁 (mg)	锰 (mg)	锌 (mg)	铜 (mg)	磷 (mg)	硒 (μg)
细香葱	上海	142 (34)	90	2.5	0.3	1.1	5.4	0.7	460	0.04	0.04	0.5	14				54		2.2				61	
韭葱	美国	217 (52)	85	2.2	0.3		11.2		(40IU)	0.11	0.06	0.5	17		347	5	52		1.1				50	
大白菜(青口白)		63 (15)	95.1	1.4	0.1	0.9	2.1	0.4	80	0.03	0.04	0.4	28	0.36	90	48.4	35	9	0.6	0.16	0.61	0.04	28	0.39
小白菜（青菜、油菜）		63 (15)	94.5	1.5	0.3	1.1	1.6	1.0	1 680	0.02	0.09	0.7	28	0.70	178	73.5	90	18	1.9	0.27	0.51	0.08	36	1.17
乌塌菜		105 (25)	91.8	2.6	0.4	1.4	2.8	1.0	1 010	0.06	0.11	1.1	45	1.16	154	115.5	186	24	3.0	0.36	0.70	0.13	53	0.50
菜薹（菜心）		105 (25)	91.3	2.8	0.5	1.7	2.3	1.4	960	0.05	0.08	1.2	44	0.52	236	26.0	96	19	2.8	0.41	0.87	0.18	54	6.68
红菜薹	湖北武汉	121 (29)	91.1	2.9		0.9	4.3	0.8	80	0.05	0.04	0.9	57	0.51	221	1.5	26	15	2.5		0.90	0.12	60	8.43
叶用芥菜		100 (24)	91.5	2.0	0.4	1.6	3.1	1.4	310	0.03	0.11	0.5	31	0.74	281	30.5	230	24	3.2	0.42	0.70	0.08	47	0.70
大叶芥菜(盖菜)		59 (14)	94.6	1.8	0.4	1.2	0.8	1.2	1 700	0.02	0.11	0.5	72	0.64	224	29.0	28	18	1.0	0.70	0.41	0.10	36	0.53
茎用芥菜（青菜头）	重庆	21 (5)	95.4	1.3	0.2	2.8	0	0.7	280		0.02	0.3	7	1.29	316	41.1	23	5	0.7	0.10	0.25	0.05	35	0.95
根用芥菜（大头菜）		138 (33)	89.6	1.9	0.2	1.4	6.0	0.9		0.06	0.02	0.6	34	0.20	243	65.6	65	19	0.8	0.15	0.39	0.09	36	0.95
结球甘蓝		92 (22)	93.2	1.5	0.2	1.0	3.6	0.5	70	0.03	0.03	0.4	40	0.50	124	27.2	49	12	0.6	0.18	0.25	0.04	26	0.96
球茎甘蓝		126 (30)	90.8	1.3	0.2	1.3	5.7	0.7	20	0.04	0.02	0.5	41	0.13	190	29.8	25	24	0.3	0.11	0.17	0.02	46	0.16
花椰菜		100 (24)	92.4	2.1	0.2	1.2	3.4	0.7	30	0.03	0.08	0.6	61	0.43	200	31.6	23	18	1.1	0.17	0.38	0.05	47	0.73
青花菜	广东	138 (33)	90.3	4.1	0.6	1.6	2.7	0.7	7 210	0.09	0.13	0.9	51	0.91	17	18.8	67	17	1.0	0.24	0.78	0.03	72	0.71
芥蓝		79 (19)	93.2	2.8	0.4	1.6	1.0	1.0	3 450	0.02	0.09	1.0	76	0.96	104	50.5	128	18	2.0	0.53	1.30	0.11	50	0.88
抱子甘蓝	美国	188 (45)	85	4.9	0.4		8.3		(550IU)	0.10	0.16	0.9	102		390	14	36		1.5				80	
羽衣甘蓝	美国	222 (53)	83	6.0	0.8		9.0		(10000IU)	0.16	0.26	2.1	186		378	75	249		2.7				93	
菠菜	甘肃兰州	100 (24)	91.2	2.6	0.3	1.7	2.8	1.4	2 920	0.04	0.11	0.6	32	1.74	311	85.2	66	58	2.9	0.66	0.85	0.10	47	0.97
菠菜（脱水）		1184(283)	9.2	6.4	0.6	12.7	63.0	8.1	3 590	0.20	0.18	3.9	82	7.73	919	242.0	411	183	25.9	1.61	3.91	2.08	222	7.02

（续）

蔬菜名称	产地	热量	水分(g)	蛋白质(g)	脂肪(g)	膳食纤维(g)	糖分(g)	灰分(g)	胡萝卜素(μg)	硫胺素(mg)	核黄素(mg)	尼克酸(mg)	抗坏血酸(mg)	维生素E(mg)	钾(mg)	钠(mg)	钙(mg)	镁(mg)	铁(mg)	锰(mg)	锌(mg)	铜(mg)	磷(mg)	硒(μg)
		(kJ)(kcal)																						
牛俐生菜（油麦菜）	广东	63（15）	95.7	1.4	0.4	0.6	1.5	0.4	360	微	0.10	0.2	20		100	80.0	70	29	1.2	0.15	0.43	0.08	31	1.55
莴笋		59（14）	95.5	1.0	0.1	0.6	2.2	0.6	150	0.02	0.02	0.5	4	0.19	212	36.5	23	19	0.9	0.19	0.33	0.07	48	0.54
芹菜（白茎）		59（14）	94.2	0.8	0.1	1.4	2.5	1.0	60	0.01	0.08	0.4	12	2.21	154	73.8	48	10	0.8	0.17	0.46	0.09	103	
蕹菜		84（20）	92.9	2.2	0.3	1.4	2.2	1.0	1 520	0.03	0.08	0.8	25	1.09	243	94.3	99	29	2.3	0.67	0.39	0.10	38	1.20
苋菜（青）		105（25）	90.2	2.8	0.3	2.2	2.8	1.7	2110	0.03	0.12	0.8	47	0.36	207	32.4	187	119	5.4	0.78	0.80	0.13	59	0.52
冬寒菜		126（30）	89.6	3.9	0.4	2.2	2.7	1.2	6 950	0.15	0.05	0.6	20		280	14.0	82	30	2.4	2.50	1.37	0.13	56	2.41
落葵		84（20）	92.8	1.6	0.3	1.5	2.8	1.0	2 020	0.06	0.06	0.6	34	1.66	140	47.2	166	62	3.2	0.43	0.32	0.07	42	2.60
茼蒿		88（21）	93.0	1.9	0.3	1.2	2.7	0.9	1 510	0.04	0.09	0.6	18	0.92	220	161.3	73	20	2.5	0.28	0.35	0.06	36	0.60
芫荽		130（31）	90.5	1.8	0.4	1.2	5.0	1.1	1 160	0.04	0.14	2.2	48	0.80	272	48.5	101	33	2.9	0.28	0.45	0.21	49	0.53
茴香（小茴香）		100（24）	91.2	2.5	0.4	1.6	2.6	1.7	2 410	0.06	0.09	0.8	26	0.94	149	186.3	154	46	1.2	0.31	0.73	0.04	23	0.77
荠菜		113（27）	90.6	2.9	0.4	1.7	3.0	1.4	2 590	0.04	0.15	0.6	43	1.01	280	31.6	294	37	5.4	0.65	0.38	0.29	81	0.51
菜苜蓿	甘肃临夏	251（60）	81.8	3.9	1.0	2.1	8.8	2.4	2 640	0.10	0.73	2.2	118		497	5.8	713	61	9.7	0.79	2.01		78	8.53
番杏			94.0	1.5	0.2		0.6		4 400（IU）	0.04	0.13	0.5	30				58		0.8				28	
马齿苋			92.0	2.3	0.5		3.0		2 230	0.03	0.11	0.7	23											
紫苏																	85		1.5				56	
榆钱菠菜			82.0	5.1	1.0		7.0										280		22.0				100	
薄荷									1 440		0.09		46				105		450				2.8	
蕺菜				2.2	0.4	18.4	6.0		2 590		0.21		56				74		40				53	
蒲公英									4 200		0.60		52				12.1		223				4.0	
苦菜	山东青岛	146（35）	85.3	2.8	0.6	5.4	4.6	1.3	540	0.09	0.11	0.6	19	2.93	180	8.7	66	37	9.4	1.53	0.86	0.17	41	0.50
蒌蒿	江苏			3.6				1.5	1 400				49				730		2.9				102	
马兰头		105（25）	91.4	2.4	0.4	1.6	3.0	1.2	2 040	0.06	0.13	0.8	26	0.72	285	15.2	67	14	2.4	0.44	0.87	0.13	38	0.75
桔梗					0.2				8 400		0.62		216				27.7		135				2.3	
黄瓜		63（15）	95.8	0.8	0.2	0.5	2.4	0.3	90	0.02	0.03	0.2	9	0.46	102	4.9	24	15	0.5	0.06	0.18	0.05	24	0.38
黄瓜（温室）	北京	46（11）	96.9	0.6	0.2	0.3	1.6	0.4	130	0.04	0.04	0.3	6				19		0.3				29	

（续）

蔬菜名称	产地	热量 (kJ)(kcal)	水分 (g)	蛋白质 (g)	脂肪 (g)	膳食纤维 (g)	糖分 (g)	灰分 (g)	胡萝卜素 (μg)	硫胺素 (mg)	核黄素 (mg)	尼克酸 (mg)	抗坏血酸 (mg)	维生素E (mg)	钾 (mg)	钠 (mg)	钙 (mg)	镁 (mg)	铁 (mg)	锰 (mg)	锌 (mg)	铜 (mg)	磷 (mg)	硒 (μg)
冬瓜		46 (11)	96.6	0.4	0.2	0.7	1.9	0.2	80	0.01	0.01	0.3	18	0.08	78	1.8	19	8	0.2	0.03	0.07	0.07	12	0.22
节瓜	广东	50 (12)	95.6	0.6	0.1	1.2	2.2	0.3		0.02	0.05	0.4	39	0.27	40	0.2	4	7	0.1	0.10	0.08	0.02	13	
南瓜		92 (22)	93.5	0.7	0.1	0.8	4.5	0.4	890	0.03	0.04	0.4	8	0.36	145	0.8	16	8	0.4	0.08	0.14	0.03	24	0.46
西葫芦		75 (18)	94.9	0.8	0.2	0.6	3.2	0.3	30	0.01	0.03	0.2	6	0.34	92	5.0	15	9	0.3	0.04	0.12	0.03	17	0.28
金瓜	上海	59 (14)	95.6	0.5	0.1	0.7	2.7	0.4	60	0.02	0.02	0.6	2	0.43	152	0.9	17	8	0.9	微	0.17	0.04	10	0.28
笋瓜	安徽合肥	50 (12)	96.1	0.5		0.7	2.4	0.3	100	0.04	0.02		5	0.29	96		14	7	0.6	0.05	0.09	0.03	27	
西瓜（京欣1号）		142 (34)	91.2	0.5	微	0.2	7.9	0.2	80	0.02	0.04	0.4	7	0.03	79	4.2	10	11	0.5	0.05	0.10	0.02	13	0.08
甜瓜（香瓜）		109 (26)	92.9	0.4	0.1	0.4	5.8	0.4	30	0.02	0.03	0.3	15	0.47	139	8.8	14	11	0.7	0.04	0.09	0.04	17	0.40
哈密瓜	北京	142 (34)	91.0	0.5	0.1	0.2	7.7	0.5	920		0.01		12		190	26.7	4	19		0.01	0.13	0.01	19	1.10
越瓜		75 (18)	95.0	0.6	0.2	0.4	3.5	0.3	20	0.02	0.01	0.2	12	0.03	136	1.6	20	15	0.5	0.03	0.10	0.03	14	0.63
丝瓜		84 (20)	94.3	1.0	0.2	0.6	3.6	0.3	90	0.02	0.04	0.4	5	0.22	115	2.6	14	11	0.4	0.06	0.21	0.06	29	0.86
苦瓜		79 (19)	93.4	1.0	0.1	1.4	3.5	0.6	100	0.03	0.03	0.4	56	0.85	256	2.5	14	18	0.7	0.16	0.36	0.06	35	0.36
瓠瓜		59 (14)	95.3	0.7	0.1	0.8	2.7	0.4	40	0.02	0.01	0.4	11		87	0.6	16	7	0.4	0.08	0.14	0.04	15	0.49
佛手瓜	山东崂山	67 (16)	94.3	1.2	0.1	1.2	2.6	0.6	20	0.01	0.10	0.1	8		76	1.0	17	10	0.1	0.03	0.08	0.02	18	1.45
蛇瓜	山东崂山	64 (15)	94.1	1.5	0.1	2.0	1.7	0.4	20	0.10	0.03	0.1	4		763	2.2	191	47	1.2	0.16	0.42	0.04	14	0.30
番茄		79 (19)	94.4	0.9	0.2	0.5	3.5	0.5	550	0.03	0.03	0.6	19	0.57	163	5.0	10	9	0.4	0.08	0.13	0.06	2	0.15
番茄（温室）	北京	71 (17)	95.2	0.6	0.2	0.3	3.3	0.4	310				12						0.3				22	
长茄子		79 (19)	93.1	1.0	0.1	1.9	3.5	0.4	180	0.03	0.03	0.6	7	0.20	136	6.4	55	15	0.4	0.14	0.16	0.07	2	0.57
茄子		88 (21)	93.4	1.1	0.2	1.3	3.6	0.4	50	0.02	0.04	0.6	5	1.13	142	5.4	24	13	0.5	0.13	0.23	0.10	2	0.48
茄子（绿皮）		105 (25)	92.8	1.0	0.6	1.2	4.0	0.4	120	0.02	0.20	0.6	7	0.55	162	6.8	12	13	0.1	0.07	0.24	0.05	2	0.64
辣椒（红小）		134 (32)	88.8	1.3	0.4	3.2	5.7	0.6	1 390	0.03	0.06	0.8	144	0.44	222	2.6	37	16	1.4	0.18	0.30	0.11	95	1.90
灯笼椒（柿子椒）		92 (22)	93.0	1.0	0.2	1.4	4.0	0.4	340	0.03	0.03	0.9	72	0.59	142	3.3	14	12	0.8	0.12	0.19	0.09	2	0.38
酸浆			93.0	1.1	0.1		4.3		38 000	0.15	0.03	3.5	4				8		0.3				34	
菜豆		117 (28)	91.3	2.0	0.4	1.5	4.2	0.6	210	0.04	0.07	0.4	6	1.24	123	8.6	42	27	1.5	0.18	0.23	0.11	51	0.43
长豇豆		121 (29)	90.8	2.7	0.2	1.8	4.0	0.5	120	0.07	0.07	0.8	18	0.65	145	4.6	42	43	1.0	0.39	0.94	0.11	50	1.40

（续）

蔬菜名称	产地	热量	水分 (g)	蛋白质 (g)	脂肪 (g)	膳食纤维 (g)	糖分 (g)	灰分 (g)	胡萝卜素 (μg)	硫胺素 (mg)	核黄素 (mg)	尼克酸 (mg)	抗坏血酸 (mg)	维生素E (mg)	钾 (mg)	钠 (mg)	钙 (mg)	镁 (mg)	铁 (mg)	锰 (mg)	锌 (mg)	铜 (mg)	磷 (mg)	硒 (μg)
		(kJ) (kcal)																						
毛豆（青豆）		515 (123)	69.6	13.1	5.0	4.0	6.5	1.8	130	0.15	0.07	1.4	27	2.44	478	3.9	135	70	3.5	1.20	1.73	0.54	188	2.48
豌豆		439 (105)	70.2	7.4	0.3	3.0	18.2	0.9	220	0.43	0.09	2.3	14	1.21	332	1.2	21	43	1.7	0.65	1.29	0.22	127	1.74
蚕豆		435 (104)	70.2	8.8	0.4	3.1	16.4	1.1	310	0.37	0.10	1.5	16	0.83	391	4.0	16	46	3.5	0.55	1.37	0.39	200	2.02
扁豆		155 (37)	88.3	2.7	0.2	2.1	6.1	0.6	150	0.04	0.07	0.9	13	0.24	178	3.8	38	34	1.9	0.34	0.72	0.12	54	0.94
菜豆（干豆）	江苏			18.1	4.3		4.4			0.56	0.14						139		7.7				454	
刀豆		146 (35)	89.0	3.1	0.2	1.8	5.3	0.6	220	0.05	0.07	1.0	15	0.31	209	5.9	48	28	3.2	0.45	0.84	0.09	57	0.88
多花菜豆	哈尔滨	92 (22)	92.2	2.4	0.3	1.6	2.3	1.2	160	0.07	0.08	1.4	11	2.39	240	3.3	69	35	1.9	0.12	0.38	0.61	56	1.10
四棱豆	山东			2.4			3.5						19	0.1										
莲藕		293 (70)	80.5	1.9	0.2	1.2	15.2	1.0	20	0.09	0.03	0.3	44	0.73	243	44.2	39	19	1.4	1.30	0.23	0.11	58	0.39
茭白		96 (23)	92.2	1.2	0.2	1.9	4.0	0.5	30	0.02	0.03	0.5	5	0.99	209	5.8	4	8	0.4	0.49	0.33	0.06	36	0.45
慈姑		393 (94)	73.6	4.6	0.2	1.4	18.5	1.7		0.14	0.07	1.6	4	2.16	707	39.1	14	24	2.2	0.39	0.99	0.22	157	0.92
水芹	北京	84 (20)	93.9	2.2	0.3	0.6	2.0	1.0									160		8.5				61	
荸荠		247 (59)	83.6	1.2	0.2	1.1	13.1	0.8	20	0.02	0.02	0.7	7	0.65	306	15.7	4	12	0.6	0.11	0.34	0.07	44	0.70
菱	北京	481 (115)	69.2	3.6	0.5	1.0	24	1.7	10	0.23	0.05	1.9	5				9		0.7				49	
豆瓣菜	广东	71 (17)	94.5	2.9	0.5	1.2	0.3	0.6	9 550	0.01	0.11	0.3	52	0.59	179	61.2	30	9	1.0	0.25	0.69	0.06	26	0.70
芡实	北京	602 (144)	63.4	4.4	0.2	0.4	31.1	0.5	微	0.4	0.08	2.5	6				9		0.4				110	
莼菜（瓶装）	浙江杭州	84 (20)	94.5	1.4	0.1	0.5	3.3	0.2	330		0.01	0.1		0.90	2	7.9	42	3	2.4	0.26	0.67	0.04	17	0.67
蒲菜	北京	50 (12)	95.0	1.2	0.1	0.9	1.5	1.3	1.0	0.03	0.04	0.5	6				53		0.2				24	
竹笋	上海	79 (19)	92.8	2.6	0.2	1.8	1.8	0.8		0.08	0.08	0.6	5	0.05	389	0.4	9	1	0.5	1.14	0.33	0.09	64	0.04
金针菜		833 (199)	40.3	19.4	1.4	7.7	27.2	4.0	1 840	0.05	0.21	3.1	10	4.92	610	59.2	301	85	8.1	1.21	3.99	0.37	216	4.22
石刁柏（芦笋）		75 (18)	93.0	1.4	0.1	1.9	3.0	0.6	100	0.04	0.05	0.7	45		213	3.1	10	10	1.4	0.17	0.41	0.07	42	0.21
百合	甘肃兰州	678 (162)	56.7	3.2	0.1	1.7	37.1	1.2		0.02	0.04	0.7	18		510	6.7	11		1.0	0.35	0.50	0.24	61	0.20
枸杞	广东	184 (44)	87.8	5.6	1.1	1.6	2.9	1.0		0.08	0.32	1.3	58	2.99	170	29.8	36	74	2.4	0.37	0.21	0.21	32	0.35
香椿（香椿头）		197 (47)	85.2	1.7	0.4	1.8	9.1	1.8	700	0.07	0.12	0.9	40	0.99	172	4.6	96	36	3.9	0.35	2.25	0.09	147	0.42
黄秋葵	北京	155 (37)	86.2	2.0	0.1	3.9	7.1	0.7	310	0.05	0.09	1.0	4	1.03	95	3.9	45	29	0.1	0.28	0.23	0.07	6	0.51
菜玉米（笋）	山东			3.0	0.2		1.9			0.05	0.08		110				37		0.6				50	

（续）

蔬菜名称	产地	热量 (kJ)（kcal）	水分 (g)	蛋白质 (g)	脂肪 (g)	膳食纤维 (g)	糖分 (g)	灰分 (g)	胡萝卜素 (μg)	硫胺素 (mg)	核黄素 (mg)	尼克酸 (mg)	抗坏血酸 (mg)	维生素E (mg)	钾 (mg)	钠 (mg)	钙 (mg)	镁 (mg)	铁 (mg)	锰 (mg)	锌 (mg)	铜 (mg)	磷 (mg)	硒 (μg)
菜蓟（朝鲜蓟）			84	2.8	0.2		2.0		100(IU)	0.08	0.04	0.8	10				44		1.4				80	
辣根	北京	385 (92)	73.1	3.2	0.2	2.3	19.3	1.9		(0.06)	(0.03)	(0.5)	(95)				160		0.7				59	
食用大黄				0.6	0.1		3.7		100(IU)	0.03	0.07		9				96		0.8				18	
黑木耳		853 (205)	15.5	12.1	1.5	29.9	35.7	5.3	100	0.17	0.44	2.5		11.34	757	48.5	247	152	97.4	8.86	3.18	0.32	292	3.72
银耳		837 (200)	14.6	10.0	1.4	30.4	36.9	6.7	50	0.05	0.25	5.3		1.26	1 588	82.1	36	54	4.1	0.17	3.03	0.08	369	2.95
双孢蘑菇	福建晋江	92 (22)	92.4	4.2	0.1	1.5	1.2	0.6			0.27	3.2			307	2.0	2	9	0.9	0.10	6.60	0.45	43	6.99
香菇（干）		883 (211)	12.3	20.0	1.2	31.6	30.1	4.8	20	0.19	1.26	20.5	5	0.66	464	11.2	83	147	10.5	5.47	8.57	1.03	258	6.42
香菇（鲜）	上海	79 (19)	91.7	2.2	0.3	3.3	1.9	0.6		微	0.08	2.0	1		20	1.4	2	11	0.3	0.25	0.66	0.12	53	2.58
草菇	广东	96 (23)	92.3	2.7	0.2	1.6	2.7	0.5		0.08	0.34	8.0		0.40	179	73.0	17	21	1.3	0.09	0.60	0.40	33	0.02
平菇（鲜）		84 (20)	92.5	1.9	0.3	2.3	2.3	0.7	10	0.06	0.16	3.1	4	0.79	258	3.8	5	14	1.0	0.07	0.61	0.08	86	1.07
猴头菇（罐装）		54 (13)	92.3	2.0	0.2	4.2	0.7	0.6		0.01	0.04	0.2	4	0.46	8	175.2	19	5	2.8	0.03	0.40	0.06	37	1.28
金针菇		109 (26)	90.2	2.4	0.4	2.7	3.3	1.0	30	0.15	0.19	4.1	2	1.14	195	4.3		17	1.4	0.10	0.39	0.14	97	0.28
金针菇（罐装）	浙江	88 (21)	91.6	1.0		2.5	4.2	0.7		0.01	0.01	0.6		0.98	17	238.2	14	7	1.1		0.34	0.01	23	0.48
绿豆芽		75 (18)	94.6	2.1	0.1	0.8	2.1	0.3	20	0.05	0.06	0.5	6	0.19	68	4.4	9	18	0.6	0.10	0.35	0.10	37	0.50
黄豆芽		184 (44)	88.8	4.5	1.6	1.5	3.0	0.6	30	0.04	0.07	0.6	8	0.80	160	7.2	21	21	0.9	0.34	0.54	0.14	74	0.96
蚕豆芽		577 (138)	63.8	13.0	0.8	0.6	19.6	2.2	30	0.17	0.14	2.0	7				109		8.2				382	
豌豆芽		130 (31)	91.9	4.5	0.7	0.9	1.6	0.4	262	0.12	0.33		12.0	0.74	161	8.5	2.8	4.1	3.9	0.13	0.39	0.44	68	0.61
萝卜芽		109 (26)	92.9	2.5	0.5	0.9	2.8	0.4	356	0.10	0.11		12.3	0.83	84	10.3	10.0	14.8	6.2	0.31	0.23	0.54	91	1.06
荞麦苗		96 (23)	93.6	1.7	0.6	0.9	2.8	0.4	674	0.16	0.14		10.2	0.37	41	10.4	2.2	15.4	1.5	0.40	0.11	0.13	64	0.13
向日葵芽		96 (23)	93.3	2.5	0.7	1.2	1.7	0.5	191	0.26	0.32		8.3	0.66	67	4.8	1.6	18.8		0.19	0.25	0.28	64	0.53
黑豆芽		134 (44)	88.6	6.2	1.2	1.1	2.2	0.7	143	0.08	0.02		9.2	0.65	235	18.6	1.6	12.4		0.36	0.24	0.29	112	1.26
香椿苗		109 (26)	91.1	4.3	0.7	1.2	2.0	0.7	255	0.08	0.06		28.2	0.60	126	20.4	21.5	23.3		0.23	0.28	0.21	85	0.68
树芽香椿		197 (47)	85.2	1.7	0.4	1.8	9.1	1.8	700	0.07	0.12		40	0.99	172	4.6	96	36	3.9	0.35	2.25	0.09	147	0.42
菊苣芽球		71 (17)	94.8	1.7	0.1	0.4	2.9	0.6	230				13		245	2.9	17	16	0.6	0.19	0.24	0.08	32	
花椒脑		272 (65)	81.4	6.0	0.5	1.8	9.0	1.3	3 100				45		448	16.4	98	60	2.4	0.52	1.36	0.42	109	
姜芽		79 (19)	94.5	0.7	0.6	0.9	2.8	0.5			0.01		2		160	1.9	9	24	0.8	3.38	0.17	0.03	11	0.10

附表 2　蔬菜正常生长状态下收获期植株养分吸收水平（基于干重）及土壤 pH

蔬菜种类	大量营养元素（g/kg）						微量营养元素（mg/kg）						pH
	氮（N）	磷（P）	钾（K）	钙（Ca）	镁（Mg）	硫（S）	铁（Fe）	硼（B）	铜（Cu）	锌（Zn）	锰（Mn）	钼（Mo）	
抱子甘蓝	31～55	3.0～7.5	20～40	10～25	2.5～7.5	3.0～7.5	60～300	30～100	4.0～10.0	20～80	25～150	0.3～0.5	6.0～7.0
菠菜	42～52	3.0～6.0	50～80	6～12	6.0～10.0	—	60～200	25～60	5.0～25.0	25～100	30～250	—	5.5～7.0
菜豆	30～60	3.5～7.5	22～40	15～30	2.5～7.0	2.3～2.5	50～300	26～60	7.0～30.0	20～60	50～300	＞0.4	5.6～6.8
大白菜	30～40	4.0～7.0	45～75	19～60	2.0～7.0	4.0～8.0	40～300	26～100	—	—	25～200	—	6.5～7.0
大蒜	34～45	2.8～5.0	30～45	10～18	2.3～3.0	—	—	—	—	—	—	—	5.5～6.0
豆瓣菜	42～60	7.0～13.0	40～80	10～20	2.5～5.0	—	50～100	25～50	—	—	50～250	—	6.5～7.5
番茄	40～60	2.5～8.0	29～50	10～30	4.0～6.0	4.0～12.0	40～200	25～60	5.0～20.0	20～50	40～250	—	6.0～7.0
根用甜菜	35～50	2.5～5.0	30～45	25～35	3.0～10.0	—	50～200	30～80	5.0～15.0	15～30	70～200	—	5.8～7.0
胡萝卜	25～35	2.0～3.0	28～43	14～30	3.0～5.0	—	50～300	30～100	5.0～15.0	25～250	60～200	0.5～1.5	5.0～8.0
花椰菜	33～45	3.3～8.0	26～42	20～35	2.7～5.0	—	30～200	30～100	4.0～15.0	20～250	60～200	0.5～1.5	5.0～6.0
黄瓜	45～60	3.0～12.5	35～50	10～35	3.0～10	3.0～7.0	50～300	25～60	5.0～20.0	25～100	50～300	—	5.5～7.6
姜	30～35	2.4～3.3	39～57	11～13	5.0～8.0	3.5～4.0	110～160	80～112	—	—	15～250	—	5.5～6.5
结球甘蓝	36～50	3.3～7.5	30～50	11～30	4.0～7.5	3.0～7.5	30～200	25～75	5.0～15.0	20～200	25～200	0.4～0.7	5.5～6.5
结球莴苣	38～50	4.5～6.0	66～90	15～23	5.0～8.0	—	50～100	23～50	—	—	25～250	—	5.8～6.3
芥菜	24～55	3.6～8.0	29～57	13～32	1.9～3.5	4.1～7.7	85～363	19～39	—	—	35～52	—	6.5～7.0
苦瓜	45～60	3.4～12.5	39～50	14～35	3.0～10.0	4.0～7.0	50～300	25～60	—	—	50～300	—	6.0～6.7
辣椒	35～45	3.0～7.0	40～54	4～6	3.0～15.0	—	60～300	30～100	10.0～20.0	30～100	26～300	—	6.2～8.5
石刁柏	19～23	0.9～4.0	12～18	8～16	2.5～4.5	2.0～4.0	50～200	30～50	6.0～12.0	20～50	25～135	＞0.1	6.5～7.5
萝卜	30～60	3.0～7.0	40～75	30～45	5.0～12.0	2.0～4.0	50～200	30～50	6.0～12.0	20～50	25～130	—	6.0～7.0
马铃薯	35～45	2.5～5.0	40～60	5～9	2.5～5.0	1.9～3.5	30～150	20～40	5.0～20.0	20～40	20～450	—	5.0～5.5
南瓜	40～60	3.5～10.0	40～60	10～25	3.0～10.0	—	60～300	25～75	6.0～25.0	20～200	50～250	—	5.5～7.6
茄子	42～50	4.5～6.0	57～65	17～22	2.5～3.5	—	—	20～30	4.0～6.0	30～50	15～100	—	6.8～7.3
芹菜	25～35	3.0～5.0	40～70	6～30	2.0～5.0	—	30～70	30～60	5.0～8.0	20～70	100～300	—	6.0～7.0
青花菜	32～55	3.0～7.0	20～40	12～25	2.3～4.0	3.0～7.5	50～100	30～100	5.0～15.0	25～200	25～200	0.4～0.7	5.5～6.5
甜玉米	28～35	2.5～4.0	18～30	6～11	2.0～5.0	2.0～7.5	40～200	25～60	5.0～20.0	20～50	40～250	—	5.6～6.5
豌豆	40～60	3.0～8.0	20～35	12～20	3.0～7.0	2.0～4.0	50～300	25～60	5.0～10.0	25～100	300～400	＞0.6	6.0～7.2
莴苣	25～40	4.0～6.0	50～80	14～20	5.0～7.0	—	50～500	30～100	7.0～10.0	26～100	30～90	＞0.1	5.8～6.3
洋葱	50～60	3.5～5.0	40～55	15～35	3.0～5.0	5.0～10	60～300	30～45	5.0～10.0	25～55	50～65	—	6.0～8.0
叶用莴苣	35～45	4.5～8.0	55～62	20～28	6.0～8.0	—	40～100	25～60	—	—	11～250	—	5.8～6.3
芋	27～30	4.4～4.5	29～30	23～25	4.5～5.0	4.3～4.5	47～50	34～35	—	—	50～51	—	5.0～8.0

附表 3　植物生长调节剂在蔬菜生产中的应用

使用目的	使用药剂	使用蔬菜	使用方法
发根调控	萘乙酸（NAA，naphthylacetic acid ）	大白菜、甘蓝等	茎组织底部
	吲哚丁酸（IBA，3-indolebutyric acid）	大白菜、甘蓝等	茎组织底部
发芽与休眠调控	萘乙酸甲酯（MENA，methyl naphthacetate）	马铃薯	切块或整薯浸泡，可解除休眠
	青鲜素(MH,maleic hydrazide)	洋葱、大蒜等	采收前处理，防止贮藏中发芽
	赤霉素（GA，gibberellin）	山药	休眠前处理，解除休眠
	6-苄氨基嘌呤（6-BA，6-benzylaminopurine）	石刁柏	最终采收前 10～30d 处理，促进发枝
生长调控	多效唑（PP_{333}，paclobutrazol）等	大多蔬菜	苗期处理，防止徒长
	烯效唑（uniconazole）	大多蔬菜	苗期处理，防止徒长
	赤霉素（GA，gibberellin）	绿叶蔬菜	叶面喷洒，加快伸长
	油菜素甾醇（BR，Brassinosteroid）	大多蔬菜	叶面喷洒，促进生长
光合作用调控	油菜素甾醇（BR，Brassinosteroid）	大多蔬菜	叶面喷洒
抗性调控	油菜素甾醇（BR，Brassinosteroid）	大多蔬菜	叶面喷洒，提高对低温、高温、药害和病害等的抗性
	脱落酸（ABA，abscisic acid）	大多蔬菜	叶面喷洒，提高对低温、干旱等的抗性
控制性别分化调控	乙烯利（ETH，ethephon，ethrel）	瓜类	幼苗期喷洒
	赤霉素（GA，gibberellin）	瓜类	幼苗期喷洒
抽薹和开花调控	赤霉素（GA，gibberellin）	十字花科蔬菜	生长期喷施，促进开花
	多效唑（PP_{333}，paclobutrazol）等	十字花科蔬菜	抽薹前喷施，抑制抽薹
	烯效唑（uniconazole）	十字花科蔬菜	抽薹前喷施，抑制抽薹
落果与果实生长调控	对氯苯氧乙酸（4-CPA，4-chlorophenoxyacetic acid）	茄果类	开花前后 3d 内喷花，促进坐果
	氯吡苯脲（CPPU，N-（2-chloro-4-pyridyl）-N′-phenylurea，forchlorfenuron）	瓜类坐果	开花前后 1d 内喷果或浸果，促进坐果
	6-苄氨基嘌呤（6-BA，6-benzylaminopurine）	瓜类坐果	开花前后 1d 内喷果或浸果，促进坐果
	赤霉素（GA，gibberellin）	瓜类、茄果类和草莓果实生长	开花前后 1d 内喷果或浸果，促进坐果
	油菜素甾醇（BR，brassinosteroid）	瓜类、茄果类	开花前后 1d 内喷果或浸果，促进坐果
果实成熟调控	乙烯利（ETH，ethephon，ethrel）	番茄着色	转色前涂果，加速着色
		西瓜催熟	成熟前果实处理
	脱落酸（ABA，abscisic acid）	番茄等	尚未建立
采后保鲜处理	氯吡苯脲（CPPU，N-（2-chloro-4-pyridyl）-N′-phenylurea，forchlorfenuron）	绿色叶菜和花菜等	喷或浸，不推荐
	6-苄氨基嘌呤（6-BA，6-benzylaminopurine）	绿色叶菜和花菜等	喷或浸，不推荐

常用专业术语中英文对照

abiotic stress　非生物逆境
abscisic acid，ABA　脱落酸
abortion　败育
abscission layer　离层
absorption zone　吸收带
acclimation　驯化，适应性
adventitious bud　不定芽
adventitious root　不定根
aerial bulblet　空中小鳞茎
after ripening　后熟
allelopathy　植物化感作用
andromonoecious　雄花两性花同株
annual　一年生
anthesis　开花
anthogenesis　花的形成
anti-gibberellin　赤霉素拮抗物质
apical dominance　顶端优势
apical meristem　顶端分生组织
artificial polination　人工授粉
assimilation　同化产物
autoclave　高压灭菌器
autotoxicity　自毒作用
auxin　生长素
axial　轴的
axillary bud　侧芽
bag culture　袋式基质培
biennial　两年生
biological control　生物防治
biotechnology　生物技术
biotic stress　生物逆境
bisexual flower　两性花
bloomless　少花的
bolting　抽薹
brassinosteroid　油菜素甾醇
breaking dormancy　休眠打破
budding　出芽
bulb formation　鳞茎形成
callus　愈伤组织
capitulum　头状花序
cell division　细胞分裂
cell enlargement　细胞伸长
cell fusion　细胞融合
cell wall　细胞壁
chilling　冷害
chilling requirement　低温需求
circadian rhythm　周期节律
C/N ratio　碳氮比
cold storage　冷藏
cold-chain　冷链
controlled atmosphere storage　气调贮藏
core，central axis　果心
cotyledon　子叶
critical daylength　临界日长
crop rotation　轮作
cropping system　耕作制度
cultivar　品种
cytokinin　细胞分裂素
dark germinator　嫌光性种子
daylength　日长
deep flow technique　深液流技术
development　发育
devernalization　脱春化
dicotyledon　双子叶植物
dietary fiber　膳食纤维
differentiation　分化
differentiation zone　分化区

dioecism　雌雄异株
direct sowing　直播
disease free plant　无病植物
dormancy　休眠
drought injury　旱害
dwarfing　矮化
elongation zone　伸长带
emasculation　去雄
embryo　胚
embryo culture　胚培养
emergence　出芽，出苗
endogenous　内生的
endosperm　胚乳
ethylene　乙烯
exogenous　外源的
explant　外植体
false fruit　假果
far-red light　远红光
female flower　雌花
fertilization　受精
fibrous root　须根
florigen　成花素
flower　花
flower bud　花芽
flower bud differentiation　花芽分化
flower bud primordium　花芽原基
flower cluster　花簇
flower formation　花芽形成
flower induction　成花诱导
flower organ　花器官
flower stalk　花柄
flower vegetable　花菜类
flowering hormone　成花素
foliage leaf　营养叶
forced air cooling　强制通风冷却
forcing culture　促成栽培
freshness retention　鲜度保持
fruit　果实
fruit vegetable　果菜类
gene　基因
gene recombination　基因重组
genetic variation　遗传变异
genome　基因组
germination rate　发芽率
germination vigor　发芽势
gibberellin　赤霉素
grafting　嫁接
greenhouse　温室
greenhouse effect　温室效应
growth　生长
growth curve　生长曲线
growth regulator　生长调节物质
growth retardant　生长抑制剂
haploid　单倍体
hard seed　硬实种子
head　叶球
head formation　结球
hybrid　杂种
hydroponics　水培
imposed (external) dormancy　强制休眠
inductive reaction　诱导作用
inflorescence　花序
inorganic nutrient　无机营养
integrated pest management，IPM　病虫害综合防治
integument　珠被
intercropping　间套作
internode elongation　节间生长
interspecific hybrid　种间杂交
intraspecific hybrid　种内杂交
juvenile phase　幼苗期（童期）
lamina　小叶片
late bolting　晚抽薹的
lateral branch　侧枝
lateral root　侧根
leaf　叶
leaf blade　叶片
leaf bud　叶芽

leaf cutting 叶插
leaf primordium 叶原基
leaf shape 叶形
leaf sheath 叶鞘
leaf vegetable 叶菜类
light break 光中断
light germinator 好光性种子
light interruption 光中断
lighting 补光
long-day plant 长日照植物
long-day treatment 长日照处理
low temperature storage 低温贮藏
male flower 雄花
maturing 成熟
maturity 成熟度
medium 基质
mericlone 分生苗系
meristem 分生组织
meristematic tissue 分生组织
mist culture 营养液雾培
monocotyledon 单子叶植物
monocropping 连作
monoecism 雌雄同株
morphogenesis 形态建成
mulch 覆盖
neutral germinator 中性种子
neutral plant 中间性植物
nucellus 珠心
nutrition 营养
nutrient film technique，NFT 营养液膜技术
open（outdoor）culture 露地栽培
organ culture 器官培养
organic farming 有机农业
organic vegetable 有机蔬菜
ovary 子房
ovary wall 子房壁
ovule 胚珠
ovule culture 胚珠培养
parthenocarpy 单性结实
peel 果皮
perennial 多年生的
pericarp 果皮
peripheral zone 周边分生组织
petiole 叶柄
phloem 筛管
photoinhibition 光抑制
photoperiodic stimulus 光周期刺激
photoperiodism 光周期现象
photosynthate 光合产物
photosynthesis 光合作用
phyllotaxis 叶序
phytochrome 光敏色素
pinching 摘心
pistil 雌蕊
placenta 胎座
plant factory 植物工厂
plant growth regulator 植物生长调节物质
plant hormone 植物激素
plant vernalization 绿体春化
plumule 胚芽
pollen 花粉
pollen tube 花粉管
pollination 授粉
polygene 多基因
photosynthetic photonflux density，PPFD 光量子通量密度
precooling 预冷
premature bolting 早期抽薹
protected cultivation 保护地栽培
protoplast 原生质体
pseudoembryo 假胚
puffy fruit 中空果实
qualitative short-day plant 严格短日植物
quality 品质
quantitative short-day plant 量的短日植物
radical leaf 基生叶
radicle 胚根

raising seeding　育苗
ray floret　舌状花
receptacle　花托
red light　红光
relative dormancy　相对休眠
reproductive growth　生殖生长
respiration　呼吸
retarding culture　抑制栽培
revernalization　再春化
rhizome　根茎
rib meristem　髓状分裂组织
rockwool culture　岩棉培
root　根
root cap　根冠
root cutting　根插
root hair　根毛
root hair zone　根毛区
root vegetable　根菜类
rosette　莲座丛状的
runner　匍匐茎
scanning electron microscope　扫描电镜
seed　种子
seed coat　种皮
seed dormancy　种子休眠
seed formation　种子形成
seed germination　种子发芽
seed growing　采种栽培
seed vernalization　种子春化
seedling　实生苗
senescence　衰老
sepal　花萼
sex chromosome　性染色体
sex expression　性别表达
shoot　芽
shoot apex　茎尖
shoot tip culture　茎尖培养
short-day plant　短日照植物
shortened stem　短缩茎
sigmoid growth curve　S形生长曲线
sink　库
soil-borne disease　土传病害
soil sickness　连作障碍
soilless culture　无土栽培
source　源
sowing time　播种期
spear　嫩芽
sprouting　发芽，抽芽
stamen　雌蕊
stem　茎
stem cutting　枝插
stereoscopic microscope　立体显微镜
stigma　柱头
stock plant　母株
stoma　气孔
storage　贮藏
stratification　层积
stress resistance　抗逆性
suburban gardening　近郊园艺
subterranean stem　地下茎
sympodial branching　合轴分枝
synergistic reaction　协同作用
tap root　直根
terminal bud　顶芽
tissue culture　组织培养
totipotency　全能性
translocation　移动，分配运输
transplant　移植
trough culture　槽式基质培
truck gardening　货车园艺
true fruit　真果
tuber　块茎
tuberous root　块根
tunica　被膜
unisexual flower　单性花
variation　变异
vascular bundle　维管束
vegetative growth　营养生长
vegetative organ　营养器官

vegetative propagation　无性繁殖
vernalin　春化素
vernalization　春化
xylem　木质部
year-round culture　周年栽培

主要参考文献

山东农业大学 . 2000. 蔬菜栽培学总论［M］. 北京：中国农业出版社 .
王正银 . 2009. 蔬菜营养与品质［M］. 北京：科学出版社 .
王庆，王丽，等 . 2000. 过量氮肥对不同蔬菜中硝酸盐积累的影响及调控措施研究［J］. 农业环境保护，19（1）：46-49.
王朝晖，李生秀，田霄鸿 . 1998. 不同氮肥用量对蔬菜硝态氮累积的影响［J］. 植物营养与肥料学报，4（1）：22-28.
王朝晖，李生秀 . 1996. 蔬菜不同器官的硝态氮与水分、全氮、全磷的关系［J］. 植物营养与肥料学报，2（2）：144-152.
中国农业科学院蔬菜花卉研究所 . 2010. 中国蔬菜栽培学［M］. 2 版 . 北京：中国农业出版社 .
方智远 . 2004. 蔬菜学［M］. 南京：江苏科学技术出版社 .
艾绍英，杨莉，姚建武，等 . 2000. 蔬菜累积硝酸盐的研究进展［J］. 中国农学通报，16（5）：45-46.
北京农业大学 . 1989. 蔬菜栽培学：保护地栽培［M］. 北京：农业出版社 .
吕家龙 . 2001. 蔬菜栽培学各论：南方本［M］. 3 版 . 北京：中国农业出版社 .
朱祝军，蒋有条 . 1994. 不同形态氮素对不结球白菜生长和硝酸盐积累的影响［J］. 植物生理学通讯，30（3）：198-201.
任祖淦，邱孝煊，蔡元呈，等 . 1997. 化学氮肥对蔬菜硝酸盐污染影响的研究［J］. 中国环境科学，17（4）：326-329.
庄舜尧，孙秀廷 . 1995. 氮肥对蔬菜硝酸盐积累的影响［J］. 土壤学进展，23（3）：29-35.
刘明池，小岛孝之，田中宗浩，等 . 2001. 亏缺灌溉对草莓生长和果实品质的影响［J］. 园艺学报，28（4）：307-311.
刘巽浩，等 . 1993. 中国耕作制度［M］. 北京：中国农业出版社 .
许莉，尉辉，刘世琦，等 . 2010. 不同光质对叶用莴苣生长和品质的影响［J］. 中国果菜（4）：19-22.
农业大词典编辑委员会 . 1998. 农业大词典［M］. 北京：中国农业出版社 .
孙晓琦，陈茂学，杜栋良，等 . 2007. 氮钾营养对日光温室黄瓜风味品质的影响［J］. 内蒙古农业大学学报，28（3）：182-190.
李天来 . 1996. 日光温室和大棚蔬菜栽培［M］. 北京：中国农业出版社 .
李天来 . 2011. 设施蔬菜栽培学［M］. 北京：中国农业出版社 .
李式军，郭世荣 . 2011. 设施园艺学［M］. 2 版 . 北京：中国农业出版社 .
李宝珍，王正银，李会合，等 . 2004. 叶类蔬菜硝酸盐与矿质元素含量及其相关性研究［J］. 中国生态农业学报，12（4）：113-116.
李家文，邢禹贤 . 1961. 结球白菜生长周期性的研究［J］. 山东农学院学报（0）：47-57.
李曙轩，寿诚学 . 1957. 春化及光照对于白菜及芥菜发育的影响［J］. 植物学报，6（1）：7-28.
李曙轩 . 1979. 蔬菜栽培生理［M］. 上海：上海科学技术出版社 .
李曙轩，等 . 1990. 中国农业百科全书：蔬菜卷［M］. 北京：农业出版社 .
吴凤芝，赵凤艳 . 2000. 设施蔬菜连作障碍原因综合分析与防治措施［J］. 东北农业大学学报，31（3）：241-247.

吴耕民．1957. 中国蔬菜栽培学［M］．北京：科学出版社．
沈阳农业大学．1993. 蔬菜昆虫学［M］．2 版．北京：中国农业出版社．
沈明珠，瞿宝杰，东惠茹，等．1982. 蔬菜硝酸盐累积的研究［J］．园艺学报，9（4）：41-48.
张振贤．2003. 蔬菜栽培学［M］．北京：中国农业大学出版社．
张振贤．2008. 高级蔬菜生理学［M］．北京：中国农业出版社．
张真和，等．2010. 我国设施蔬菜产业发展对策研究［J］．蔬菜（5）：1-3，6.
张福墁．2010. 设施园艺学［M］．2 版．北京：中国农业大学出版社．
封锦芳，施致雄，吴永宁，等．2006. 北京市春季蔬菜硝酸盐含量测定及居民暴露量评估［J］．中国食品卫生杂志，18（6）：514-517.
赵荣琛．1958. 蔬菜栽培学［M］．北京：高等教育出版社．
赵善欢．2000. 植物化学保护［M］．3 版．北京：中国农业出版社．
姚春霞，陈振楼，张菊，等．2005. 上海浦东部分蔬菜重金属污染评价［J］．农业环境科学学报，24（4）：761-765.
莫圣书，等．2010. 蔬菜抗虫性研究进展［J］．中国蔬菜（12）：14-19.
夏加发．1996. 优质高产高效农业技术指导［M］．北京：中国致公出版社．
徐绍华．1953. 蔬菜园艺学［M］．上海：新农出版社．
高祖明，张耀栋，张道勇，等．1989. NPK 对叶菜硝酸盐积累和硝酸还原酶、过氧化物酶活性的影响［J］．园艺学报，16（4）：293-297.
郭世荣．2003. 无土栽培学［M］．北京：中国农业出版社．
浙江农业大学．1987. 蔬菜栽培学总论［M］．2 版．北京：农业出版社．
曹寿椿，李式军．1963. 蔬菜按栽培季节的分类及其应用［J］．江苏农学报，2（2）：81-90.
葛晓光，李天来，陶承光．2010. 现代日光温室蔬菜产业技术［M］．北京：中国农业出版社．
喻景权，杜尧舜．2000. 蔬菜设施栽培可持续发展中的连作障碍问题［J］．沈阳农业大学学报，31（1）：124-126.
喻景权．2011. “十一五”我国设施蔬菜生产和科技进展及其展望［J］．中国蔬菜（2）：11-23.
童有为，陈淡飞．1991. 温室土壤次生盐渍化的形成和治理途径研究［J］．园艺学报，18（2）：159-162.
潘洁，赵宏孺．1998. 天津几种主要蔬菜硝酸盐污染及防治对策［J］．天津农业科学，4（3）：12-15.
薛继澄，毕德义，李家金，等．1994. 保护地栽培蔬菜生理障碍的土壤因子与对策［J］．土壤肥料（1）：4-9.
魏秀国，何江华，王少毅，等．2002. 城郊公路两侧土壤和蔬菜中 Pb 含量及分布规律［J］．农业环境与发展（1）：39-40.
山本昭平．2007. 园艺生理学［M］．文永堂．
艾捷里斯坦著．1954. 蔬菜栽培学［M］．尹良等译．北京：高等教育出版社．
伊东正．1987. 野菜栽培技术［M］．城文堂•新光社．
池田英男，川城英夫．2005. 蔬菜栽培基础［M］．东京：农文协．
杉山直仪．1970. 蔬菜的发育生理与栽培技术［M］．诚文堂•新光社．
杉山直仪．1982. 蔬菜总论［M］．东京：养贤堂．
泷岛．1983. 连作障碍防治措施［J］．日本土壤肥料科学杂志（2）：170-178.
斋藤隆着．1982. 蔬菜园艺学［M］．东京：农文协．
清水茂．1972. 蔬菜的生态与作型［M］．诚文堂•新光社．
萩屋薫．1955. 关于萝卜春化的研究：第四报［J］．农业及园艺，30（4）：597-598.
藤井健雄．1976. 蔬菜的栽培技术［M］．诚文堂•新光社．
藤目幸广，西尾敏彦，奥田延幸．2006. 蔬菜生育和栽培［M］．东京：农文协．

Corre W J , Breimer T. 1979. Nitrate and nitrite in vegetable [M] . Wageningen Center for Agricultural Publishing and Documentation.

Eguchi T. 1958. The effect of nutrition on flower formation in vegetable crops [J] . Proc Amer Soc Hort Sci, 72: 343-352.

Evans L T. 1963. Environmental control of plant growth [M] . Academic Press.

Fu FQ, Mao WH, Shi K, Zhou YH, Asami T, Yu JQ. 2008. A role of brassinosteroids in early fruit development in cucumber [J] . Journal of Experimental Botany, 59 (9): 2299-2308.

Garner W W, Allard H A. 1920. Effect of the relative length of day and night and other factors of the environment on growth and reproduction in plants [J] . Jour Agric Res, 18: 553-606.

Hawkes J G. 1983. The diversity of crop plants [M] . Harvard University Press.

Huang L F, Song LX, Yu JQ. 2013. Plant-soil feedbacks and soil sickness: From mechanisms to application in agriculture [J] . Journal of Chemical Ecology, 39: 232-242.

Jones J B, Wlf B, and Mills H A: 1991. Plant analysis handbook practical sampling, preparation, analysis, and interpretation guide. Micro-Macro Publishing Inc.

Lambers H, Chapin S F, Pons T L. 2008. Plant physiological ecology [M] . New York: Springer.

Nonnecke I L. 1989. Vegetable production [M] . Kluwer Academic Publishers.

Prohens J, Nuez F. 2008. Vegetables Ⅱ: Fabaceae, Liliaceae, Solanaceae, and Umbelliferae [M] . New York: Springer.

Prohens J , Nuez F. 2008. Vegetables Ⅰ: Asteraceae, Brassicaceae, Chenopodicaceae, and Cucurbitaceae [M]. New York: Springer.

Rosen C J, Eliason R. 1992. Nutrient management for commercial fruit and vegetable crops in Minnesota [M]. Minnesota Extension Service, University of Minnesota, Agriculture.

Uchida, R. 2000. Recommended plant tissue nutrient levels for some vegetable, fruit and ornamental foliage and flowering plants in Hawaii approaches for tropical and subtropical Plant agriculture Nutrient Management in Hawaii's Solis (M) //Silva J A, Uchida R. College of Tropical Agriculture and Human Resources, University of Hawaii at Manoa. 57-64.

Yang CH, Crowley D E, Menge J A. 2000. 16S rDNA fingerprinting of rhizosphere bacterial communities associated with healthy and Phytophthora infected avocado roots [J] . FEMS Microbiol Ecol, 35: 129-136.

Yu JQ , Matsui Y. 1994. Phytotoxic substances in root exudates of cucumber (*Cucumis sativus* L.) [J]. Chem Ecol, 20: 21-30.

Zeven A C, Wet JMJ de. 1982. Dictionary of cultivated plants and their regions of diversity [M]. Wageningen: Center for Agricultural Publishing and Documentation.

Zhang Y, Kensler T W, Cho C G, Posner G H, Talalay P. 1994. Anticarcinogenic activities of sulforaphane and structurally related synthetic norbornyl isothiocyanates [J] . Proc Nati Acad Sci USA, 91 (8): 3147-3150.

Zhou YH, Yu JQ, Huang LF, Nogues S. 2004. The relationship between CO_2 assimilation, photosynthetic electron transport and water-water cycle in chill-exposed cucumber leaves under low light and subsequent recovery [J] . Plant Cell and Environment, 27 (12): 1503-1514.

图书在版编目（CIP）数据

蔬菜栽培学总论/喻景权，王秀峰主编．—3版．—北京：中国农业出版社，2014.3（2024.6重印）
普通高等教育农业部“十二五”规划教材　全国高等农林院校“十二五”规划教材
ISBN 978-7-109-18808-2

Ⅰ.①蔬…　Ⅱ.①喻…②王…　Ⅲ.①蔬菜园艺一高等学校一教材　Ⅳ.①S63

中国版本图书馆CIP数据核字（2013）第318752号

中国农业出版社出版
（北京市朝阳区农展馆北路2号）
（邮政编码100125）
责任编辑　戴碧霞　田彬彬

北京中兴印刷有限公司印刷　　新华书店北京发行所发行
1979年11月第1版　　2014年3月第3版
2024年6月第3版北京第5次印刷

开本：787mm×1092mm　1/16　　印张：13.25
字数：310千字
定价：34.50元
（凡本版图书出现印刷、装订错误，请向出版社发行部调换）